图说

无线网络及应用技术

TUSHUO WUXIAN WANGLUO JI YINGYONG JISHU

张少军 谭 志 杨晓玲 编著

中国电力出版社
CHINA ELECTRIC POWER PRESS

内 容 提 要

本书用“图说”的方式，即使用大量的插图帮助读者学习无线网络的基本知识和掌握相关的基本技能，其内容新颖，工程实用性强。全书共分 9 章，主要内容包括：无线网络概述；移动无线网络通信系统；无线局域网及实际工程应用；蓝牙、UWB 和 NFC 网络；移动智能终端与无线网络；无线传感器网络；移动互联网；建筑物地下空间的无线网络覆盖；物联网等。

本书可作为高等院校网络通信、信息工程技术、物联网、建筑电气与智能化等专业的本科生和研究生教材，也可以作为相关专业的工程技术人员及管理人员的重要参考书。

图书在版编目(CIP)数据

图说无线网络及应用技术/张少军，谭志，杨晓玲编著. —北京：中国电力出版社，2017.1（2019.6 重印）
ISBN 978-7-5123-9880-1

Ⅰ.①图… Ⅱ.①张… ②谭… ③杨… Ⅲ.①无线网-图解 Ⅳ.①TN92-64

中国版本图书馆 CIP 数据核字(2016)第 243447 号

中国电力出版社出版发行
北京市东城区北京站西街 19 号　100005　http：//www.cepp.sgcc.com.cn
策划编辑：周娟　责任编辑：杨淑玲　责任印制：杨晓东　责任校对：常燕昆
北京雁林吉兆印刷有限公司印刷·各地新华书店经售
2017 年 1 月第 1 版·2019 年 6 月第 2 次印刷
787mm×1092mm　1/16·14.5 印张·345 千字
定价：**46.00** 元

前 言

无线网络技术在社会生活中的各个领域得到了广泛而深入的应用，无线网络技术从移动广域无线网络技术到短距低功耗的无线区域和个域网技术，从固定位置的无线互联网接入到任意位置广域移动无线互联网接入，从桌面互联网到移动互联网，从互联网到物联网，内容丰富。对于从事建筑弱电系统和技术、建筑智能化理论与技术、物联网及无线网络技术的大学生、工程技术人员，在面对大量实际工程时，不可避免地会遇到关于无线网络技术的各种问题和疑惑，本书能够为上述专业人员、大学生及管理人员答疑解惑。

本书注重工程应用，涉及具体无线网络技术及相关的通信协议和标准时，仅仅作简要的介绍，避免读者在通信协议和标准方面陷入枯涩的条文学习当中；在介绍各种无线网络技术的时候，注重各个不同技术之间的关联性。

全书共分 9 章，第 1 章简要介绍无线网络基础知识；第 2 章介绍移动无线网络，包括第二代（2G）、第 2.5 代（2.5G）、第 3 代（3G）和第四代（4G）移动无线网络的核心技术、演进路线。第 3 章介绍无线局域网及实际工程应用，该章主要内容有 WLAN 标准、WLAN 网络的组网形式和组网过程详细说明；ADSL 宽带接入环境下组建一个 WLAN 及设置；WLAN 在酒店无线覆盖中的应用等。第 4 章介绍蓝牙、UWB 和 NFC 网络，这一章主要内容有蓝牙取代有线连接，使用蓝牙技术组建无线局域网和应用蓝牙网络接入互联网等；该章还介绍了超宽带技术（UWB）及网络和近短距无线传输（NFC）技术及网络。第 5 章移动智能终端与无线网络一章讲述了移动智能终端的部分设置方法和一些主要的技术应用。第 6 章介绍无线传感器网络，主要内容有标准体系、网络组成、路由协议、区域覆盖控制和拓扑控制技术、节点定位技术、传输网络和部分行业应用。第 7 章移动互联网一章中介绍了移动互联网的组成和移动用户终端，并叙述了支撑移动互联网发展的部分关键技术和协议、移动互联网的移动 IP 技术、移动互联网中的云计算等。第 8 章介绍了建筑物地下空间的无线网络覆盖，对当前应用非常广泛的建筑空间尤其是地下空间的无线覆盖工程有关理论和覆盖工程的主要内容，如无线网络的补充覆盖及常用室内分布系统的组成和特点，建筑物在什么情况下要使用室分系统，基站信源和直放站，基带处理单元 BBU 和射频拉远单元 RRU，直放站和射频拉远单元（RRU）及无线接入点（AP）等。该章还叙述了建筑物地下空间无线覆盖系统使用到的主要设备，如合路器、功分器、耦合器、干放、衰减器等。还对室内无线通信信号覆盖系统的设计做了较详细的讲述。该书最后一章介绍了物联网。物联网实际上是由许多异构的无线网络和异构的有线网络的互联互通构成的，其中还包括大量使用在工业控制现场的测控网络，该章还介绍了物联网的部分支撑性技术，如射频识别技术和云计算、智慧城市技术、物联网技术中的网络融合、使用 IP 网络作为物联网的一个实现多异构网络互联互通的平台等。

本书可以作为建筑类高等院校建筑电气与智能化、电气工程与自动化、自动化等专业的教材，也可供建筑弱电系统与技术领域的工程师、设计人员和技术人员、管理人员以及建筑弱电工程施工单位的技术人员参考。

本书由北京建筑大学电信学院的张少军教授、谭志副教授和北京联合大学的杨晓玲副教授共同撰写。

由于编者学识有限，加之时间匆促，不足之处恳请广大读者批评指正。

编著者

目　录

第1章　无线网络概述

1.1　无线网络的分类

1.1.1　总体分类

通常所讲的无线网络是一个广义的技术术语，无线网络包含了许多用无线方式通信的异构网络，这些异构网络采用不同的通信协议及标准，采用不同的核心技术，采用不同的芯片技术，组织系统时有自己的特点，有不同的国际组织及管理部门。

按照不同的标准，无线网络有多种分类，例如：按照通信覆盖范围来分，可以分为无线广域网、无线城域网、无线局域网和无线个域网；按照通信范围是长距离还是短距离来分，有广域无线网络和短距无线网络之分；还可以按照不同的通信协议和标准进行划分，按照用户终端是否可以在移动状态下进行通信可以分为移动无线网络、移动互联网等。

无线网络按照通信协议及标准的不同和网络物理组织的方式不同进行了分类，如图1-1所示。

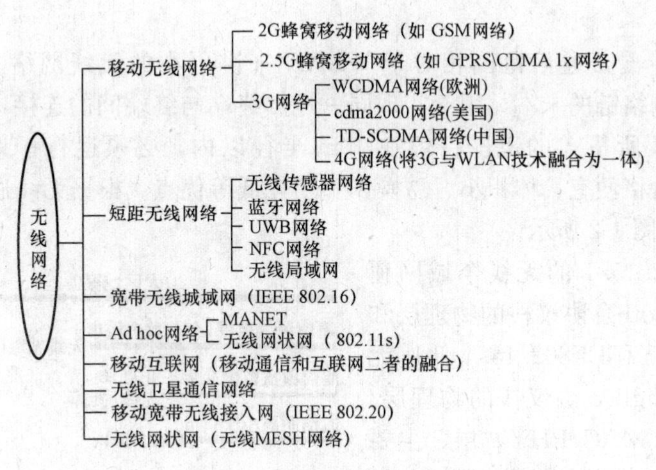

图1-1　无线网络的分类

1.1.2　无线网络部分分类说明

按照通信覆盖范围来分类，有无线广域网、无线城域网、无线局域网和无线个域网。

1. 无线广域网（WWAN）

无线广域网（Wireless Wide Area Network，WWAN）通信覆盖范围很大，一般可以覆盖一个大面积的区域，如一个国家或若干个城市等。移动通信网络中的蜂窝网络，如第二代GSM（Global System for Mobile Communication）、第2.5代的GPRS（General Packet Radio Service）、CDMA 1x（cdma2000的第一阶段）、第三代的3G（第三代移动通信技术）、第四代移动通信技术的4G，无线卫星通信网络等都属于无线广域网范畴。

2. 无线城域网（WMAN）

无线城域网（Wireless Metropolition Area Network，WMAN）的推出是为了满足日益增长的宽带无线接入（BWA）市场需求。尽管无线局域网技术被用于BWA，获得了较大成功，但是WLAN应用于室外环境时，在带宽和多用户应用方面有很大局限性，同时还受通覆盖范围小的限制。

无线城域网技术能够较好地突破无线局域网技术应用所受到的一些严重的限制和局限性，解决城域范围内的无线宽带接入，覆盖范围为几千米到几十千米，除提供固定的无线接入外，还提供具有移动性的接入能力，包括多信道多点分配系统、本地多点分配系统。

为了克服WLAN技术和IEEE802.11x系列技术的以上不足和缺欠，IEEE为无线城域网技术推出了802.16标准。同时业界也成立了类似Wi-Fi联盟的WiMAX论坛。

3. 无线局域网（WLAN）

无限局域网（Wireless Local Area Networks，WLAN）利用射频（Radio Frequency，RF）的技术，使用电磁波，取代物理线缆如双绞线、光纤、同轴电缆构成局域网，用户在无线局域网内能够一样获得有线局域网提供的各种服务和便捷的通信。

无线局域网的覆盖范围小，只能将距离不远的分散用户纳入同一个网络通信系统中。

4. 无线个域网（WPAN）

无线个域网（Wireless Personal Area Network，WPAN）属于小范围内无线通信网络，是一种为实现活动半径小、业务类型丰富、面向特定群体、无线无缝的连接而提出的短距无线通信网络技术。

WPAN是一种覆盖通信范围相对于WLAN来讲更小的无线网络。在网络构成上，WPAN位于整个网络链的末端，用于实现同一地点终端与终端间的连接，如连接手机和蓝牙耳机等。WPAN所覆盖的范围一般在10m半径以内，必须运行于许可的无线频段。WPAN设备具有价格便宜、体积小、易操作和功耗低等优点。根据无线通信覆盖范围不同的无线网络划分如图1-2所示。

基于IEEE802.15.1的无线个域网覆盖了蓝牙（BlueTooth）协议栈的物理层和数据链路层；基于IEEE802.15.4低速无线个域网覆盖了ZigBee协议栈的物理层/媒体接入控制层（MAC/PHY）层，主要应用于低速低功耗的无线传感器网络。

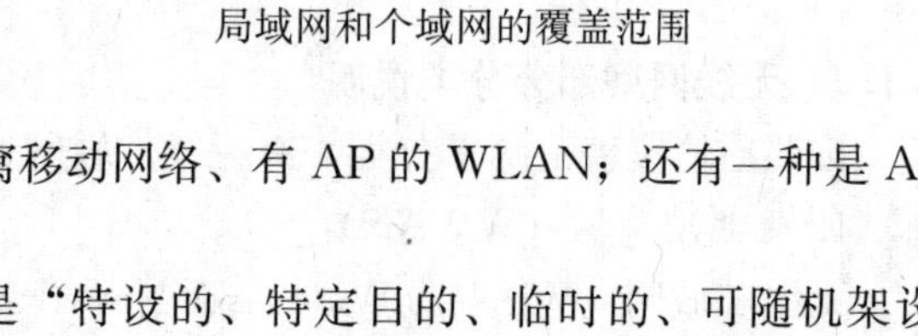

大区域覆盖 —— 无线广域网

通信覆盖范围1个～数个城市 —— 无线城域网

通信覆盖范围几十～几百米 —— 无线局域网

通信距离小于10m —— 无线个域网

图1-2　无线广域网、城域网、局域网和个域网的覆盖范围

5. Ad Hoc网络

无线通信网按组网控制方式分为两类：集中控制的，需要依靠网络基础设施，如蜂窝移动网络、有AP的WLAN；还有一种是Ad Hoc网络（也叫自组织网络）。

Ad Hoc是拉丁文中的一个短语，意思是“特设的、特定目的、临时的、可随机架设的”。Ad Hoc网络是一种传输数据采用多跳方式、无网络中心的、无需通过基础设施架构的、自组织无线网络。

Ad Hoc网络中没有固定的基础设施，网络节点可以是移动的，也可以是位置固定的，由于采用多路径传输数据，网络中的每一个节点同时也具有路由器的功能，能完成发现以及

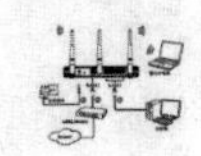

维持到其他节点较佳路由。

6. 短距低功耗无线网络

常说的短距低功耗的无线网络是指UWB超宽带无线网、无线传感器网、无线局域网、蓝牙网、NFC近场短距无线网。短距低功耗无线网络的通信距离较近，在零点几米到几百米之间；另外无线发射器的发射功率较低，发射功率一般小于100mW，工作频率多为不付费的全球通用工业、科学和医学ISM（Industrial Scientific Medical）频段。

以数据传输速率来分，短距离无线通信分为高速短距离无线通信和低速短距离无线通信两类。前者的最高数据传输速率高于100Mbit，通信距离小于10m，超宽带技术（Ultra Wideband，UWB）就是一种典型的高速短距离无线通信技术；低速短距离无线通信的最低数据速率低于1Mbit/s，通信距离小于100m，典型技术有ZigBee，低速UWB、蓝牙技术等。

短距低功耗无线网络除了UWB网络、蓝牙网络和ZigBee网络以外，还包括无线局域网和近距离无线传输（Near Field Communication，NFC）网络等。

ZigBee网络也叫无线传感器网络，是由多个节点组成的面向任务的无线自组织网络。但这里注意：ZigBee和IEEE 802.15.4通信协议的关系，有点类似于Wi-Fi和IEEE 802.11，Bluetooth和IEEE 802.15.1的关系。“ZigBee”是一种基于IEEE 802.15.4标准的高层技术，该技术的应用系统的物理层和MAC层直接引用IEEE 802.15.4标准。在有线传感器不能方便地布设的区域，都可以布设无线传感器，无线传感网络可以对任何区域实现无盲区的监测，只有在首先实现监测的基础上才能实施有效监控。无线传感器网络是物联网的支撑性技术之一。

无线局域网WLAN的通信覆盖范围一般为几百米以内，应用非常广泛，后面的章节再深入介绍。

蓝牙网络属于个域网范围，发射天线发射功率仅仅1mW，通信传输距离在10m以内，传输速率可高达1Mbit/s，蓝牙网络也是性能优良的无线个域网，不仅能够传输数据，也能传输语音。

NFC（Near Field Communication，近距离通讯技术）是一种类似于RFID（非接触式射频识别）的短距离无线通信技术。NFC具有双向连接和识别的特点，工作于13.56MHz频率范围，作用距离10cm左右。

几种不同短距低功耗无线网络的主要技术性能参数比较见表1-1。

表1-1　几种不同短距低功耗无线网络主要参数比较

技术参数	ZigBee	蓝牙	802.11g	NFC	UWB
工作频率	868/915MHz 2.4GHz	2.4GHz	2.4GHz	13.56MHz	3.1～10.6GHz
传输速率/（Mbit/s）	0.25	1	54	0.106、0.212、0.424	高达数百Mbit/s
数据/语音	数据	数据/语音	数据	数据	数据
最大功耗/mW	1～3	1	100	很小	1 mW以下
传输方式	点到多点	点到多点	点到多点	点对点	点对点
连接设备数	216～264	7	255		

续表

技术参数	ZigBee	蓝牙	802.11g	NFC	UWB
安全措施	32、64、128 位密钥	1600次/s跳频、129位密钥	WEP加密		
支持组织	ZigBee联盟	Bluetooth	IEEE802.11g	NFC Forum	
主要用途	控制网络 传感器网络	个域网	无线局域网	个域网	

7. 移动无线网络和移动互联网

移动无线网络主要指由2G、2.5G、3G、4G移动蜂窝网络组成无线网络；将移动无线网络与互联网融合后就是移动互联网。这里的2G、2.5G、3G、4G分别指第2代、第2.5代、第3代、第4代蜂窝无线移动网络。

8. 移动宽带无线接入和无线城域网

移动宽带无线接入网络指IEEE 802.20（Mobile Broadband Wireless Access）标准定义的网络系统。

IEEE 802.20无线广域网的重要标准。802.20是为了实现高速移动环境下的高速率数据传输，该技术可以有效解决移动性与传输速率相互矛盾的问题，它是一种适用于高速移动环境下的宽带无线接入系统空中接口规范，其工作频率小于3.5GHz。

IEEE 802.20能够满足无线通信市场高移动性和高吞吐量的需求，具有性能好、效率高、成本低和部署灵活等特点，其设计理念符合下一代无线通信技术的发展方向，因而是一种非常有前景的无线技术。当然IEEE 802.20系统技术标准仍有待完善，技术仍然处于发展中。

移动宽带无线接入的部分主要性能特点如图1-3所示。

图1-3　移动宽带无线接入的部分主要性能特点

WiMAX（Worldwide Interoperability for Microwave Access），即全球微波互联接入。

WiMAX 也叫 802·16 无线城域网，以 IEEE 802.16 标准为基础的无线城域网技术，它能向固定、携带和移动的设备提供宽带无线连接，还可用来连接 802.11 热点与互联网。

WiMAX 是一项新兴的宽带无线接入技术，能提供面向互联网的高速连接，数据传输距离最远可达 50km。WiMAX 还具有 QoS 保障、传输速率高、业务丰富多样等优点。WiMAX 的技术起点较高，采用了代表未来通信技术发展方向的 OFDM/OFDMA、AAS、MIMO 等先进技术，随着技术标准的发展，WiMAX 逐步实现宽带业务的移动化，而 3G 则实现移动业务的宽带化，两种网络的融合程度会越来越高。

WiMAX 是一种技术先进性能优良的接入蜂窝网络，使用 WiMAX 网络，用户能够便捷地在任何地方连接到运营商的宽带无线网络。

WiMAX 网络包括一个基站和用户设备两个主要组件。WiMAX 标准支持移动，便携式和固定服务。

WiMAX（IEEE 802.16d）、Wi-Fi（IEEE 802.11g）技术与无线宽带接入技术主要性能对比见表 1-2。

表 1-2　WiMAX 技术与 Wi-Fi 技术与无线宽带接入技术主要性能对比

	WiMAX（IEEE 802.16d）	Wi-Fi（IEEE 802.11g）	无线宽带系统
覆盖范围	3～5km（固定接入）	几百米	较大区域的接入
工作频段	3500MHz	2.4GHz（ISM 公共频段）	400/1800/3300MHz
移动性	不支持	不支持	支持（车载移动、手持移动），同时支持固定接入
QoS	具备	不保证业务的实时性 不支持用户分级管理	较为完善
安全	一般	较低	安全性能好
终端类型	固定式 CPE 终端（价格较贵）	通过无线路由器和热点，台式机、笔记本电脑、其他手持智能终端	便携式、手持式、车载式各类终端及智能终端
提供业务	固定模式接入 家庭宽带接入 企业宽带接入	固定/或短距离低速移动接入 家庭宽带接入 办公室宽带接入 热点宽带接入	便携和移动模式接入 企业/行业信息化 移动互联网 语音和多媒体通信

9. 无线通信技术及标准的发展

随着现代通信及互联网技术的发展，无线通信技术体系中包含了很多不同制式的系统与技术，这些不同制式无线通信技术所组织的通信网络，多为异构网络，其中一部分异构网络差异性大，即技术体系差异很大，网络的异构程度很高；还有一部分异构网络实质上是不同代（经过升级）的网络通信技术，彼此之间的同构性很高，异构性较低，如 2G、3G 等。

在无线通信技术及标准的发展过程中，彼此之间的关联和发展脉络十分清晰，图 1-4 给出了这种关系。

不同无线网络其主要服务模式是不同的，如移动通信技术面向公众个人通信，Wi-Fi、

WiMAX 则是面向区域性应用的宽带接入技术。

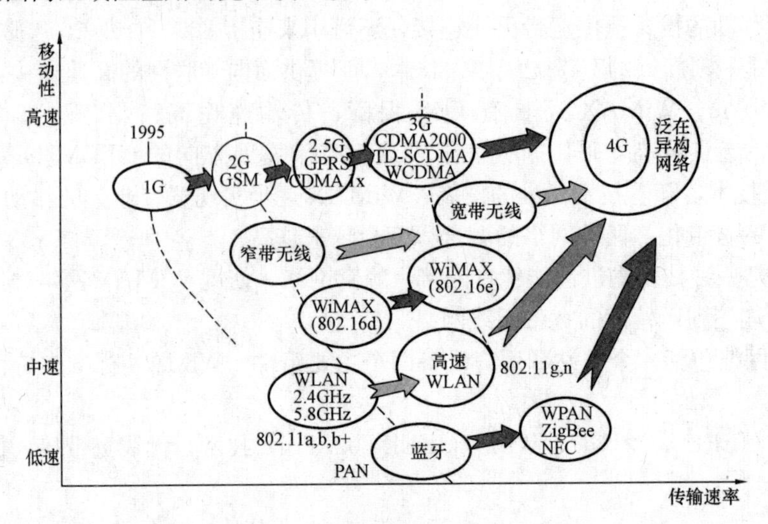

图 1-4　无线网络技术的演进

1.2　无线电频谱、频带、频率、波段和频段划分

1.2.1　无线电波和频谱

1. 无线电波

无线网络使用的传输介质是在空间中传播的无线电波，无线电波是电磁波，电磁波是由同相振荡且互相垂直的电场与磁场在空间中以波的形式移动，其传播方向垂直于电场与磁场构成的平面，有效的传递能量和动量。电磁波的物理图像如图 1-5 所示。电磁辐射可以按照频率分类，从低频率到高频率，包括有无线电波、微波、红外线、可见光、紫外光、X-射线和伽马射线等。人眼可接收到的电磁辐射，波长大约在 380～780nm 之间，称为可见光。

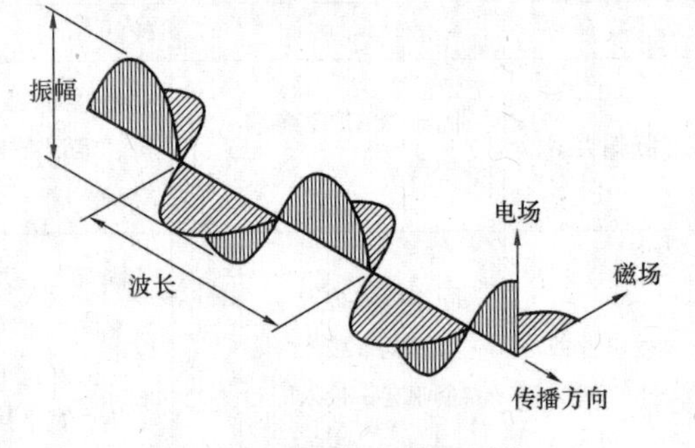

图 1-5　电磁波的物理图像

2. 频谱

无线电波是频率介于 3Hz 和约 300GHz 之间的电磁波，也作射频电波，或简称射频。不同的无线通信技术使用不同波段和频率的无线电波，无线通信传输信号的电磁振荡或电磁波的频率范围叫无线电波的频谱（frequency spectrum），无线电的频谱及波段划分见表 1-3。

表 1-3　无线电的频谱和波段

频段名称	缩写	频率范围	波段	波长范围
极低频	ELF	3～30Hz	极长波	100 000～10 000km
超低频	SLF	30～300Hz	超长波	10 000～1000km

续表

频段名称	缩写	频率范围	波段	波长范围
特低频	ULF	300Hz～3kHz	特长波	1000～100km
甚低频	VLF	3～30kHz	甚长波	100～10km
低频	LF	30～300kHz	长波	10～1km
中频	MF	300kHz～3MHz	中波	1km～100m
高频	HF	3～30MHz	短波	100～10m
甚高频	VHF	30～300MHz	米波	10～1m
特高频	UHF	300MHz～3GHz	分米波	1m～100mm
超高频	SHF	3～30GHz	厘米波	100～10mm
极高频	EHF	30～300GHz	毫米波	10～1mm

国内电信运营商的无线频谱分配情况：

（1）中国移动：

GSM900 上行/下行频段：890～909MHz/935～954MHz。

GSM1800M 上行/下行频段：1710～1725MHz/1805～1820MHz。

3G TDD 上行/下行频段：1880～1900MHz 和 2010-2025MHz。

（2）中国联通：

GSM900 上行/下行：909～915MHz/954～960MHz。

GSM1800 上行/下行：1745～1755MHz/1840～1850MHz。

3G FDD 上行/下行：1940～1955MHz/2130～2145MHz。

（3）中国电信：

CDMA800 上行/下行：825～840MHz/870～885MHz。

3G FDD 上行/下行：1920～1935MHz/2110～2125MHz。

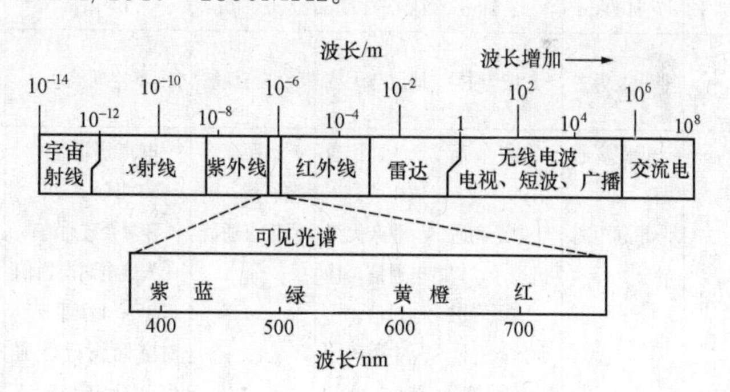

图 1-6　电磁波谱

无线电波的频谱仅仅是电磁波谱的一个组成部分，这里所说的电磁波谱是按电磁波的波长或频率大小的顺序把它们排列成谱，叫做电磁波谱，如图 1-6 所示。

在电磁波谱中，经常讲到的赤橙黄绿青蓝紫七色光就在可见光区，频谱分布在 380～780nm 范围，380nm 是紫区边界，780nm 是红区边界。红区以外是红外光区，红外光区又分为近红外光区、中红外光区和远红外光区，其中近红外光区频谱波段是 0.75～2.5μm，中红外光区频谱波段是 2.5～25μm，远红外光区频谱波段是 25～1000μm。紫区以左有一段紫外光区，频谱波段是 200～400nm，如图 1-7 所示。

1.2.2　频带、频段及无线业务频率划分

1. 频带、波段和频段

频带（frequency band），定义为在规定间隔内的频率范围。它是无线电频谱上位于两个

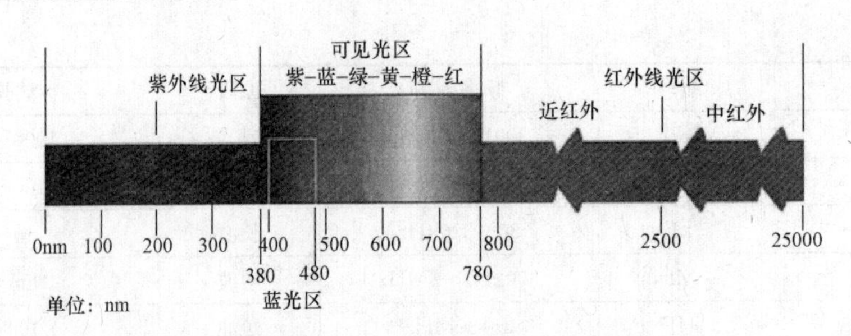

图 1-7 可见光、红外及紫外光区的频谱分布

特定的频率界限之间的部分，频带的单位是赫兹（Hz）。

定义为在指定的最低波长与最高波长之间的波长范围叫波段。

介于两个已定义界限之间的频谱叫频段（frequency band）。按照频率从低到高（波长从长到短）的次序，频谱可以划分为不同的频段。不同频段电磁波的传播方式都有自己的特点和用途。频段的划分和主要用途见表 1-4。

表 1-4　　频段的划分和主要用途

名称	甚低频	低频	中频	高频	甚高频	超高频	特高频	极高频
符号	VLF	LF	MF	HF	VHF	UHF	SHF	EHF
频率	3～30kHz	30～300kHz	0.3～3MHz	3～30MHz	30～300MHz	0.3～3GHz	3～30GHz	30～300GHz
波段	超长波	长波	中波	短波	米波	分米波	厘米波	毫米波
波长	1～100km	10～1km	1km～100m	100～10m	10～1m	1～0.1m	10～1cm	10～1mm
传播特性	空间波为主	地波为主	地波与天波	天波与地波	空间波	空间波	空间波	空间波
主要用途	远距离通信；超远距离导航	越洋通信；中距离通信；地下岩层通信；远距离导航	船用通信；业余无线电通信；移动通信；中距离导航	远距离短波通信；国际定点通信	电离层散射（30～60MHz）；流星余迹通信；人造电离层通信（30～144MHz）；对空间飞行体通信；移动通信	小容量微波中继通信；（352～420MHz）；对流层散射通信（700～10000MHz）；中容量微波通信（1700～2400MHz）	大容量微波中继通信(3600～4200MHz)；大容量微波中继通信(5850～8500MHz)；数字通信；卫星通信；国际海事卫星通信（1500～1600MHz）	再入大气层时的通信；波导通信

2. 陆地无线业务频率及广播电视频率划分

我国陆地移动无线电业务频率划分见表 1-5；广播及电视频率划分见表 1-6。

表 1-5　　我国陆地移动无线电业务频率划分

频率/MHz	频率/MHz	频率/MHz
29.7～48.5	156.8375～167	566～606
64.5～72.5 （广播为主，与广播业务公用）	167～223 （以广播业务为主，固定和移动业务为辅）	798～960 （与广播公用）
72.5～74.6	223～235	1427～1535
75.4～76	335.4～399.9	1668.4～2690

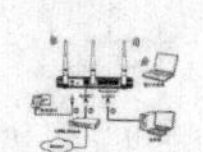

续表

频率/MHz	频率/MHz	频率/MHz
137～144	406.1～420	4400～5000
146～149.9	450.5～453.5	
150.05～156.7625	460.5～463.5	

表 1-6　广播及电视频率划分

波段	频率	电台间隔	用途
LF(LW)	120～300kHz		长波调幅广播
MF(AM)	525～1605kHz	9kHz	中波调幅广播
HF(SW)	3.5～29.7MHz	9kHz	短波调幅广播及单边带通讯
VHF(FM)	88～108MHz	150kHz	调频广播及数据广播
VHF	48.5～92MHz	8MHz	电视及数据广播
VHF	167～223MHz	8MHz	电视及数据广播
UHF	223～443MHz	8MHz	电视及数据广播
UHF	443～870MHz	8MHz	电视及数据广播

1.3 无线网络的发展

无线网络在发展初期从内容上有面向语音的技术与系统，还有面向数据的技术与系统。面向语音的技术与系统是从无绳电话开始起步的，然后就是第一代的一蜂窝结构作为系统组织特征的移动无线网；随后发展到了第二代数字蜂窝系统 GSM，顺序地发展出了从 2G 到 3G 的过渡性技术：2.5G 的 GPRS 和 CDMA 1x 网络技术；很快就进入到第三代移动无线系统技术，在这个阶段，3G 实际上包括了三个制式：美国的 CDMA2000、欧洲的 WCDMA 以及有中国开发的 TD-SCDMA3G 技术。接着第四代移动通信系统（4G）启动，一直到现在，4G 系统大范围地进入应用。总之，面向语音的无线网络技术的迅速发展以及取得了巨大的成就，同时推动了面向数据无线局域网的发展。

面向数据的无线网络发展内容更为丰富。刚开始，随着无线局域网的快速发展，推出了 IEEE 802.11 无线局域网标准，接着系统性地发展了 IEEE 802.11a（5GHz，54Mbit/s），IEEE 802.11b（2.4GHz，11Mbit/s），IEEE 802.11b＋（2.4GHz，22Mbit/s）和 IEEE 802.11g（2.4GHz，54Mbit/s）。

2008 年，又推出了 IEEE802.11n。802.11n 是 IEEE 802.11 协议中继 802.11b/a/g 后又一个无线传输标准协议，802.11n 将 802.11a/g 的 54Mbit/s 最高发送速率提高到了 300Mbit/s，其中的关键技术为 MIMO-OFDM、40MHz 频宽模式、帧聚合、Short GI。

802.11n 同时定义了 2.4GHz 频段和 5GHz 频段的 WLAN 标准，与 11a/b/g 每信道只用 20MHz 频宽不同的是 11n 定义了两种频带宽度：20MHz 频宽和 40MHz 频宽。

IEEE802.11 标准系列是一个大家族，为了在各个方面完善技术体系的功能，陆续又推出了若干家族成员，见表 1-7。

表 1-7　　IEEE 802.11 标准的家族成员

年份/年	标准子集	说明
	IEEE 802.11c	符合 802.1D 的媒体接入控制层桥接
	IEEE 802.11d	根据各国无线电规定做的调整
	IEEE 802.11e	对服务等级（Quality of Service，QoS）的支持
2003	IEEE 802.11g	物理层补充（54Mbit/s，2.4GHz）
2004	IEEE 802.11h	无线覆盖半径的调整，室内和室外信道（5GHz 频段）
2004	IEEE 802.11i	IEEE 802.11i 是为弥补 802.11 脆弱的安全加密功能（WEP，Wired Equivalent Privacy）而制定的修正案
2008	IEEE 802.11k	规定了无线局域网络频谱测量规范
	IEEE 802.11p	主要用在车载设备的无线通信上
2008	IEEE 802.11r	快速 BSS 切换（FT）
2011	IEEE 802.11s	Mesh Networking，Extended Service Set（ESS）
	IEEE 802.11t	Wireless Performance Prediction（WPP）—test methods and metrics Recommendation
2011	IEEE 802.11u	Improvements related to HotSpots and 3rd party authorization of clients，e.g. cellular network offload
2011	IEEE 802.11v	Wireless network management
2009	IEEE 802.11w	Protected Management Frames
2008	IEEE 802.11y	3650～3700 MHz Operation in the U.S
2012	IEEE 802.11aa	Robust streaming of Audio Video Transport Streams
	IEEE 802.11ac	802.11n 的潜在继承者，有更高的传输速率，在使用多基站时将速率提高到至少 1Gbit/s，将单信道速率提高到至少 500Mbit/s。使用更高的无线带宽（80MHz-160MHz），更好的调制方式。Quantenna 公司在 2011 年 11 月 15 日推出了世界上第一只采用 802.11ac 的无线路由器。Broadcom 公司于 2012 年 1 月 5 日也发布了它的第一支支持 802.11ac 的芯片。
2012	IEEE 802.11ad	Very High Throughput 60GHz
2012	IEEE 802.11ae	Prioritization of Management Frames

其中在数据链路层和物理层上，IEEE 802.11 协议族做了改进推出新的子集如图 1-8 所示。

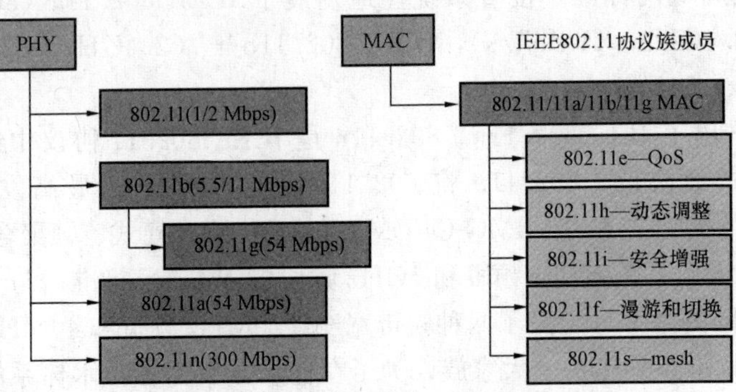

图 1-8　数据链路层和物理层上的新的子集

1.4　无线网状网

1.4.1　什么是无线网状网

无线网状网（Wireless Mesh Network，WMN）是一种新型的无线宽带接入网络，在这种网络中，每个节点都发送和接收信号，大幅度提高了网络的扩充能力和传输可靠性。网络中大量终端设备能自动通过无线连成网状结构，终端设备是网状网中网格的连接节点。网络中的每个节点都能够按照一定的路由算法规则进行转发路由选择的功能；每个节点只和其邻居节点进行通信，因此是一种自组织、自管理的智能网络，不需主干网即可构筑富有弹性的网络。传统无线通信网络必须预先设计和布置网络，它的传输路径是固定的，而 mesh 网络的传输路径是动态的。

无线网状网也叫无线网格网或无线 Mesh 网络。无线 Mesh 网络属于“多跳网络”，Mesh 网络有一个动态和能够不断扩展的网络架构。数据的传输由一个节点传输给相邻的一个节点，再传给下一个相邻的节点，最终传输到用户终端节点，采用多跳的方式，这种方式和互联网中数据报的多路径传输是相似的，我们看一下，使用一个 Tracert 命令确定进入远端 yahoo 服务器的情况：

在命令行提示符下键入如下命令：Tracert www. yahoo. com. cn

回车后得到如图 1-9 所示的显示结果。

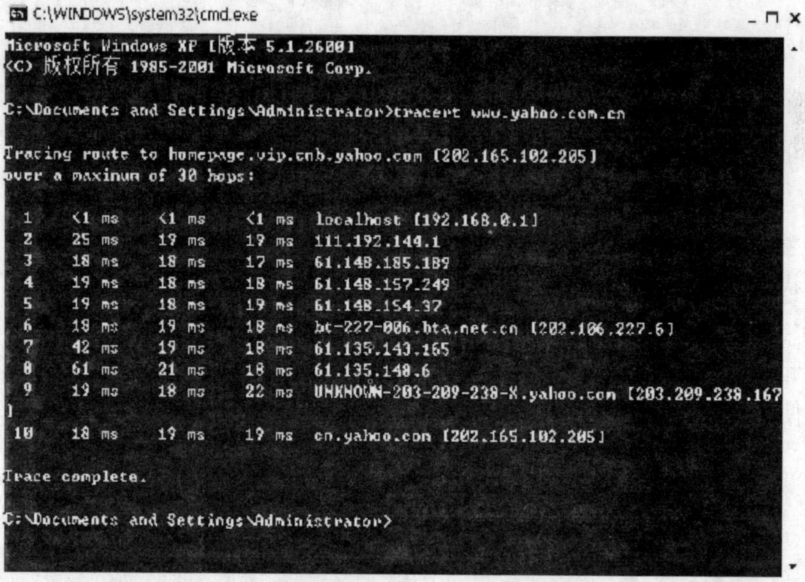

```
C:\WINDOWS\system32\cmd.exe
Microsoft Windows XP [版本 5.1.2600]
(C) 版权所有 1985-2001 Microsoft Corp.

C:\Documents and Settings\Administrator>tracert www.yahoo.com.cn

Tracing route to homepage.vip.cnb.yahoo.com [202.165.102.205]
over a maximum of 30 hops:

  1    <1 ms    <1 ms    <1 ms  localhost [192.168.0.1]
  2    25 ms    19 ms    19 ms  111.192.144.1
  3    18 ms    18 ms    17 ms  61.148.185.189
  4    19 ms    18 ms    18 ms  61.148.157.249
  5    19 ms    18 ms    19 ms  61.148.154.37
  6    18 ms    19 ms    18 ms  bt-227-006.bta.net.cn [202.106.227.6]
  7    42 ms    19 ms    18 ms  61.135.143.165
  8    61 ms    21 ms    18 ms  61.135.148.6
  9    19 ms    18 ms    22 ms  UNKNOWN-203-209-238-X.yahoo.com [203.209.238.167
]
 10    18 ms    19 ms    19 ms  cn.yahoo.com [202.165.102.205]

Trace complete.

C:\Documents and Settings\Administrator>
```

图 1-9　数据报传递采用多条方式进行

对这个结果进行分析可以得到如下信息：

第 1 跳：<1ms　<1ms　<1ms（其中本地主机的 IP 地址是 192. 168. 0. 11）。

第 6 跳：<18ms　<19 ms　<18ms [其中 bt-227-006. bta. net. cn _ （202. 106. 227. 6）是中国联通网]。

第 9 跳、第 10 跳，数据包进入 yahoo 网络。

在多跳网络中，任何一个网络节点都可以作为路由器。网络中如果出现：某一节点选择下一个下调路由的时候，如果较近的节点由于流量大而拥塞，则数据包可以重新选择一个小流量路径进行传输。

将大量用户终端接入无线网状网，组成一种低功率的多跳路由和高效率的无线网络，和传统的点到点网络相比，有较大的优势。无线网状网是一种高容量、高速率的分布式网络，可以作为解决“最后一公里”无线接入的高性能新型网络。

1.4.2 无线网格网的构成

无线网状网拓扑结构如图 1-10 所示。

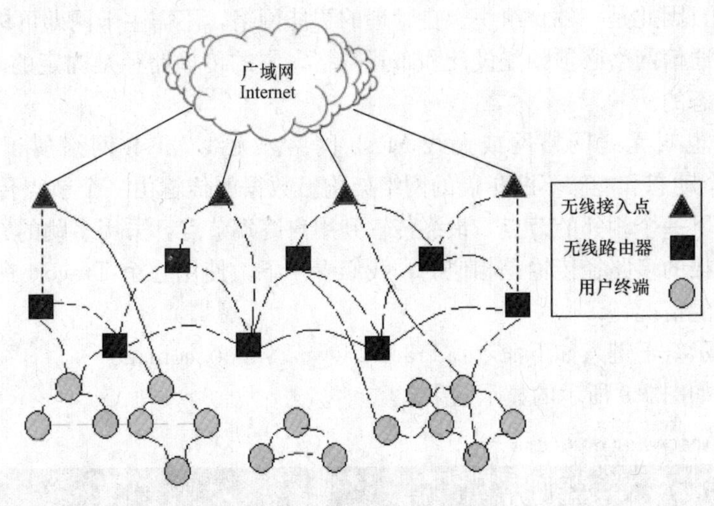

图 1-10 无线网状网拓扑结构

无线网状网以下重要组件组成：智能接入点（IAP/AP）、无线路由器（WR）和用户终端设备。

1. 智能接入点

无线网状网中的智能接入点有 AP 和 IAP。

(1) AP 无线接入点（网络桥接器）。一个 AP 能够在几十至上百米的区域内将多个无线路由器连接起来，并将无线网络接入核心网，而每个无线路由器又要将多个无线用户终端连接到一起，使装有无线网卡的用户终端可以通过 AP 接入核心网。一个 AP 无线接入点如图 1-11 所示。

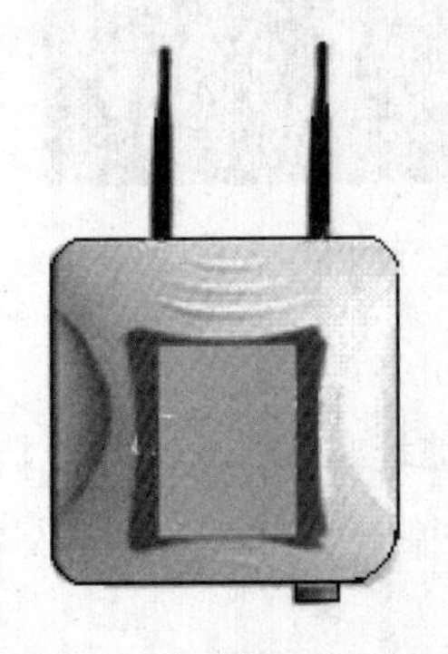

图 1-11 一个室外无线网状网 AP

图 1-12 一个室外无线网状网中的路由器

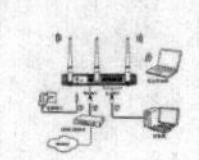

该无线 AP 的部分技术参数有：

◆ 接口类型：一个 RJ-45 口。

◆ 传输速率：54Mbit/s。

◆ 兼容：802.11a/b/g。

◆ 采用 Intel 处理器和 Atheros 芯片。

◆ 2.4GHz 和 5.8GHz 频段自主选择。

◆ 100mW&600mW 高功率信号覆盖范围更广，高达 400m（具体视天线有所不同）。

◆ 支持功率可调，天线可拆卸支持 Passive PoE 网线供电。

◆ 支持网关/中继/客户端中继/二层网关/二层中继模式。

◆ 2 层网状网遵从 IEEE802.11s 草案标准，支持移动 IP，IAPP，VPN 服务器，服务优先权 OLSR 协议，符合 DFS2，IP66，PoE 标准。

◆ 符合 IP，NAT，DHCP，NTP，PPPoE，DNS，VLAN（有线、无线）国际互联网通信协议。

◆ 支持多种无线加密方式［WPA-EAP-TLS，WPA-Personal，802.1x（EAP-TLS），64，128 bit WEP，AES，防火墙 &VPN（PPTP，L2TP&X.509），MAC 访问控制］，保障无线安全。

(2) IAP 智能接入点。IAP 智能接入点在 AP 的基础上增加了 Ad Hoc 路由选择功能，还具有网管的功能，实现对无线接入网络的控制和管理，把传统交换机的智能管理功能分散嵌入到 IAP 中，节省了骨干网络建设的成本，提高了网络的效能。

2. 无线路由器（WR）

无线网状网的 AP 接入点的下一层接无线路由器（WR），无线路由器为底层的移动性用户终端提供分组路由和转发功能。

一个无线 MESH 网络的路由器如图 1-12 所示。该路由器的部分技术参数：

◆ 组建的无线 MESH 网络的转发路由跳数可以高达 40 跳。

◆ 基于 IP 技术，可传输语音、视频和图像。

◆ 兼容标准 802.11 a/b/g。

◆ 使用 ISM 频段 5.8GHz。

◆ 传输速率 108Mbit/s。

◆ AP 模式覆盖范围室外可达 3km。

◆ 支持 802.1Q VLAN ＋ 802.1D STP。

◆ 支持 NAT ＋ 防火墙＋ 用户负载均衡。

◆ SSID 广播禁用/ 802.11f 自动漫游功能。

◆ 提供多组虚拟 SSID AP 功能。

◆ MAC 地址控制及终端用户隔离。

◆ 152 位的 WEP 加密。

◆ 5.8GHz 分布式 WDS 系统。

◆ 支持 IEEE 802.3af POE 以太网供电。

3. 用户终端

用户终端兼备主机和路由器两种角色。用户终端是无线 MESH 网络的最底层网络节点，作为主机运行相关的应用程序；如果作为路由器则要运行相关的路由协议，参与路由发现和路由维护等常见的路由操作。

1.4.3 无线网状网的实现模式

无线网状网有两种典型实现模式，基础设施网格模式和终端用户网格模式。

1. 基础设施网格模式

基础设施网格模式：无线 MESH 网络中的 IAP 接入点与用户终端间形成无线的回路。智能移动终端通过无线路由器的路由选择和中继功能与 IAP 形成无线链路，IAP 通过最佳路由选择及管理控制等功能为移动终端选择与信宿节点通信的最佳路径，从而形成无线通道。移动终端还可以通过 IAP 与其他网络相连，从而实现无线宽带接入，实现低系统成本，同时拥有较高的网络覆盖率和可靠性。

2. 终端用户网格模式

由用户终端自身的无线收发模块建立点到点连接的无线信道，在这种模式下，如果网络节点进行移动会导致网络拓扑结构发生变化，这样就引起正常通信的信道出现断开，由于用户终端的通信覆盖范围有限，一旦两个用户终端无法使用原有信道直接通信，则需要借助其他用户终端的分组转发进行数据通信。

用户终端在不需要其他基础设施的条件下可独立运行，这样就可以支持移动终端在较高速率的移动中，一样形成无线宽带接入网络。终端用户模式实质上是 Ad Hoc 自组织网络，可以在没有或不便利用现有的网络基础设施的情况下构建一个通信网络环境。

3. 无线网状网的优势与关键技术

(1) 无线网状网的关键技术有：

1）正交分割多址接入（QDMA）技术。

2）隐藏终端问题处理技术。

3）无线 MESH 网络路由技术。

4）正交频分复用（OFDM）技术。

(2) 无线网状网的优势。与传统 802.11a/b/g 技术相比，无线 MESH 网络有以下优势：

1）可靠性大幅度提高。

2）具有冲突保护机制。

3）通信链路设计得到简化。

1.4.4 无线网状网与蜂窝移动网和 WLAN 等网络比较

无线网状网与蜂窝移动通信网、无线局域网 WLAN 及 Ad Hoc 自组网主要性能比较见表 1-8。

表 1-8　无线网状网与蜂窝通信、WLAN、Ad Hoc 网络性能比较

性能参数	无线网状网	无线局域网 WLAN	Ad Hoc 网	蜂窝移动通信网
传输速率	可融合其他网络或技术，如 WLAN、UWB 等，速率可以达到 54Mbit/s，甚至更高	802.11 b/g 的速率为 11Mbit/s/54Mbit/s		2G 的 GPRS：171.2kbit/s 2G 的 CDMA 1x：153.6kbit/s 3G：高速移动状态下 144kbit/s；静态速率 2Mbit/s

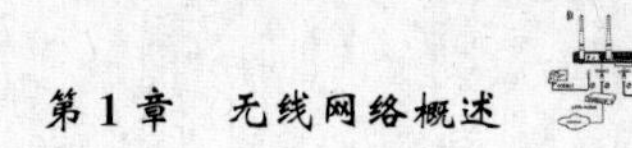

续表

性能参数	无线网状网	无线局域网 WLAN	Ad Hoc 网	蜂窝移动通信网
可靠性	可靠性更高	可靠性好	可靠性好	可靠性好
网络结构特点	网络通信采用网状链路	点对点及点对多点	点对点	
建立网络成本	AP、WR 等基础设备便宜，网络组织成本低	成本低	Ad Hoc 网络中的移动节点都兼有独立路由和主机功能；没有网络中心控制点，组网成本低	需要大量的基础设施，如蜂窝移动通信系统中的基站等设备，组网成本高
通信覆盖范围	比 WLAN 小；在大范围内实现高速通信	通信覆盖范围小		由于是广域网，能覆盖大区域
网络特点	是一种很有前途的新型无线网络技术	是一种应用非常广泛的无线网络技术	没有基础设施支持的移动网络，路由协议开发难度大	移动无线网络技术是无线网络技术中的主流技术之一
安全性	较好	较好	安全性技术较为复杂	安全性技术成熟

第 2 章　移动无线网络通信系统

2.1　移动无线网络及通信系统概述

移动通信技术也是移动无线网络技术。移动通信领域内推出的业务种类越来越多，除语音业务以外，移动数据业务真正可以使人们随时、随地进行便捷地通信，在移动状态中实现多业务交互。移动通信网已经是现代通信网的一个极重要组成部分。

2.1.1　移动通信系统的组成及发展

1. 什么是蜂窝网络

在移动通信网络中，主要采用了一种蜂窝网络作为基本结构，如图 2-1 所示。

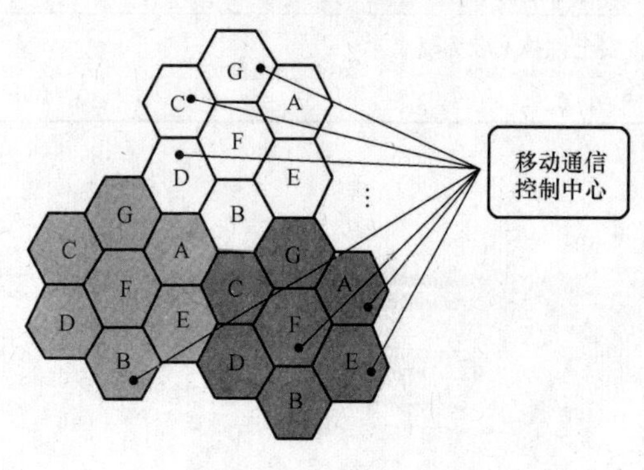

图 2-1　蜂窝网络结构

一个基站用一个六边形表示，许多的六边形在空间上构成了通信系统蜂窝，多个基站叠加在一起的时候，其形状像蜜蜂的蜂窝而得名。在图 2-1 中，仅考虑蜂窝区域中的一部分，即考虑了三个相互毗邻的区域，各区域包含 7 个六边形单元，即每个区域被分成了 7 个组，不同的字母表示不同的频率，即相邻的基站使用不同的工作频率，由于功率较小，一定距离之外，相同的频率可以重复使用；所有的基站通过有线网络与移动通信控制中心相连接，控制中心实现用户的鉴别、通信的交换。

在蜂窝结构网络的信号覆盖中，大约相隔两个单元，使用频率可以重复，如图 2-2 所示。于是在蜂窝结构中每个频率集都有一个大约 2 单元宽的缓冲区，缓冲区处于同频率干扰范围之内，这里的频率不被重复使用，以获得较好的分割效果和较小的串扰。

2. 蜂窝移动通信系统的组成

蜂窝移动通信系统主要是由移动台（Mobile Station，MS）、无线基站子系统（Base Station System，BSS）和交换网络子系统（Network Switching Subsystem，NSS）三大部分组成，如图 2-3 所示。

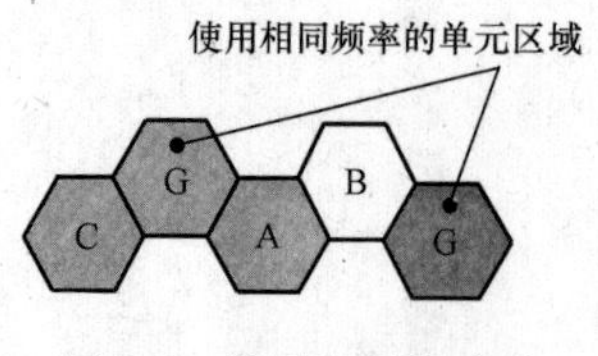

图 2-2　使用相同频率的单元区域

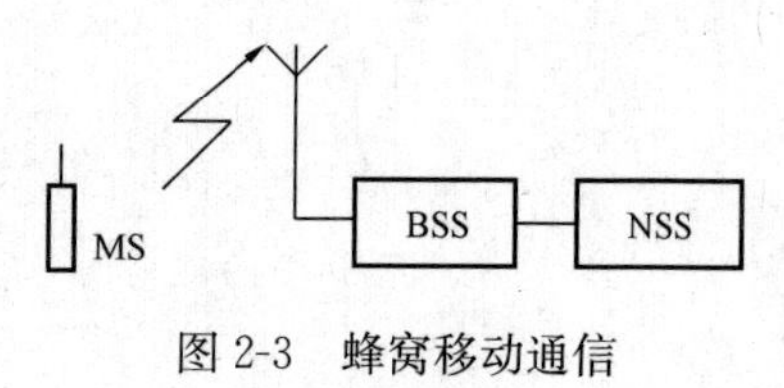

图 2-3　蜂窝移动通信系统组成

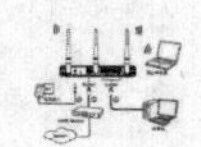

移动台由两部分组成：移动终端和客户识别卡（SIM）。移动终端可完成话音编码、信道编码、信息加密、信息的调制和解调、信息发射和接收。SIM 卡就是“身份卡”，存有认证客户身份所需的所有信息，并能执行一些与安全保密有关的重要信息，以防止非法客户进入网络。

无线基站子系统 BSS 是在一定的无线覆盖区中由移动交换中心（MSC）控制，与 MS 进行通信的系统设备，它主要负责完成无线发送接收和无线资源管理等功能。功能实体可分为基站控制器（BSC）和基站收发信台（BTS）。

交换网络子系统 NSS 主要完成交换功能和客户数据与移动性管理、安全性管理所需的数据库功能。

蜂窝移动通信系统还可以和市话网连接组成有线、无线相结合的移动通信系统，如图 2-4 所示。

由图 2-4 可知，蜂窝移动通信系统由移动台（MS）、基站（BS）、移动业务交换中心（MSC）及与市话网（PSTN）相连的中继线等组成。这里的移动业务交换中心（MSC）和市话网相当于图 2-3 中的交换网络子系统 NSS，移动台就是配置有 SIM 卡的移动终端。

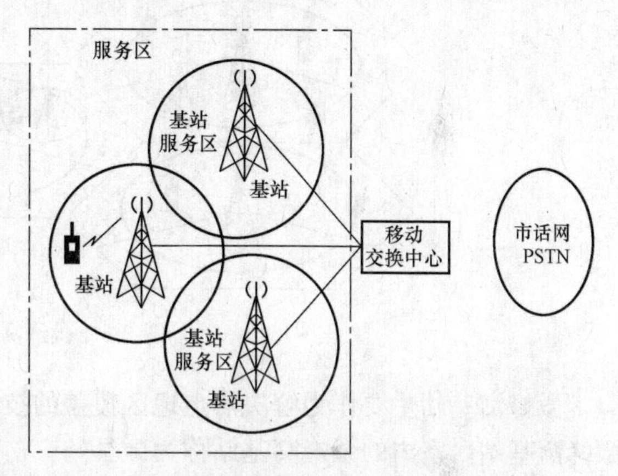

图 2-4 蜂窝移动通信系统的几个组成部分

基站的主要作用是为该基站服务区内的任何移动台提供一个双向的无线链路。每个基站都有一个可靠的通信服务范围即基站服务区，也称为无线小区。蜂窝移动通信系统的服务区域可由一个或若干个基站服务区组成。移动交换中心的主要功能是处理数据信息的交换和整个系统的集中控制管理。

服务区内的任意两个移动终端间通过两个对应的基站和移动交换中心实现通信；服务区内的任何一台移动终端都可以通过基站、移动交换中心和市话网中的用户通话，而后者属于移动用户和市话用户之间的通信。实现移动用户和市话用户之间的通信，从而构成一个有线、无线相结合的移动通信系统。

3. 移动通信中的层级蜂窝结构

移动通信中蜂窝结构分为三个层级：宏蜂窝小区、微蜂窝小区和微微蜂窝小区。

（1）宏蜂窝小区。蜂窝式网络由宏蜂窝小区构成，每个宏蜂窝小区的覆盖半径大多为 1～25km。图 2-5 是由宏蜂窝组成的蜂窝移动通信系统示意图，每个小区分别设有一个基站，它与处于其服务区内的移动台即移动交换中心 MSC 建立无线通信信道。若干个小区组成一个区域群（蜂窝），区域群内各个小区的基站可通过电缆、光缆或微波链路与移动交换中心

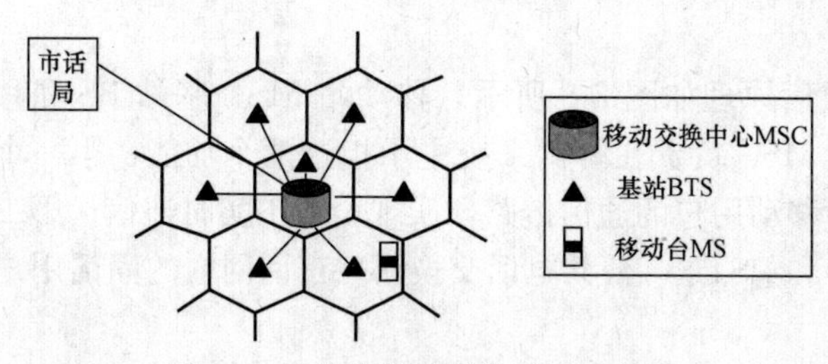

图 2-5 宏蜂窝移动通信系统示意图

（MSC）相连。移动交换中心通过中继线与交换局相连接。

（2）微蜂窝小区。蜂窝网常用宏站、微蜂窝组成分层混合网络，宏站进行连续覆盖，微蜂窝用于热点覆盖、盲区覆盖，对宏蜂窝的业务热点进行吸收，同时补充宏蜂窝连续覆盖产生的覆盖漏洞和盲区。

微蜂窝与宏蜂窝相比，具有发射功率低、成本低、组网灵活的特点。微蜂窝作为宏蜂窝的补充和延伸其应用主要有两方面：提高覆盖率，应用于一些宏蜂窝很难覆盖到的盲点地区，如地铁、地下室；另一个是提高容量，主要应用在高话务量地区，如繁华的商业街、购物中心、体育场等。

微蜂窝的覆盖半径大约为30～300m；基站天线置于相对较低的地方，如屋顶下方，高于地面5～10m，传播主要沿着街道的布局传播。微蜂窝的覆盖如图2-6所示。

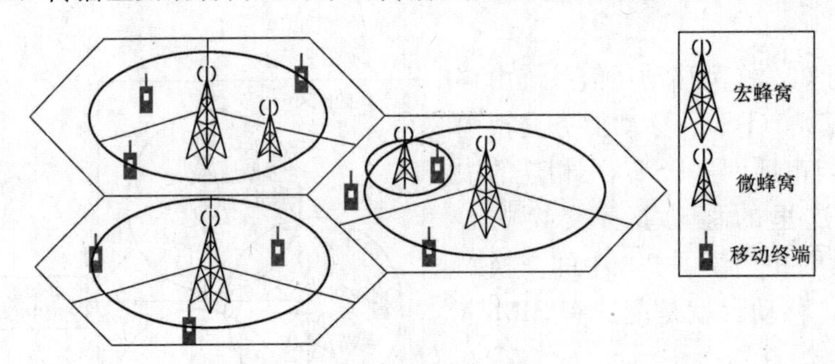

图2-6　微蜂窝小区图示

微蜂窝基站主要作为解决热点地区覆盖的技术手段，它可以分为室外微蜂窝基站和室内微蜂窝基站，室内的微蜂窝基站称为微基站。

微蜂窝基站应用举例：某花园小区距离移动基站较远，小区内信号普遍偏弱，掉话严重。为消除小区内部信号弱，降低掉话率，提高通话质量，以及吸收话务量，减轻附近基站的负担，采用微蜂窝补充覆盖。具体方法是：多层楼宇采用室外全向天线进行覆盖；而高层部分的覆盖，采用高增益的室外板状天线和室内覆盖相结合的方法。采用1台20W微蜂窝作为GSM信号源进行室内覆盖，基站安装在小区内一幢楼宇地下室的移动机房内，信号通过射频电缆、功分器、耦合器、室内吸顶天线等无源器件进行覆盖。通过加装微蜂窝基站很好地实现了小区移动信号覆盖良好的目的。

（3）微微蜂窝小区。蜂窝式移动通信系统中，在宏蜂窝下引入微蜂窝和微微蜂窝形成分级蜂窝结构，解决网络内的“盲点”和“热点”，提高网络容量，实现优良的信号覆盖。一个多层次网络，往往是由一个上层宏蜂窝网络和数个下层微蜂窝网络组成的多元蜂窝系统。图2-7为一个三层分级蜂窝结构示意图，它包括宏蜂窝、微蜂窝和微微蜂窝。

4. 蜂窝移动电话系统的工作原理

蜂窝移动电话系统服务区内的用户通话原理如图2-8所示。移动站MS、基站BS和移动交换中心（MSC）组成的蜂窝系统中，MSC负责在蜂窝系统中承担这两个功能：第一个功能是建立蜂窝通信服务区内的任何两个移动用户的通信链路，实现全双工实时通信；第二个功能是为服务区内的任何一个移动用户和PSTN（公共电话交换网）市话网内的固话用户建立通信链路，实现实时全双工通话。

服务区内的任一个移动用户通过某一个基站通信，在通话过程中，可能被切换到其他任

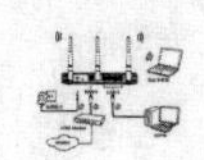

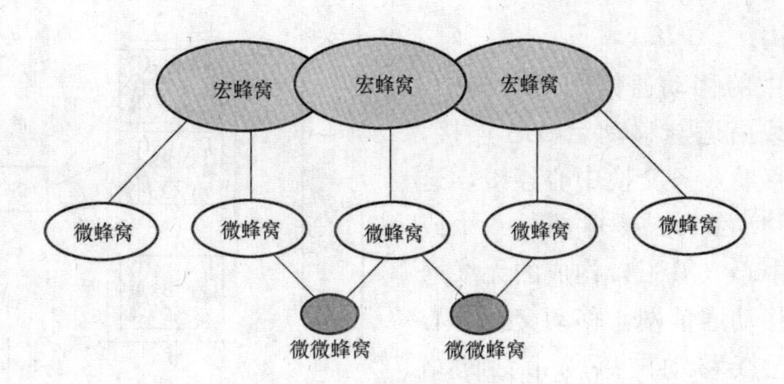

图 2-7 三层分级蜂窝结构

一个基站去。移动站 MS 是移动用户携带的移动终端（手机）。

基站 BS 将小区中所有用户的通话通过电话线或微波线路连到 MSC 移动交换中心，MSC 协调所有基站的操作，并将整个蜂窝系统连到市话网上去。

5. 移动网络中的大区制和小区制

移动通信中有所谓的大区制和小区制。大区制移动通信只有一个基站，天线高度为几十米甚至上百米，覆盖半径可以达到 30km，发射机功率可高达 200W。服务区用户数量为几十至几百，移动用户可与基站通信，也可通过基站与其他移动台及市话用户通信，基站与市话网使用有线网连接。大区制的示意图如图 2-9 所示。

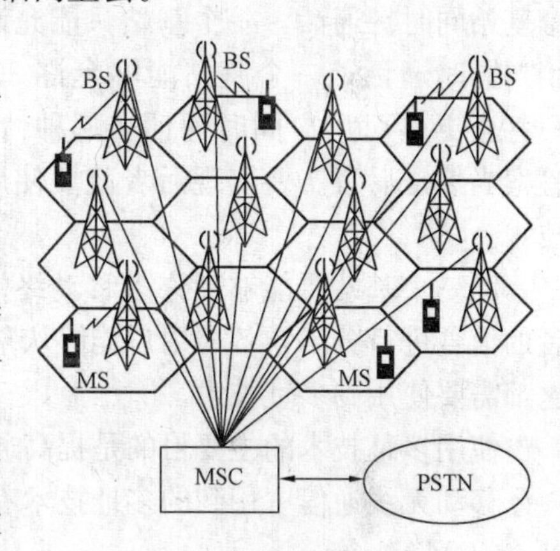

图 2-8 蜂窝网络服务区内用户的通话原理

小区制移动通信就是蜂窝移动通信。小区制移动通信是把大范围服务区划分成许多小区，每个小区设置一个基站，负责本小区各个移动终端的通信及控制，各个基站通过移动交换中心相互联系，并与市话网连接。

小区制中，由覆盖半径为 2～10km 的多个无线小区组合构成服务区。小区制中，每个基站架设的不是很高，发射机的输出功率只有 5～10W，覆盖区域半径一般为 5～10km，相邻基站使用不同的工作频率，相隔几个且不相邻的基站可使用相同的频率，这样能在有限的频率资源上扩大服务区中移动用户的容量。

6. 移动通信多服务区的网络结构

一个移动交换中心（MSC）服务和管理的区域构成一个服务区单元，若干个服务区单元构成一个服务区域，在多服务区中的移动通信网络结构如图 2-10 所示。

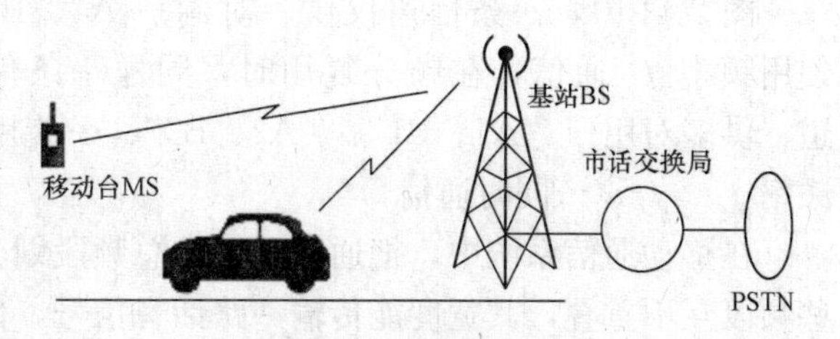

图 2-9 大区制的示意图

移动无线网络必须要满足实现服务区内任意两个移动用户之间的通信以及服务区内移动用户与使用市话的固话网用户之间的通信，一个完整的移动通信网应与市话网络（PSTN）相连接且具有交换控制功能，并根据组网范围的大小及交换控制功能的要求，形成不同的网络结构。

在多服务区中的移动通信网络结构中，基站 BS 通过无线信道与移动台 MS 连接，通过中继线路与移动业务交换中心连接，这里的移动台就是移动终端或是手机。一个或若干个移动交换中心（MSC）构成的无线通信网络就是一个移动通信网，移动交换中心 MSC 还充当着无线移动网络与市话网络 PSTN 之间的接口和中继设备的角色。

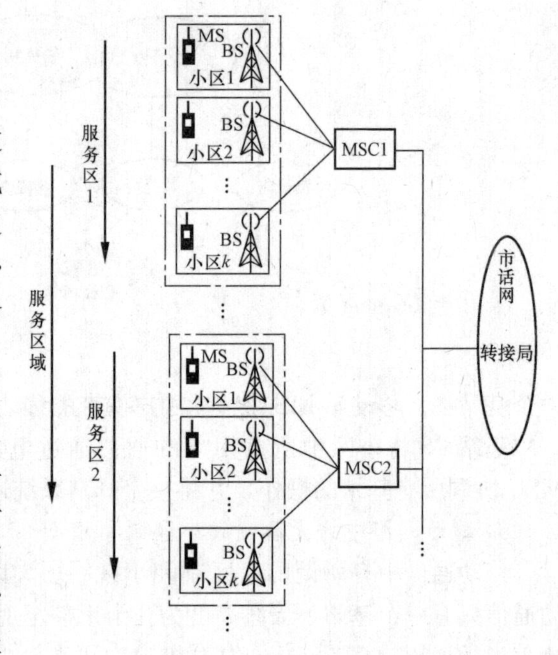

图 2-10　多服务区中的移动通信网络结构

2.1.2　移动通信中多址技术和服务区规划

1. 为何使用多址技术

在一个无线小区中有多个用户使用同一个基站同时在通话，一个基站只能允许 2 对用户同时通话，一个基站能够允许 30 对用户甚至更多对用户同时通话。哪种情况好？答案当然是后者。要实现后者就要使用多址技术。

同一个基站要能够对许多移动终端持有者的信号进行分辨，各个用户能够从基站发出的许多信号中辨别出哪个信号是发给自己的，这都需要使用到多址技术。

使用多址技术的主要目的是提高通信系统的容量。

移动无线通信中用到的多址技术有频分多址（FDMA）、时分多址（TDMA）和码分多址（CDMA）等。

2. 频分多址（FDMA）

在网络通信中，经常遇到使用一条物理信道，允许多对用户同时进行通信，这就是信道复用技术。频分复用是这样一种方法：一条物理信道上使用多个不同的频率供多个不同的用户同时通信，原理如图 2-11 所示。

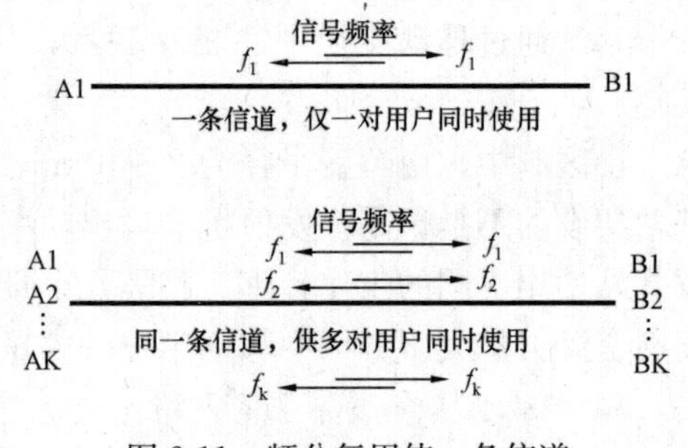

图 2-11　频分复用使一条信道同时进行多路通信

图 2-11 中，一条信道仅供一对用户 A1、B1 使用频率 f_1 通信，在频分复用时，同样一条信道，供多对用户“A1、B1”、“A2、B2”、…使用频率 f_1、f_2、…同时通信。

在移动通信系统中，把通信系统的总频段划分成若干个等间隔、互不重叠的小频段，这些频段互不重叠，其宽度能传输一路话音信号，但这些相邻小频段不产生明显的干扰，为服务区内进行通话的每一对用户分配一个这样的小频道，这就是频分多址技术，如图 2-12 所示。

在无线移动通信中，任意两个移动用户之间进行通信时都必须通过基站进行并占用两个信道（4 个频道），进行全双工通信。移动终端在通信时所占用的信道不是固定的，是在通信建立阶段由系统控制中心临时分配的，通信结束后就释放所占信道，这些信道又可以重新分配给其他用户使用。

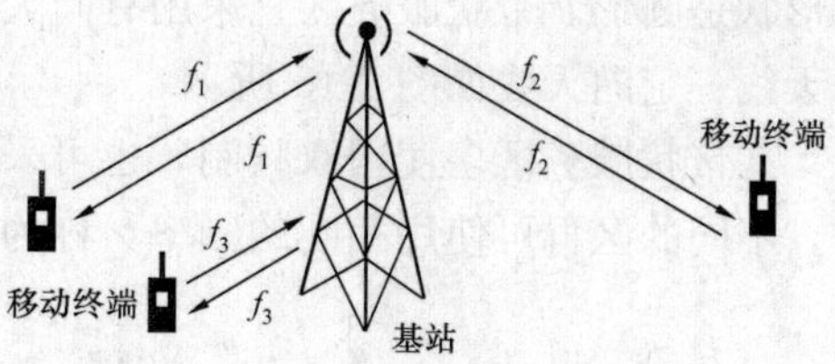

频分多址方式的特点是多个移动台进行通信时占用数量很多的频点，频带利用率不高，容量有限。

图 2-12　频分多址技术

3. 时分多址（TDMA）

时分多址（TDMA）是这样一种多址技术：在一个载波频率上把时间分割成许多彼此分离的时隙，每个时隙就是一个通信信道，分配给一个用户，多个不同的时隙分配给多个用户，时分多址机制示意如图 2-13 所示。

按照一定的时隙分配原则，移动终端各自使用不同的时隙向基站发送信号，在满足定时和同步的条件下，基站可以在各时隙中接收到各移动终端的信号而互不干扰。采用时分多址技术比频分多址通信方式能容纳更多的用户。

4. 码分多址（CDMA）

使用码分多址（CDMA）机制进行通信时，不同的移动台使用彼此不同的随机地址码序列来区分，地址码序列互不相关，或相关性很小。在这样信道中，可容纳比时分多址和频分多址方式更多的用户数量。

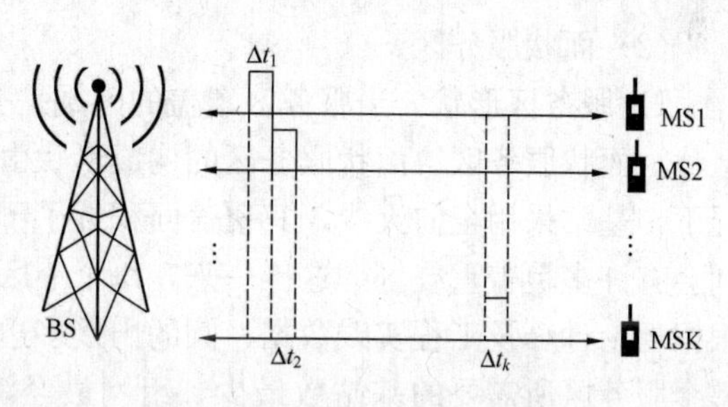

图 2-13　时分多址机制示意图

码分多址技术的原理是基于扩频技术，即将需传送的具有一定信号带宽的信息数据，用一个带宽远大于信号带宽的高速伪随机码进行调制，使原数据信号的带宽被扩展，再经载波调制发送出去。接收端使用完全相同的伪随机码，与接收的带宽信号作相关处理，把宽带信号换成原信息数据的窄带信号实现数据通信。CDMA 是指一种扩频多址数字式通信技术，通过独特的代码序列建立信道。

码分多址技术使移动用户通话质量大幅度提高，接近有线电话的通话质量；由于所有小区使用相同的频点，故大大简化小区频率规划；保密性能更强；手机功耗更小；增强小区的覆盖能力，减少基站数目；不会与现在的模拟和数字系统产生干扰；提供可靠的移动数据通信。

5. 服务区规划

下面仅讨论小区制情况下的服务区规划。根据服务区形状的不同，小区制可分为带状服务区和面状服务区。

(1) 带状服务区。为什么服务区有带状服务区？因为需要进行无线移动通信覆盖的某些区域受到特定的限制，如沿海岸线、铁路、公路沿线的覆盖，所以其服务区呈条状称为带状服务区，如图 2-14 所示。

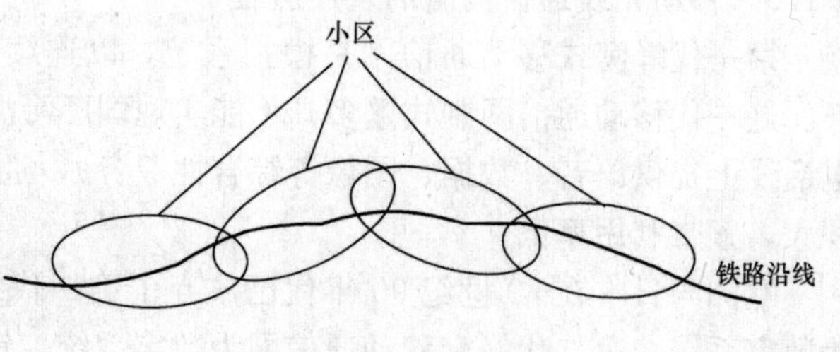

图 2-14　带状服务区

基站天线若采用全向天线，覆盖

区形状是圆形。带状服务区宜采用有向天线，覆盖区域是扁平形。基站以及基站上使用的全向天线、定向天线如图 2-15 所示。

在带状服务区多使用双频制，也可采用多频制。如果以不同频点的两个小区组成一个区群，不同的区群可使用相同的频率，称为双频制。

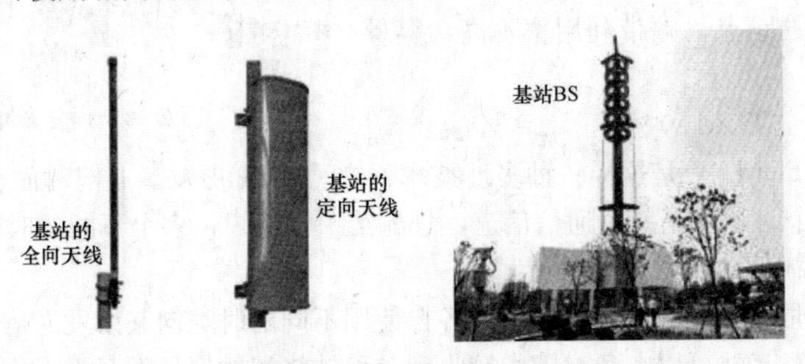

图 2-15　全向天线、定向天线

（2）面状服务区。

1）服务区形状。当服务区覆盖的区域是一个较为宽阔的平面区域时，这样形状的服务区称为面状服务区。面状服务区的构成形状由电波的传播条件和天线的方向来决定。一般情况下，基站采用全向天线，其覆盖面积近乎于一个圆。为使覆盖没有盲区，许多相邻的圆之间会有许多覆盖重叠区。这样一来，每个小区的有效覆盖区实际上是一个圆的内接多边形。根据理论计算及工程实践数据，圆的内接多边形取正六边形，最接近理想的圆形，用它覆盖整个服务区所需要的基站数最少，组网最经济。许多相邻正六边形构成的覆盖区域形同蜂窝，因此把小区形状为六边形的小区制移动通信网称为蜂窝网。

2）基站的设置。当用六边形来模拟小区覆盖范围时，在每个小区，基站可设置在小区的中央，用全向天线形成圆形覆盖区，如图 2-16 所示。也可以将基站设置在每个小区六边形的三个顶点上，每个基站采用三副 120°扇形辐射的定向天线，分别覆盖三个相邻小区的各三分之一区域，这样一来，每个小区的覆盖是由三个 120°扇形天线完成的。

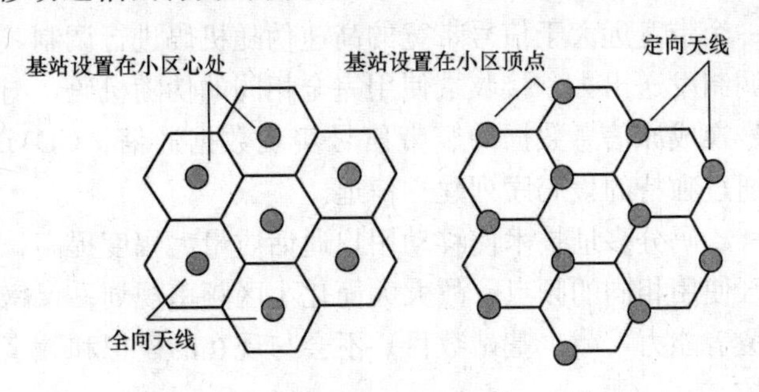

图 2-16　基站放置在小区的中心或顶点处

2.1.3　移动无线通信网络的发展历程

第一代蜂窝式移动通信网是模拟系统，以连续变化的波形传输信息，只能用于语音业务。这一代移动通信网制式繁多，不能实现国际漫游，不能提供 ISDN 业务（即在一根普通电话线上提供语音、数据、图像等综合性业务），通信保密性不好，通话易被窃听，手机体积大，频带利用率低。

欧洲与日本在 20 世纪 90 年代已放弃了第一代蜂窝式移动通信（1G）网络，将其升级为数字系统。第二代蜂窝移动通信网为数字系统，针对第一代蜂窝式通信网进行了改进和完善。第二代移动电话将所有语音信号转化成数字编码，使得信号更加清晰，并可加密和压

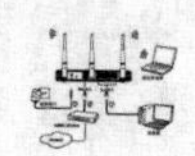

缩，安全性大大提高。最流行的 2G 系统是 GSM（Global System for Mobile Communications）全球移动通信系统。2G 系统支持语音、数据等多种业务，但传输速率通常低于 10kbit/s。

一些蜂窝电话运营商将其所拥有的 2G 系统升级到更高的数据传输速率，理论上可达到和超过 100kbit/s，即 2.5G 系统。对于 2.5G 系统，性能优于 2G 系统，但又较以后的 3G 系统有相当程度的落后。2.5G 系统除了可以提供更高的数据传输速率外，还采用了数据分组交换技术实现多个用户之间连接的有效共享。2.5G 系统与 Internet 的互联非常容易实现。

第三代移动通信系统是能够将语音通信和多媒体通信相结合的新一代通信系统，即 3G 系统，3G 系统可以提供多种先进的业务，如视频会议功能，并提供高达 2Mbit/s 的数据传输速率。3G 系统的移动终端除了作为移动电话使用外，同时也可以作为多种应用的个人数字终端，如可作为掌上型计算机或 PDA（个人数字助理）使用，从结构上看，内置了 Web 浏览器，还配置了诸如文字处理、电子表格等应用软件。

许多 3G 终端还可以和个人局域网 PAN 互联，并将一个小范围区域内的所有数字终端设备互连成一个可有效通信的网络。

第四代移动通信技术是 4G 网络，4G 网络最大的数据传输速率超过 100Mbit/s，这个速率是 3G 网络速率的 50 倍；4G 技术将 3G 和 WLAN 技术很好地融合在一起；4G 的移动终端可以接受高分辨率的电影和电视节目，从而成为合并广播和通信的新基础设施中的一个纽带；4G 有望集成不同模式的无线通信技术，如 WLAN 无线局域网、蓝牙等无线个域网技术、移动蜂窝网络技术、广播电视到卫星通信技术等。

4G 通信技术在 2G、3G 技术的基础上，应用了一些新的通信技术，较大幅度地提高了无线通信网络的效率和功能。如果说 3G 能为人们提供一个高速传输的无线通信环境的话，那么 4G 通信会是一种超高速无线网络，一种不需要电缆的信息超级高速公路。

（1）4G 技术相对于之前的技术所具有的优势：① 通信速率更快；② 网络频谱更宽；③ 通信更加灵活；④ 智能性能更高；⑤ 兼容性能更平滑；⑥ 提供的增值服务更多并连接着新的市场；⑦ 实现高质量通信；⑧ 频率使用效率更高；⑨ 通信费用更加便宜。

（2）4G 网络使用的关键新技术有：① LTE（LTE 是基于 OFDMA 技术、由 3GPP 组织制定的全球通用标准，包括 FDD 和 TDD 两种模式，用于成对频谱和非成对频谱）；② LTE-Advanced［LTE-Advanced 是 LTE（Long Term Evolution）的演进］；③ UMB［UMB（Ultra Mobile Broadband），超级移动宽带，UMB 是 CDMA2000 系列标准的演进升级版本］；④ WiMax［Worldwide Interoperability for Microwave Access，全球互通微波存取全球互通］是一种新兴无线宽频传输技术。⑤ Wireless MAN［WirelessMAN-Advanced（802.16m）技术规范为 4G 国际标准］。但也存在一些缺欠：① 标准难以统一；② 容量受到限制等。

4G 通信能满足 3G 通信尚不能达到的部分需求，如覆盖范围更大、通信质量更高、多媒体传输能力更强等。4G 系统可提供高达 100Mbit/s 的数据传输速率，采用数据分组交换技术处理数据流，具有极强的视频数据业务功能。

无线移动网络技术发展的几个重要阶段如图 2-17 所示。

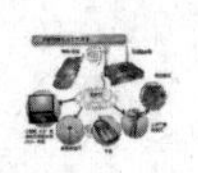

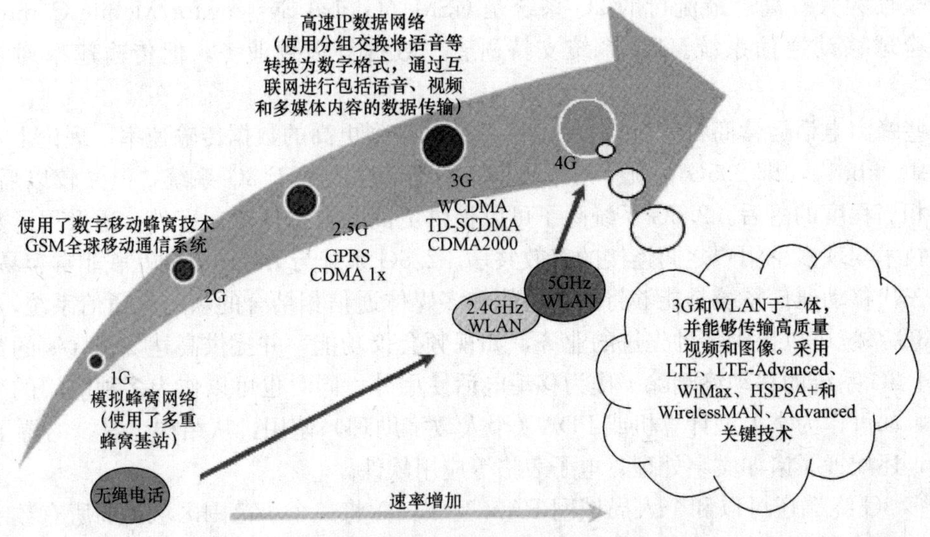

图 2-17　无线移动网络技术发展的几个重要阶段

2.2　第二代移动通信系统（2G）

第一代移动无线网络主要采用了模拟蜂窝系统技术，即第一代移动通信技术，1G 技术是以频率复用、多信道共用和全自动接入公共电话网的小区制大容量蜂窝式技术为主的移动通信系统。

1G 的第一个代表性系统是 AMPS（Advanced Mobile Phone Service）系统，也叫先进的移动电话系统，源于美国贝尔实验室的研究与开发的技术，其工作频段为 800MHz，频率间隔为 30kHz，基站发射功率为 45W。

1G 的第二个代表性系统是 TACS（Total Access Communications System），也叫全向接续通信系统，是由英国研制开发的移动通信系统，TACS 系统是 AMPS 系统的改进与升级型，工作频段为 900MHz，信道间隔为 25kHz，基站发射功率为 40W。

1G 的第三个代表性系统是 NMT（Nordic Mobile Telephone）系统，该系统由北欧几个国家共同研制开发，系统的工作频段为 450MHz，信道间隔为 25kHz，基站发射功率为25～50W。

随着 NMT 系统的容量也来越不能满足用户的需求，接着又推出了 NMT900 系统，工作频段为 900MHz，能够提供 1999 个双向信道，频率间隔为 12.5kHz。

1G 系统的主要缺点有：频谱利用率低，容量有限，系统扩容困难；由不同国家研制开发的不同制式较多，并且彼此互不兼容，这种情况不便于实现国际漫游，形成不兼容的用户覆盖面；保密性差；不能提供非话业务，即不能传输数据信息等较大缺欠。

2.2.1　数字蜂窝移动通信信道分配方案

第二代蜂窝电话是数字的，它是在 AMPS 基础上发展起来的。数字蜂窝无线电系统信道分配方案有 3 种：全球可移动通信系统（GSM）、蜂窝数字分组数据（CDPD）和码分多址访问（CDMA）。

1. 全球可移动通信系统

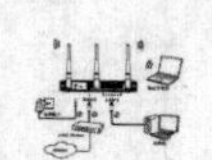

全球可移动通信系统（Global Systems for Mobile Communications，GSM）主要用于话音通信，但若用带有特殊调制解调器的便携机，亦可进行数据通信。其缺点：一是基站之间的接管相当频繁，每次接管会导致数据的丢失；二是GSM的错误率较高；三是由于按接通的时间计费而不是按传送的字节收费，所以花费很大。解决的方法之一是采用蜂窝数字分组数据CDPD。

2. 蜂窝数字分组数据

蜂窝数字分组数据（Cellular Digital Packet Data，CDPD）实际上是蜂窝状数字式分组数据交换网络，它是以数字分组数据技术为基础，以蜂窝移动通信为组网方式的移动无线数据通信技术。蜂窝移动系统起源于美国的贝尔系统，蜂窝系统的构造是以AMPS为基础并与AMPS兼容，即利用划分小区和频率复用技术。

3. 码分多址访问

码分多址访问（Code Division Multiple Access，CDMA）的工作原理后面介绍。CDMA有很多优点，如容量是目前流行的GSM的3～4倍；通话质量大幅度提高，接近有线电话的通话质量；由于所有小区使用相同的频点，故大大简化小区频率规划；保密性能更强；手机功耗更小，通话时间更长；增强小区的覆盖能力，减少基站数目；不会与现在的模拟和数字系统产生干扰；提供可靠的移动数据通信；可靠的软切换方式大大降低了切换的失败概率。

2.2.2　2G数字蜂窝移动通信系统及个人通信业务

第二代移动无线网络使用的是第二代数字蜂窝移动通信技术（2G）。2G克服了第一代移动通信技术的许多重大不足，采用了一些标志性的新技术。2G的支撑性技术和支持业务有数字蜂窝移动通信系统、个人通信业务、移动数据业务等。

第二代数字蜂窝移动通信系统（2G）与第一代模拟蜂窝移动通信系统性能特点的比较如图2-18所示。

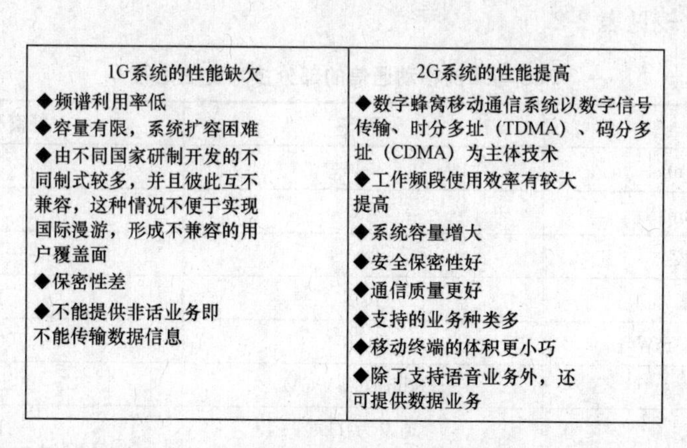

图2-18　第一、二代移动通信系统性能比较

1. 数字蜂窝移动通信系统

数字蜂窝移动通信系统以数字信号传输、时分多址（TDMA）、码分多址（CDMA）为主体技术，工作频段使用效率有较大提高，系统容量增大，安全保密性更好，通信质量更好，支持的业务种类多，移动终端的体积更小巧。第二代移动通信系统除了支持语音业务

外，还可提供数据业务。

数字蜂窝移动通信系统有4个主要标准：GSM、IS.54、JDC和IS－95。GSM（Global System for Mobile Communication）是欧洲的全球移动通信系统；IS.54是北美地区的数字移动通信标准；JDC是日本的数字移动通信标准；IS-95是美国和亚洲的数字移动通信标准。GSM、IS.54、JDC系统使用的是JDMA技术、IS-95系统使用的是CDMA技术。第二代数字蜂窝移动通信的几种标准比较见表2-1。

表2-1　2G数字蜂窝移动通信系的几种标准比较

系统	GSM/ TSC	IS-54	JDC	IS-95
地区	欧洲	美国	日本	美国和亚洲
接入方式	TDMA/FDD	TDMA/FDD	TDMA/FDD	TDMA/FDD
调制方式	GMSK	II/DQPSK	II/DQPSK	II/DQPSK
频段/MHz	890～960 1710～1880	869～894 824～849	810～956 1429～1501	869～894 824～849
频段间隔/kHz	200	30	25	1250
承载信道/载波/（bit/s）	8	3	3	可变
信道比特率/（bit/s）	270.833	48.6	42	1228.8
语音编码/（bit/s）	13	8	8	1～8（可变）
帧长/ms	＞4.615	＞40	＞20	＞20

2. 个人通信业务

个人通信业务（Personal Communications Services，PCS）是指为用户提供一系列面向个人的通信业务，它与蜂窝移动通信在技术特性上有所不同，个人通信业务与蜂窝移动通信的部分技术特性比较见表2-2。

表2-2　PCS与蜂窝移动通信的部分技术特性比较

系统	PCS	蜂窝移动通信
天线高度/m	＜15	＞15
车辆速度/（km/h）	＜5	＞200
基站复杂度	小	高
接入频谱	共享	独占
手机平均功率/mW	5～10	100～600
语音编码	32kbit/s ADPCM	7～13kbit/s声码器
复用方式	通常为TDD	FDD
检测方式	非相干	相干

关于表中的ADPCM、TDD和FDD说明如下：

ADPCM（Adaptive Differential Pulse Code Modulation）是一种针对16位（或8位或者更高）声音波形数据的一种有损压缩算法。

TDD（Time Division Duplexing）是时分双工，发射和接收信号是在同一频率信道的不同时隙中进行的，彼此之间采用一定的保证时间予以分离。

FDD（Frequency Division Duplexing）是频分双工，有两个独立的信道，一个用来向下传送信息，另一个用来向上传送信息。两个信道之间存在一个保护频段，以防止邻近的发射机和接收机之间产生相互干扰。

对于 PCS 个人通信业务有几个美国、欧洲和日本不同的标准规范，见表 2-3。

表 2-3 PCS 个人通信业务的标准规范

系统	CT－2 和 CT－2＋	DECT	PHS	PACS
地区	欧洲和加拿大标准，也是第一个无绳电话标准	欧洲	日本	美国
接入方法	TDMA/TDD	TDMA/TDD	TDMA/TDD	TDMA/TDD
频段/MHz	864～868 944～948	1880～1900	895～1918	1850～1910 1930～1990
频段间隔/MHz	100	1728	300	300
承载信道/载波	1	12	4	每对 8
信道比特率/（kbit/s）	72	1152	384	384
调制技术	GFSK	GFSK	II/4DQPSK	II/4DQPSK
语音编码/（kbit/s）	32	32	32	32
手机平均发射功率/mW	10	250	80	200
手机峰值发射功率 10/mW	10	250	80	200
帧长/ms	2	10	5	2.5

2.2.3 GSM 标准的内容和系统的网络结构

全球可移动通信系统 GSM（Global Systems for Mobile Communications）是第二代的主流数字蜂窝移动通信系统，它的一个突出特点是具有严密的接口技术规范，各种接口协议明确。

除 GSM 系统以外，日本的 PDC 制式（日本的数字蜂窝网络）也属第二代数字蜂窝移动通信系统；北美基于时分多址 TDMA 的 IS-54 制式、基于码分多址 CDMA 的数字蜂窝通信系统标准 IS-95 制式都属于第二代数字蜂窝移动通信系统。其中 IS-95 制式也是双模制式，支持与 FDMA 的模拟 AMPS 兼容。

1. GSM 标准的内容

GSM 标准中对系统功能和接口技术做了详细的规范，GSM 标准的主要内容有：支持业务；网络；MS（移动台）-BS（基站）接口与协议；无线链路的物理层规范；话音编码规范；MS 移动台的终端适配器；基站 BS-MSC（移动交换中心）接口规范；网络互通；业务互通；操作和维护

2. GSM 移动通信系统的网络结构

GSM 是一种移动台在服务区内任意移动时都能较高质量地进行语音交互、进行数据传输并享受多种业务服务等多种信息服务的通信系统。GSM 系统的网络结构如图 2-19 所示。

从图 2-19 中看到，GSM 系统的网络结构主要有移动台、基站子系统、网络子系统和公共交换电话网 PSTN（及综合业务数字网 ISDN、公用数据网 PDN）四部分组成。基站子系

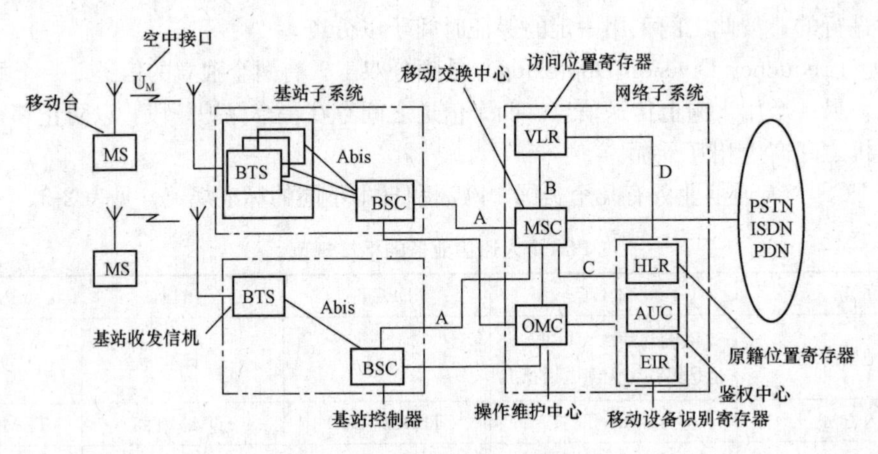

图 2-19 GSM 系统的网络结构

统由基站收发信机 BTS 和基站控制器 BSC 组成；网络子系统由移动交换中心 MSC、访问位置寄存器 VLR、维护操作中心 OMC、原籍位置寄存器 HLR、鉴权中心 AUC 和移动设备识别寄存器 EIR 组成。基站子系统 BS、移动台 MS 及网络子系统构成公用陆地移动通信网，公用陆地移动通信网再和公共交换电话网 PSTN、综合业务数字网 ISDN 和公用数据网 PDN 互联。

图 2-19 中的 Abis 是有线接口，U_M是无线接口。

下面是关于 GSM 系统组成中各重要组件的说明：

(1) 移动台 MS。这里的移动台 MS 是指 GSM 移动通信网中用户使用的设备，移动台类型可分为车载型、便携型和手持型等，移动台就是移动终端，其中手机是用户使用最为广泛的移动终端。手持型移动终端一般包含存储用户认证信息的识别卡（SIM 卡）。手持型移动台示意图如图 2-20 所示，移动台中的 SIM 卡引脚功能如图 2-21 所示。

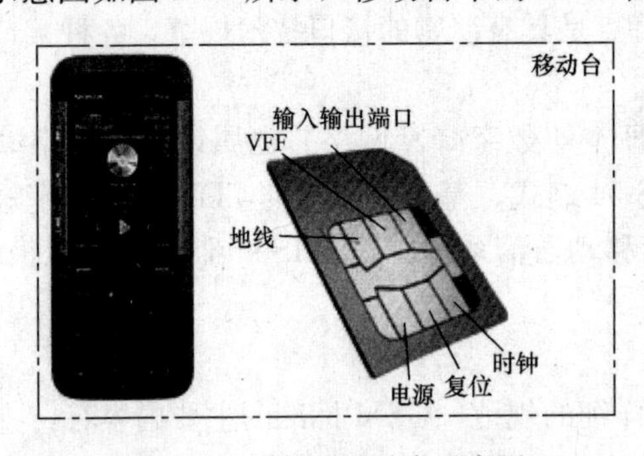

图 2-20 手持型移动台示意图

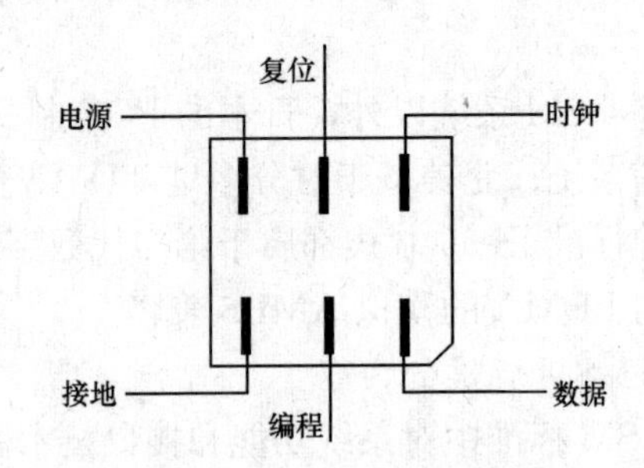

图 2-21 SIM 卡引脚功能

移动台具有数据无线传输功能与数据处理功能，移动台包含话筒、扬声器、键盘、显示屏和各种按键等与用户实现交互的接口，移动台必须包括提供动力的电源。移动台通过无线接口 U_M接入 GSM 系统。

手持型移动台即手机在使用时必须配置一张 SIM 卡才可使用。SIM 卡上存储有与用户有关的所有身份特征信息和安全认证、加密信息等。这些信息包括三部分：一是存储与卡和持卡者特征有关的信息；二是 GSM 网络操作所需的信息，如用户密钥、鉴权算法、加密算

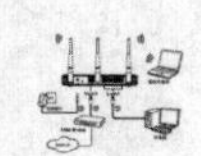

法、移动台设备参数等。SIM 卡内部由微处理器、程序存储器、工作存储器、数据存储器和串行通信单元组成。

(2) 基站子系统（BSS）。基站子系统（Base Station Subsystem，BSS）是一种广义的基站。在 GSM 网络中，基站子系统包括基站收发信机（BTS）和基站控制器（BSC）。一个基站控制器可以控制十几以至数十个基站收发信机。

BSS 通过无线接口直接与移动台通信，负责无线发送接收和无线资源管理。另一方面通过有线接口与网络子系统 NSS 中的移动交换中心 MSC 相连，实现移动台之间或移动台与固定网用户之间的通信连接，传送系统信号和用户信息。一个完整的基站子系统由基站收发信机（BTS）和基站控制器（BSC）组成，如图 2-22 所示。

1）基站收发信机 BTS。基站收发信机 BTS 在 GSM 网络中的工作情况如图 2-23 所示。基站收发信机 BTS 通过无线接口 U_M 与移动台 MS 实现连接，BTS 属于基站子系统的无线部分，BTS 主要负责无线传输。

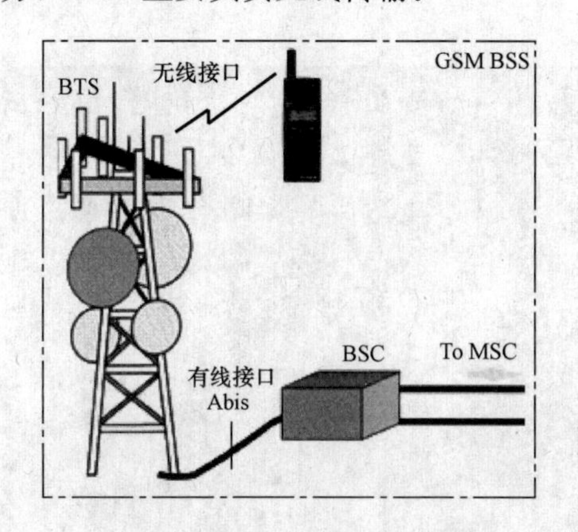

图 2-22 基站子系统 BSS 示意图

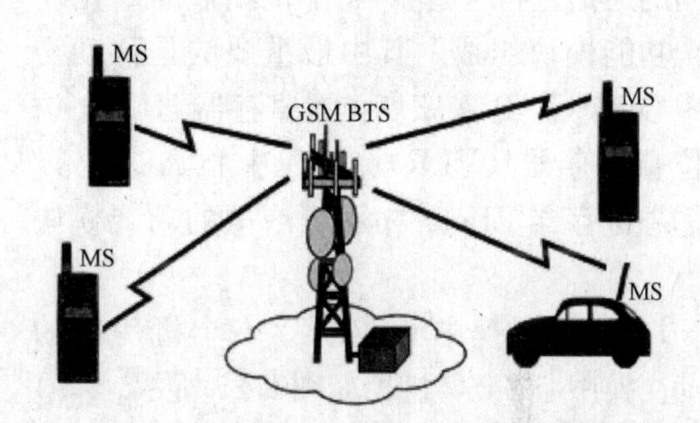

图 2-23 基站收发信机 BTS 在 GSM 网络中的作用

2）基站控制器（BSC）。基站控制器 BSC 是基站收发信机 BTS 和移动交换中心（MSC）的连接节点，也为基站收发信台和操作维护子系统（OMS）之间交换信息提供接口。BSC 主要负责无线信道的分配、释放及越区信道的管理。典型的 BSC 有一到两个机架，能管理数十个 BTS，实际管理的 BTS 数量取决于业务量的多少。一个基站控制器 BSC 管理 3 个基站收发信机 BTS 的情况如图 2-24 所示。

基站控制器 BSC 和基站收发信机 BTS 通过有线接口 Abis 实现连接。

(3) 基站子系统 BSS 与基站 BS 的区别。基站是固定在一个地方的高功率多信道双向无线电发送机。当移动用户用手机打电话时，信号由附近的一个基站发送和接收，通过基站，移动用户的电话被接入到移动电话网的有线网络中。在整个移动网络中基站主要起中继作用。基站与基站之间采用无线信道连接，负责无线发送、接收和无线资源管理。

基站子系统（BSS）是移动通信系统中与无线蜂窝网络关系最直接的基本组成部分。BSS 是由基站收发信台（BTS）和基站控制器（BSC）组成。基站控制器 BSC 管理一个或多个基站的无线资源。

(4) 网络子系统（NSS）。网络子系统 NSS 主要完成 GSM 系统的交换功能和用于用户数据管理、移动性管理、安全性管理所需的数据库功能，它对 GSM 网络移动用户之间的通

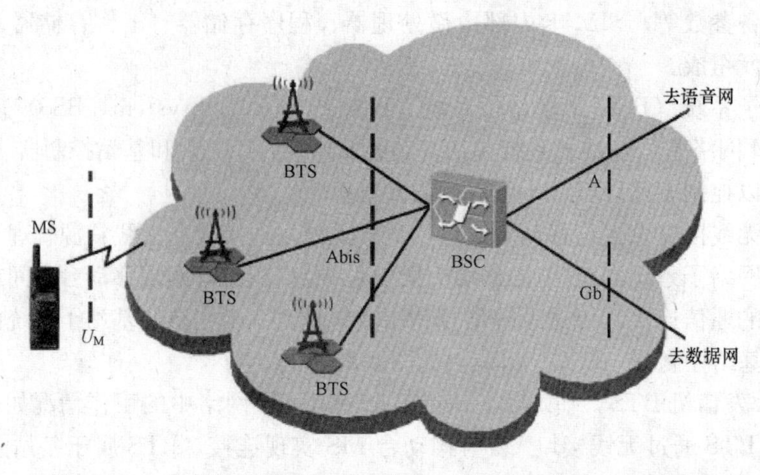

图 2-24　一个基站控制器 BSC 管理 3 个基站收发信机 BTS 的情况

信以及 GSM 网络移动用户与其他通信网用户之间的通信进行管理。网络子系统 NSS 由若干个功能模块组成。其中最重要的是移动交换中心 MSC，还有归属位置寄存器 HLR、访问位置寄存器（VLR）、鉴权中心 AUC、设备标志寄存器 EIR 等中不可或缺的功能模块等。

图 2-25　一个机房中的移动交换中心 MSC

1）移动交换中心 MSC。一个机房中的移动交换中心 MSC 机柜如图 2-25 所示。

从图 2-26 看到，一个移动交换中心 MSC 与数个基站子系统 BSS 中的基站控制器 BSC 连接起来，MSC 是网络的核心，它主要处理和协调 GSM 系统内部用户的通信接续，它将移动用户与固定网用户连接起来，或者把移动用户互相连接起来。

MSC 一般为一个较大容量的程控数字交换机，可以控制若干个基站控制器（BSC）。

2）归属位置寄存器（HLR）。HLR 是管理移动用户的数据库或是作为 GSM 系统的中央数据库，存储该 HLR 辖区的所有移动用户的有关数据，HLR 是一台独立的服务器，如图 2-27 所示。其中静态数据包括移动用户码、用户类别等。每个移动用户必须在某个 HLR 中登记注册。

3）认证鉴权中心（AUC）。认证鉴权中心 AUC 直接与归属位置寄存器 HLR HLR 相连，是认证移动用户身份及产生相应认证参数的功能模块。认证鉴权中心对移动用户的身份进行

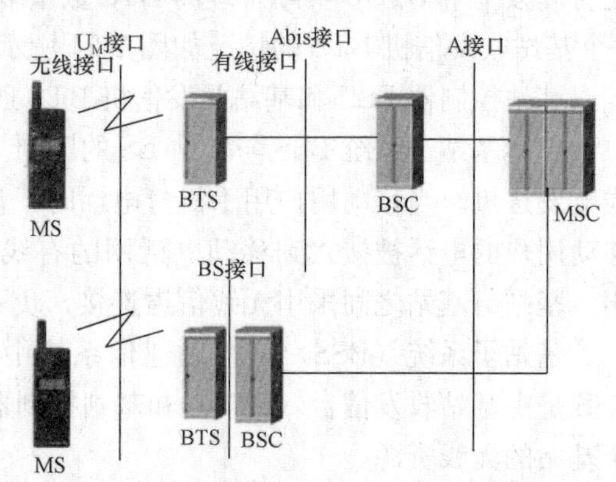

图 2-26　移动交换中心 MSC 与基站子系统 BSS 中的基站控制器 BSC 连接

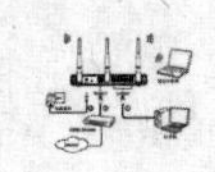

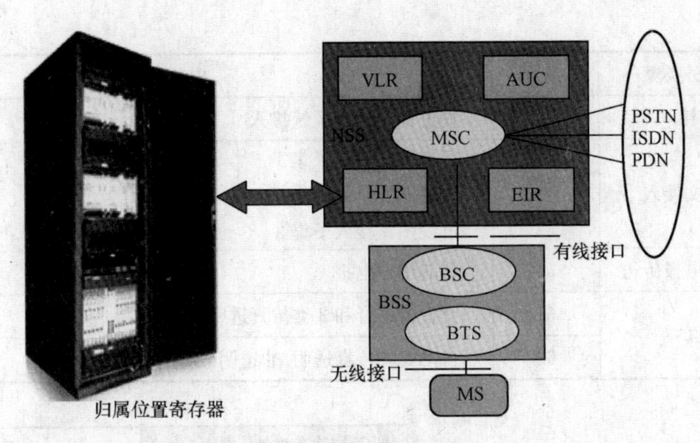

图 2-27　归属位置寄存器 HLR

认证，允许合法用户接入网络，并享受网络的相关服务。

4）访问位置寄存器（VLR）。VLR 是存储用户位置信息的动态数据库，当漫游用户进入某个移动交换中心 MSC 的管理区域时，要在 MSC 直接关联的访问位置寄存器 VIR 中进行登记和建立用户的有关信息，由 VLR 分配给移动用户一个漫游号码。一个访问位置寄存器 VLR 可以负责一个或多个 MSC 区域。

5）设备标志寄存器（EIR）。设备标志寄存器 EIR 是存储有关移动台设备参数的数据库，用来实现对移动设备的识别、监视、闭锁等功能。EIR 只允许合法的设备使用，对非法设备禁止接入网络。它与 MSC 相连接。

6）操作与维护子系统（OMS）。操作与维护子系统 OMS 负责对全网进行监控与操作，如系统自检、报警与备用设备的激活、系统故障诊断与处理，话务量的统计和计费数据的记录等。

2.2.4　GSM 系统的支持业务

GSM 系统所支持的业务是建立在综合业务数字网（ISDN）基础之上的，并考虑移动特点作了必要修改。GSM 系统支持的业务有基本业务和附加业务，其中基本业务又分为电信业务和承载业务，如图 2-28 所示。

GSM 系统提供的附加业务只是对基本业务的扩充。这里仅介绍基本通信业务的分类及定义。

1. 电信业务分类

GSM 系统支持的基本业务分类如图 2-29 所示。

具体讲，GSM 系统能够提供 6 类 10 种电信业务，见表 2-4。

表 2-4　GSM 系统能够提供 6 大类电信业务

分类号	电信业务类型	编号	电信业务名称
1	语音传输	11	电话
		12	紧急呼叫
2	短消息业务	21	点对点 MS 终止的短消息业务
		22	点对点 MS 起始的短消息业务小区广播短消息业务

续表

分类号	电信业务类型	编号	电信业务名称
3	MHS 接入	31	先进消息处理系统接入
4	可视图文接入	41	可视图文接入子集 1
		42	可视图文接入子集 2
		43	可视图文接入子集 3
5	智能用户电报传送	51	智能用户电报
6	传真	61	交替的语音和 3 类传真透明/非透明
		62	自动 3 类传真透明/非透明

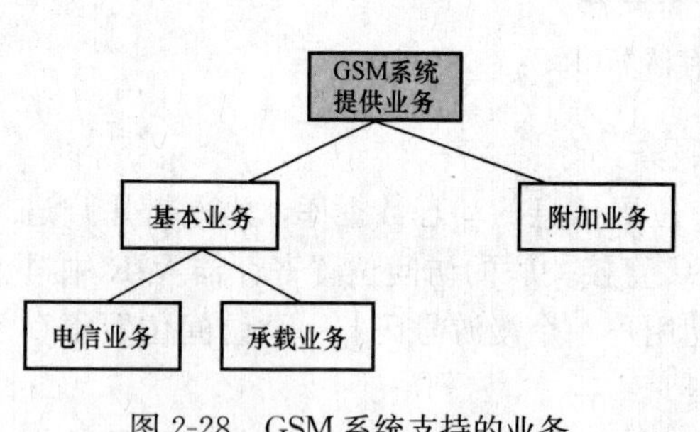

图 2-28 GSM 系统支持的业务

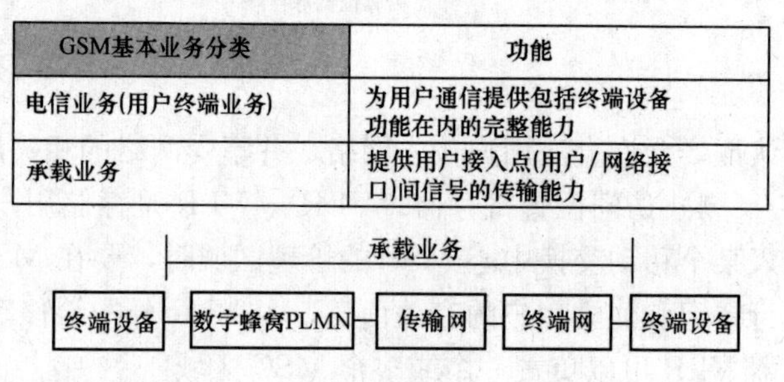

GSM基本业务分类	功能
电信业务(用户终端业务)	为用户通信提供包括终端设备功能在内的完整能力
承载业务	提供用户接入点(用户/网络接口)间信号的传输能力

图 2-29 GSM 系统支持的基本业务分类

2. 关于业务的说明

(1) 电话业务。电话业务是 GSM 系统提供的最主要的业务。电话业务包括：移动用户与固定网电话用户之间实时双向会话；任意两个移动用户之间的实时双向会话。

(2) 紧急呼叫业务。在紧急情况下，移动用户通过一种简单的拨号方式可即时拨通紧急服务中心，如火警 119，还有一些 GSM 移动台具有“SOS”紧急呼叫键。

(3) 短消息业务。短消息业务包括移动台之间点对点短消息业务，以及小区广播式短消息业务。由于 GSM 网络的带宽有限，其消息量限制为 160 个字符。

(4) 可视图文接入。GSM 系统提供较为简洁的较小数据量可视图文接入。

(5) 智能用户电报传送。智能用户电报传送能够提供智能用户电报终端间的文本通信业务。

(6) 传真。GSM 系统提供经 PLMN 以传真编码信息文件的形式传输交换各种函件的业务。

2.2.5 GSM 数字蜂窝网使用的跳频技术

1. 无线电波的多径传播

移动通信中基站到用户之间使用无线电波传送信息，移动通信的频率范围在甚高频（VHF：30～300MHz）和特高频（UHF：300～3000MHz）频段内，这个频段内的无线电波波束传播的特点是视距传播，且以直射波、反射波和散射波等方式传播，受地形地物影响很大，建筑物、树木、有反射面的金属体表面都能进行反射和散射，这就是无线电波的多径传播。由于这种多径传播，移动台接收到的信号是由直射波、反射波和散射波叠加而成，强度随时间变化，因此影响移动通信的通话质量，如图 2-30 所示。

多径效应会引起信号衰落。信号传播的各条路径长度随时间变化，到达接收点的各电波

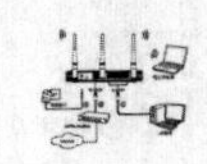

分量间的相位关系也随时间变化。不同分量场的随机干涉，形成总的接收场的衰落。各分量之间的相位关系对不同的频率是不同的。因此，它们的干涉效果也因频率而异，这种特性称为频率选择性，因此无线电波的多径传播导致移动通信信道具有时变特性，影响移动用户正常的无线通信。

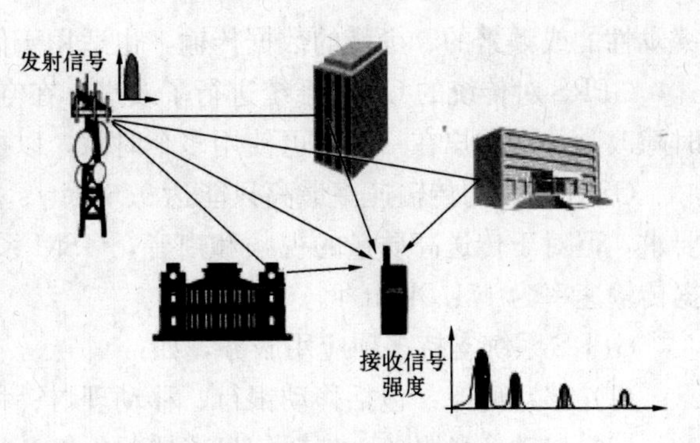

图 2-30　无线电波的多径传播

2. 环境因素对移动台的干扰

移动台在通信过程中会被环境噪声干扰，这种环境噪声来自于城市噪声、各种车辆发动机点火噪声、电气设备工作时的加电或断电生成的傅里叶谐波分量的辐射干扰和微波炉干扰噪声等。还有其他工作频段相近的无线设备工作电波的干扰等。移动台受到其他电台的干扰表现在共道干扰、邻道干扰、互调干扰、多址干扰等。

3. 跳频技术

在 GSM 系统中采用自适应均衡抵抗多径效应造成的时间色散现象，采用卷积编码抵抗随机干扰，采用交织编码抑制突发干扰，采用跳频技术进一步提高系统的抗干扰性能。

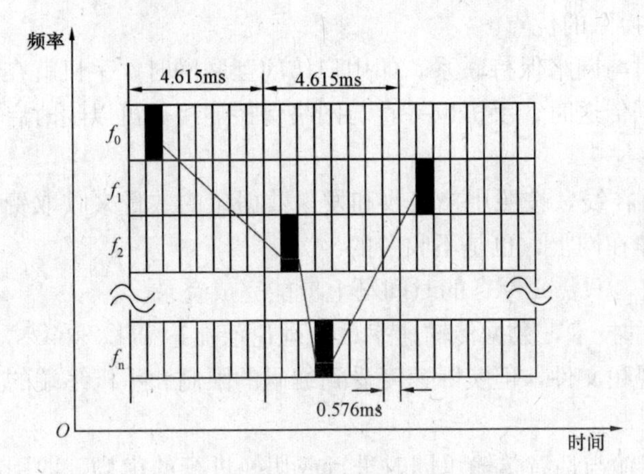

图 2-31　GSM 系统中的跳频示意图

跳频技术是这样一种技术：在很宽的频率范围内采用某种特定方式进行频率跳变，并形成规律性的频率跳变序列，GSM 系统中的跳频方式如图 2-31 所示。

在图 2-31 中，托载信号的载波采用每帧改变频率的方法，每隔 4.615ms 改变载波频率，及跳频速率为1/4.615 ms＝217 跳。

采用跳频技术可以用来确保通信的秘密性和抗干扰性，跳频的主要优点是：① 能大大提高通信系统抗多径衰落的能力；② 提高通信系统抗频率干扰的能力；③ 保密性好。

GSM 网络中采用跳频技术是抗衡多径衰落、频率干扰和提高安全性。

2.3　GPRS 技术

2.3.1　GPRS 通信系统简述

1. GPRS 通信方式

GPRS（General Packet Radio Service，通用分组无线业务）是在第二代移动无线网络 GSM 系统上发展出来的一种新的分组数据承载业务。GPRS 与现 GSM 系统的主要区别：GSM 是一种电路交换系统，而 GPRS 是一种分组交换系统。因此，GPRS 适用于间断的、突发性的或频繁的、少量的数据传输，也适用于偶尔的大数据量传输。

GPRS 对传统的 GSM 系统进行了改进：在空中接口中将每个用户在一帧仅可使用一个时隙改为每个用户在一帧中可使用多个时隙，以提高接入速率。

GSM 网络的传输速率最高只能达 9.6kbit/s。这种速度用于传送静态图像还基本能满足要求，但对于传送高质量的视频和声音，GSM 系统就无法满足要求。GPRS 系统支持的数据传输速率为 171.2kbit/s。

GPRS 系统支持多项应用服务，如：

（1）移动商务：包括移动银行、移动理财、移动交易（股票、彩票）等。

（2）移动信息服务：包括信息点播、天气、旅游、服务、黄页、新闻和广告等。

（3）移动互联网业务：包括网页浏览、Email 等。

（4）虚拟专用网业务：包括移动办公室、移动医疗等。

（5）多媒体业务：包括可视电话、多媒体信息传送、网上游戏、音乐、视屏点播等。

GPRS 属于 2.5 代的技术，GPRS 为无线数据传送提供了一条高速公路，只要能接入 GPRS 网络，就能使用无线数据业务。

2. GPRS 的主要优点

相对 GSM 的电路交换数据传送方式，GPRS 的分组交换技术，具有“实时在线”“按量计费”“快捷登录”“高速传输”“自如切换”的优点。

（1）实时在线。实时在线指用户随时与网络保持联系。如用户访问互联网时，手机就在无线信道上发送和接受数据，在没有数据传送时，手机也一直与网络保持连接，可以随时启动数据传输。

（2）按量计费。GPRS 用户可以一直在线，按照用户接收和发送数据包的数量来收取费用，没有数据流量的传递时，用户即使挂在网上，也是不收费的。

（3）快捷登录。GPRS 的用户一开机，只需 1～3s 的时间马上就能完成登录。

（4）高速传输。GPRS 采用分组交换的技术，数据传输速率最高理论值能达 171.2kbit/s，可以稳定地传送大容量的高质量音频与视频文件，但实际速度受到编码的限制和手机终端的限制而不同。

（5）切换快捷。GPRS 还具有数据传输与话音传输可同时进行或切换进行的优势，即用户在用移动电话上网冲浪的同时，可以接收语音电话，电话上网两不误。

由于 GPRS 本身的技术特点，有一些特别适合于 GPRS 网络的应用服务，如网上聊天、移动炒股、远程监控、远程计数等小流量高频率传输的数据业务。

2.3.2 GPRS 的网络结构

GPRS 网络是由 GSM 网络发展而来的，因此其结构类似于 GSM 网络，但加进了一些新的结构，如增加了一些新的节点，GPRS 网络的结构如图 2-32 所示。

图中各功能模块：分组控制单元（PCU）；服务 GPRS 支持节点（SGSN）；网关 GPRS 支持节点（GGSN）；边界网关（BG）；计费网关（CG）；域名服务器（DNS）。

GPRS 网络结构中的部分功能模块介绍如下：

（1）分组控制单元（PCU）。PCU（packet control unit）的功能：无线链路控制和媒体接入控制；完成 PCU 与 SGSN（服务 GPRS 支持节点）之间 G_b 接口分组业务的转换，如启动、监视、拆断分组交换呼叫、无线资源组合、信道配置等；PCU 与 SGSN 之间通过帧中

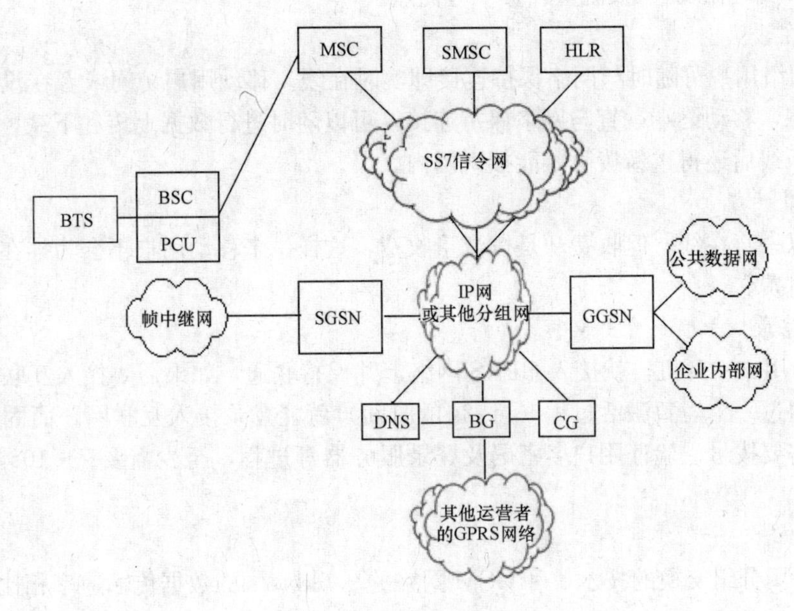

图 2-32 GPRS 网络结构

继或 E_1 方式连接。这里的 G_b 接口是 SGSN 和 BSS（基站子系统）间接口，但不同的系统情况有不同，如在华为的 GPRS 系统中，G_b 接口是 SGSN 和 PCU 之间的接口。

（2）服务 GPRS 支持节点（SGSN）。SGSN（Serving GPRS Support Node）是服务 GPRS 支持节点，是 GPRS 核心网分组域设备重要组成部分，主要完成分组数据包的路由转发、移动性管理、加密、鉴权、会话管理、逻辑链路管理（与 MSC、SMS、HLR、IP 及其他分组网之间的传输与网络接口）、鉴权和加密、话单产生和输出等功能。SGSN 可以看作一个无线接入路由器。

（3）网关 GPRS 支持节点（GGSN）。GGSN（Gateway GPRS Support Node）是网关 GPRS 支持节点，主要是起网关作用，它可以和多种不同的数据网络实现互联，如 ISDN（综合业务数字网）、PSPDN（分组交换公用数据网）和 LAN 等。有时也将 GGSN 称为 GPRS 路由器。GGSN 可以把 GSM 网中的 GPRS 分组数据包进行协议转换，从而可以把这些分组数据包传送到远端的 TCP/IP 或 X. 25 公用数据网。

（4）边界网关（BG）。BG（Border Gateway）是边界网关，GPRS 网与本地 GPRS 主干网之间的网关，它除了应具有基本的安全功能以外，还可以根据漫游协议增加相关功能。

（5）计费网关（CG）。CG（Charging Gateway）是计费网关，计费网关通过相关接口 G_a 与 GPRS 网中的计费实体相连接，用于收集各类 GPRS 支持节点的计费数据并记录和计费。

（6）域名服务器（DNS）。DNS（Domain Name System）是域名服务器，它负责提供 GPRS 网内部 SGSN、GGSN 等网络节点域名解析及接入点名 APN（Access Point Name）的解析。

2.3.3 GPRS 网络是 2G 到 3G 演进的一个中间阶段

GPRS 网络是 2.5G 系统，GSM 网络的拨号方式属于电路交换方式，GPRS 是分组交换方式，具有“实时在线”“按流量计费”等优点。

1. 实时在线

GPRS网络用户可随时与网络保持连接即实时在线。移动用户访问或者在没有访问互联网的两种状态，移动终端一直与网络保持连接，可以随时进行数据上传和下载，不像普通拨号上网那样断线后还得重新拨号才能接入网内。

2. 按流量计费

用户可以一直在线，但收费却是按流量收费，这样一来移动用户不会为挂在网上但没有使用流量而付费。

3. 快捷登录

GPRS的用户一开机，就接入GPRS网络上并保持联通，如果需要接入互联网传输或接受文件，仅通过一个短暂激活过程（1～3s的时间）就能登录接入互联网。而固定拨号方式接入互联网需要拨号、验证用户名密码及登录服务器等过程，至少需要7～10s甚至更长的时间。

4. 高速传输

GPRS采用分组交换的技术，和GSM网络的9.6kbit/s的数据传输速率相比，GPRS网络的数据传输速率高达171.2kbit/s。

5. 从2G到到3G中间阶段的GPRS网络

GPRS网络是2.5G移动无线网络，是GSM网络向3G网络发展的一个中间阶段。GPRS优化了网络和无线资源的利用，但GPRS的无线子系统和网络子系统严格分离，允许采用其他无线接入技术的无线子系统接入该网络子系统，这有利于网络的升级和向第三代演进。

GPRS系统与GSM网络相比在系统性能多个方面进行了提升，但也还存在着一些问题，影响其发展．这些问题主要有：

实际的用户速率比171.2kbit/s理论值低，通常只有40kbit/s左右；GPRS网络为了避免数据传输过程中的分组丢失，使用了数据完整性校验与重发机制，增加了转接时延，这样一来会影响视频数据流的实时播放；小区容量有限等。

由于2G系统中采用了TDMA模式，而3G移动无线网络技术普遍采用CDMA模式，所以要从2G技术升级到3G技术，需要一个中间过渡的技术体系，GPRS系统就是这样一个技术体系。2G系统向3G系统演变采用的是逐步替换的演进策略，即首先过渡到GPRS阶段，它只对无线部分设备作少量的软件修改，同时增加新的网络节点设备（SGSN、GGSN）将分组交换引入到GSM网络，从而最大限度地保护已有投资，然后，以SGSN、GGSN为主体节点构建全IP结构的3G核心网，逐步将无线部分的设备更换，最终形成一个完整的3G网络。

2.4 CDMA通信系统

2.4.1 CDMA系统

CDMA（Code Division Multiple Access，码分多址接入）技术是为满足现代移动通信所需要的大容量、高质量、多业务支持、软切换和国际漫游等要求而设计的移动通信技术，是

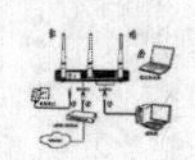

实现第三代移动通信的关键性技术。CDMA是一种先进的无线扩频通信技术，在数据信息传输过程中，将具有一定信号带宽的数据信息用一个带宽远大于信号带宽的高速伪随机码进行调制，将要传输的数据信息号的带宽拓宽后，再经载波调制并发送出去。在信宿端，使用完全相同的伪随机码，处理接收到的带宽信号，并将宽带信号还原成原来的窄带信号，从而实现通信。

CDMA技术支持的通信过程有较强的抗干扰能力，具有抗多径延迟扩展的能力和提高蜂窝系统的通信容量的能力。

在全球范围内得到广泛应用的第一个CDMA的标准是IS-95A，这一标准支持8K编码话音服务。接着又颁布了13K话音编码器的TSB74标准。1998年2月又开始将IS-95B标准应用于CDMA平台中。再往后，CDMA2000标准的出现，为使窄带CDMA系统向第三代系统过渡提供了强有力的支持。在CDMA2000标准研究的前期，提出1X和3X的发展策略，而CDMA2000-1X是向第三代移动通信（3G）系统过渡的2.5代（2.5G）移动通信技术，叫CDMA1X。

2.4.2 IS-95CDMA系统

码分多址CDMA采用扩频通信技术，大幅度地增加信道带宽，同时CDMA系统还具有较高的容量、抗干扰能力强、抗衰落性能优越、保密性好等优点。1993年美国电信工业协会（TIA）投票通过IS-95标准作为美国窄带CDMA数字蜂窝移动通信系统的技术标准。再往后的3G系统的不同方案多数都是基于与IS-95CDMA相近的CDMA技术。

1. IS-95CDMA移动通信系统的组成

CDMA数字蜂窝移动通信系统的网络结构与系统接口如图2-33所示。

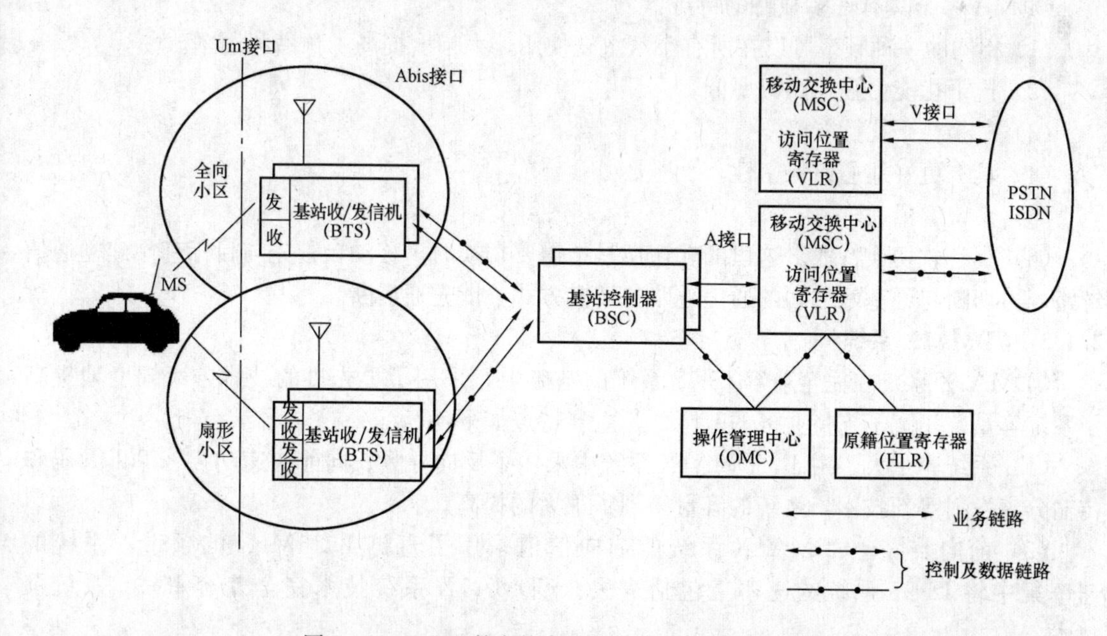

图2-33 CDMA数字蜂窝移动通信系统的网络结构

系统中的A接口是基站子系统BSS与移动交换中心MSC之间的接口，功能是：支持向CDMA用户提供的业务；在PLMN内分配无线资源及对这些资源进行操作和维护。MSC

与市话网之间采用 V 有线接口。

CDMA 数字蜂窝移动通信系统主要由 V 接口与 A 接口之间的网络交换子系统（NSS）、基站子系统（BSS）、移动台（MS）和操作与维护子系统（OMS）四部分组成。NSS 又由移动交换中心（MSC）、归属位置寄存器（HER）访问位置寄存器（VLR）、鉴权中心（AUC）、短消息中心（MC）、设备标志寄存器（EIR）等构成。BSS 又由一个集中基站控制器（BSC）和若干个收/发信机（BTS）构成。

IS-95CDMA 系统的基本网络结构还可以用图 2-34 描述。

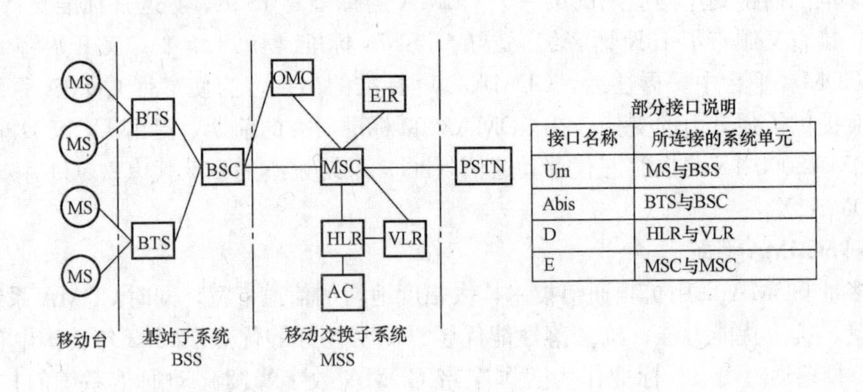

接口名称	所连接的系统单元
Um	MS与BSS
Abis	BTS与BSC
D	HLR与VLR
E	MSC与MSC

图 2-34 IS-95CDMA 系统的基本网络结构的一种描述方式

2. IS-95CDMA 系统的特点

CDMA 系统具有许多独特的特点：

（1）相同的一种频率可以在所有小区重复使用，大幅度提高了频谱利用率。

（2）抗干扰能力强、误码率低。

（3）抗多径干扰性能好。

（4）具有更好地通信保密性。

（5）系统容量大。

（6）具有软切换特性。这里的软切换是指需要切换时，移动台首先与目标基站建立通信链路，再切断与原基站之间的通信链路的切换方式，即先通后断。

2.4.3 CDMA1X 系统

CDMA1X 系统在完全兼容 IS-95 系统的基础上，采用了更先进的技术，大幅度地提高了系统容量，拓宽了支持业务的范围，其主要特点如下：

（1）系统容量大。由于 CDMA1X 系统中采用了反向导频、向前快速功控、Tubro 码和传输分集发射等新技术，系统的容量得到了很大的提高。

（2）前向兼容。CDMA1X 系统的前向信道采用了直扩 1.25MHz 的频带，系统的速率集中将 IS-95 系统的速率集包括进去。CDMA1X 系统技术完全兼容 IS-95 系统及技术。

（3）支持高速数据业务和多媒体业务。

CDMA1X 网络系统可以向用户提供传输速率为 144kbit/s 的数据业务并同时提供语音和多媒体业务。CDMA1X 系统在 IS-95 系统的基础上增加了许多新的码分信道类型，来支

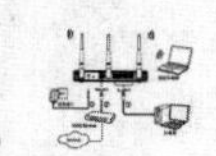

持高速分组数据业务、不对称分组数据业务和快速接入业务。

CDMA1X 系统的介质访问控制层除了能保证可靠的无线链路传输外，还提供复用功能和 QOS（Quality Of Service，服务质量）控制。

2.4.4　CDMA 移动业务本地网和省内网

将固定电话网中的长途编号区编号为 2 位和 3 位的区域设置一个移动业务本地网；长途编号区编号为 4 位的地区可与相邻的移动业务本地网合并在一个移动业务本地网中。

除了移动业务本地网外，还有 CDMA 移动业务省内网。省内网中如果移动交换局较多，可设移动业务汇接局（TMSC）。移动业务汇接局（TMSC）之间成网状连接，每个移动端局至少连接两个移动业务汇接局。

2.4.5　全国 CDMA 移动业务网和支持的业务

1. 全国 CDMA 移动业务网

在我国的 CDMA 数字蜂窝移动业务网中，分设 6 个大区，在每一个大区中设立一个一级移动业务汇接局，各省的移动业务汇接句局与相应的一级移动业务汇接局相连。一级汇接局之间也成网状连接。

2. CDMA 网的支持业务

CDMA 蜂窝移动通信系统可向用户提供多种支持业务，如电信业务、数据业务和其他业务。电信业务包括电话业务、紧急呼叫业务、短消息业务、语音信箱业务、可视图文业务、交替话音与传真等。

CDMA 系统可向移动用户提供 1200～9600bit/s 非同步数据、1200～9600bit/s 同步数据、交替语音与 1200～9600bit/s 数据，一些相关数据业务。

CDMA 系统还向移动用户提供以下业务：

（1）呼叫前传/转移/等待。

（2）主叫号码识别。

（3）三方呼叫。

（4）会议电话。

（5）免打扰设置业务。

（6）消息等特通知。

（7）优先接入和信道指配。

（8）选择性呼叫。

（9）远端特性控制。

（10）用户 PIN 码接入（Personal Identification Number，个人识别号）。

（11）用户 PIN 码拦截。

（12）其他业务。

2.4.6　从 IS-95CDMA 向 CDMA2000 演进的过程

IS-95CDMA 是 2G 系统，CDMA2000 是 3G 系统，从 IS-95CDMA 系统演进并进入到 CDMA2000 的过程如图 2-35 所示。CDMA2000 的空中接口与 IS-95 都是基于 CD-MA 方式，因此在 IS-95 向 CDMA2000 过渡的过程中，空中接口与核心网都可以平滑的过渡。

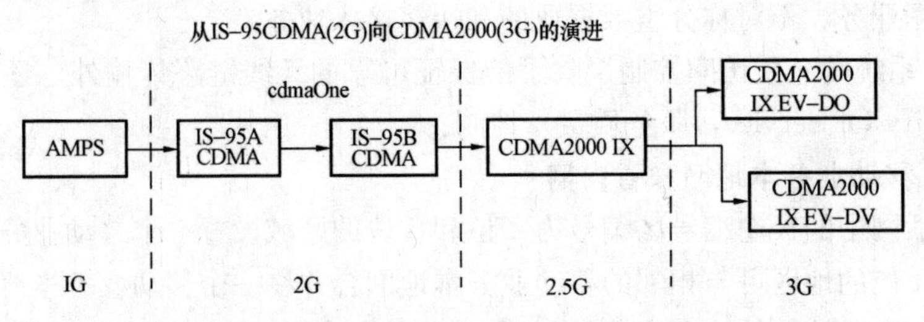

图 2-35　IS-95CDMA 系统演进到 CDMA2000 的过程

2.5　第三代移动通信系统（3G）

2.5.1　第三代移动通信系统概述

第三代移动通信（The 3rd Generation Mobile Communication，3G）是一种新的通信技术。第一代移动通信系统叫蜂窝式模拟移动通信，第二代移动通信系统叫蜂窝式数字移动通信，则第三代移动通信系统叫宽带多媒体蜂窝系统。第二代移动通信系统主要是 GSM 和 CDMA 制式，所承载的业务是语音和低速数据，移动通信技术的进步要求有一种全球化的、无缝覆盖的、统一频率、统一标准，能在全球范围内漫游，集语音、数据、图像和多媒体等多种业务进行支持的移动通信系统，在此背景下，第三代移动通信的概念于 1985 年正式提出，被称为未来公众陆地移动通信系统（Future Public Land Mobile Communication System，FPLMTS），1996 年更名为 IMT-2000（国际移动通信-2000），含意是系统工作在 2000MHz 频段，最高业务速率可达 2000kbit/s，预期在 2000 年左右商用。

3G 标准是由国际电联（ITU）制定的。2000 年 5 月，国际电联无线大会正式将 WCDMA、CDMA2000 和 TD-SCDMA 3 个标准作为世界 3G 无线传输标准。其中 W-CDMA（宽带码分多址）方案是由欧洲提出的，CDMA2000 方案由美国提出，TD-SCDMA 方案是我国提和推出的标准方案。W-CDMA 是在一个宽达 5M 的频带内直接对信号进行扩频的技术；CDMA2000 系统则是由多个 1.25M 的窄带直接扩频系统组成的一个宽带系统。

1. 3G 数据业务

第三代移动通信系统是一种能提供多种类型、高质量多媒体业务，能实现全球无缝覆盖，具有全球漫游能力，与固定网络相兼容，并以小型便携式终端在任何时候、任何地点进行任何种类通信的通信系统。

3G 手机的主要特点之一是有很高的数据传输速率，这个速率最终可能达到 2Mbit/s。3G 手机不仅能进行高质量的话音通信外，还能进行多媒体通信。3G 手机之间互相发送和接收多媒体数据信息，还可以将多媒体数据直接传输给一台式计算机或一台移动式笔记本，并且能从电脑中下载某些信息。用户可以直接使用 3G 手机上网，浏览网页和查看电子邮件，还有部分手机配置有数码微型摄像机，可进行视频会议、视频监控等。

3G 手机的数据传输速率因使用环境不同而不同，特别是和手机用户的移动速率有较大的关系。当用户移动速率超过 120km/h，如乘坐在高速行驶的列车上，数据速率可达 144kbit/s，在户外环境中，用户的移动速率小于 120km/h，数据速率可达 384kbit/s。对于没有移动的用户或在户外小范围内移动且移动速率小于 10km/h 时，数据速率可达 2Mbit/s。

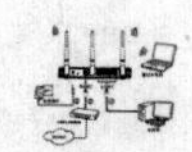

3G手机的主要数据应用内容有：音频数据通信、VOIP（Voice over IP：基于IP的语音传输）的数据应用，即在电话话音在IP网上的传输；发送和接收静止图像的数据业务、发送和接收活动图像的数据业务、全球移动电话服务（Universal Mobile Telecommunication System，UMTS)、软件下载等。

（1）音频数据应用。音频数据可使用两种方式传输：第一种是下载存储以后播放；第二种是使用流式媒体技术做到数据流边下载（边传输）边播放，第二种方式中，不对数据进行存储。

（2）静止图像的收发。通过3G手机彼此间发送和接收诸如照片、图片、明信片、贺卡、静止网页，也可以将这些静止图片发给在线的计算机。一幅图像的大小取决于它的分辨率和压缩方式，手机传输常用的静止图片格式为JPEG。

（3）活动图像的收发。活动图像的传送可以用于多种目地，如视频会议、无线视频监控、实况新闻转播等。传送活动图像对于数据传输速率的要求高于传送静止图像。即使数据传输速率达到1Mbit/s也不能满足连续的流畅地插放图像的要求。采用性能优良的活动图像压缩算法是一个关键所在。使用GPRG网络传输静止图像是完全胜任的，但满足不了活动图像传输的要求，使用了3G网络就能较好地传输活动图像了。

（4）全球移动电话服务。这种服务也叫虚拟家庭服务，它可以使用户在任何位置使用移动电话都像在家中一样方便。

（5）软件下载。用户使用3G网络使用3G终端（手机）下载所需的软件。

2. 3G技术的主要特点

3G无线通信技术是支持高速数据传输的蜂窝移动通讯技术，3G服务能够同时传送声音及数据信息。相对第二代GSM、CDMA等数字制式（2G），3G系统将无线通信与互联网等多媒体通信相结合的新一代移动通信系统。3G与2G的主要区别是在传输声音和数据的速度上的提升，它能够在全球范围内更好地实现无线漫游，并处理图像、音乐、视频流等多种媒体形式，提供包括网页浏览、电话会议、电子商务等多种信息服务，同时也要考虑与已有第二代系统的良好兼容性。

第二代的GSM设备采用的是时分多址，而CDMA使用码分扩频技术，先进功率和话音激活至少可提供大于3倍GSM网络容量，因此业界将CDMA技术作为3G的主流技术。

3G技术的主要技术特点：

（1）是全球普及和全球无缝漫游的系统，使用共同的频段和全球统一标准。

（2）具有支持多媒体业务的能力，并能根据实际应用环境需求，提供合适的带宽。

（3）国际电信联盟（ITU）规定第三代移动通信无线传输技术的最低要求中，必须满足：

1）快速移动环境，最高速率达144kbit/s，即在高速移动的环境中数据传输速率为144kbit/s而保持不掉线（车载环境：144kbit/s时速为120km/h的条件下）。

2）室外到室内步行环境中最高速率达384kbit/s。

3）室内环境最高速率达2Mbit/s及静态环境中的数据传输速率为2Mbit/s。

（4）提供高速的Internet接入服务。

（5）适应多种业务应用环境：蜂窝、无绳、卫星移动、PSTN、数据网、IP等网络环境。

（6）具有多频/多模通用的移动终端。

（7）频谱利用率高，容量大。

（8）网络结构能适用无线、有线多种业务要求。

（9）与2G、2.5G系统有很好的兼容性。

3. 从1G到3G发展过程中速率、模式和服务的演进

第二代移动通信系统有GSM、PDC（Personal Digital Cellular）、IS-136（D-AMPS）和IS-95（CDMA）系统，其中前三个是TDMA（时分多址接入）系统，IS-95（CDMA）系统是码分多址系统。

第一代（1G）技术，模拟制式，只有话音业务，主要有AMPS、TACS等；第二代（2G）技术，数字制式，提供话音业务和低速数据业务，主要有GSM、CDMA制式系统等。从1G到3G的发展过程中，系统使用频段、模式、数据速率的演变、服务的演变如图2-36所示。

图2-36　3G使用频段、模式、速率和服务的演变

从1G到3G发展过程中移动终端设备的演进如图2-37所示。

图2-37　从1G到3G发展过程中移动终端设备的演进

所有的移动系统基本上都是蜂窝结构的，他们依赖小区网络。无论一个蜂窝网络是用于第二代的PCS（个人通信业务）还是第三代通信系统，其基本设计都较为相似。

GSM、IS-95 CDMA 的数据速率为 0～14.4kbit/s，主要业务是语音业务及低速数据服务；GPRS、CDMA2000 1X 系统的数据速率为 0～144kbit/s，主要业务是语音、数据服务、短信、低速 WEB 浏览；三个 3G 系统 WCDMA、TD-SCDMA、CDMA2000 的数据速率最高可达 2Mbit/s，主营业务语音、高速数据服务、短信、低速 Web 浏览和视频及多媒体数据流服务。

2.5.2　3G 的组成和 3G 的标准

第三代移动通信系统最早于 1985 年由国际电信联盟（ITU）提出，称为未来公众陆地移动通信系统（FPLMTS），1996 年更名为 IMT-2000（International Mobile Telecom System-2000：国际移动通信-2000）。

1. IMT-2000 系统组成和接口

IMT-2000 系统主要由四个功能子系统构成：移动台（MS）、无线接入网（RAN）、核心网（CN）和用户识别模块（UIM）。无线接入网（RAN）提供灵活的无线接入功能，核心网（CN）提供一致的网络传输功能。IMT-2000 系统的组成及接口如图 2-38 所示。其中核心网（CN）对应于 GSM 系统的交换子系统（ SSS），无线接入网（RAN）对应于基站子系统（BSS）、移动台（MT）对应 GSM 系统中的移动台（MS），用户识别模块（UIM）对应于 GSM 系统中的 SIM 卡。

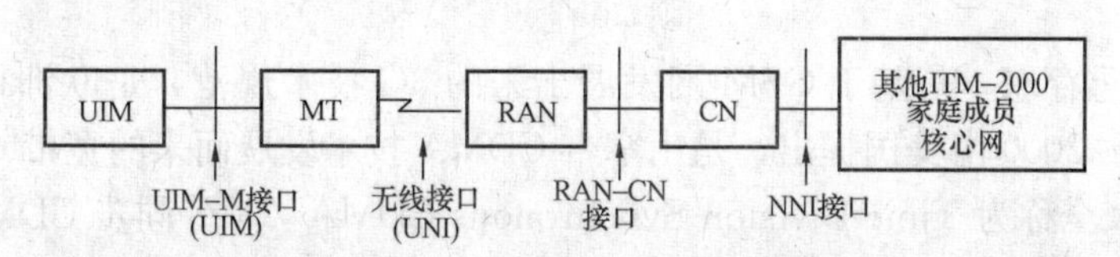

图 2-38　IMT-2000 系统的组成及接口

ITU 定义了 4 个标准接口：

（1）网络与网络接口（NNI），这里的接口是指系统中不同功能模块间的标准接口，是保证互通和漫游的关键部分。

（2）无线接入网与核心网之间的接口（RAN-CN），对应于 GSM 系统的 A 接口。

（3）无线接口（UNI）。

（4）用户识别模块和移动台之间的接口（UIM-MT）。

IMT-2000 系统的移动台包括移动终端（MT）与用户识别模块（UIM）；无线接入网（RAN）完成用户接入的全部功能，包括所有空中接口的功能；核心网（CN）由用来传输话音的电路交换子网络（CS）和用来传输数据的分组交换子网络（PS）两部分构成。

ITU 为 IMT-2000 系统划分了频段 1885～2025MHz 间的 140MHz 带宽，频段 2110-2200MHz 间的 90MHz 带宽，共计 230MHz 带宽。

第三代移动通信系统以卫星移动通信网与地面移动通信网结合，形成一个对全球无缝覆盖的立体通信网络。不管 3G 的不同主流技术对应着不同的应用系统，但 3G 网络的组成都是由核心网＋无线接入网＋用户终端组成。

3G 的 3 种主要技术标准之一的 TD-SCDMA 系统网络结构如图 2-39 所示。

2. 第三代移动通信的三种主要系统

第三代移动通信中的主要三种系统是 WCDMA、CDMA2000 和 TD-SCDMA。WCDMA

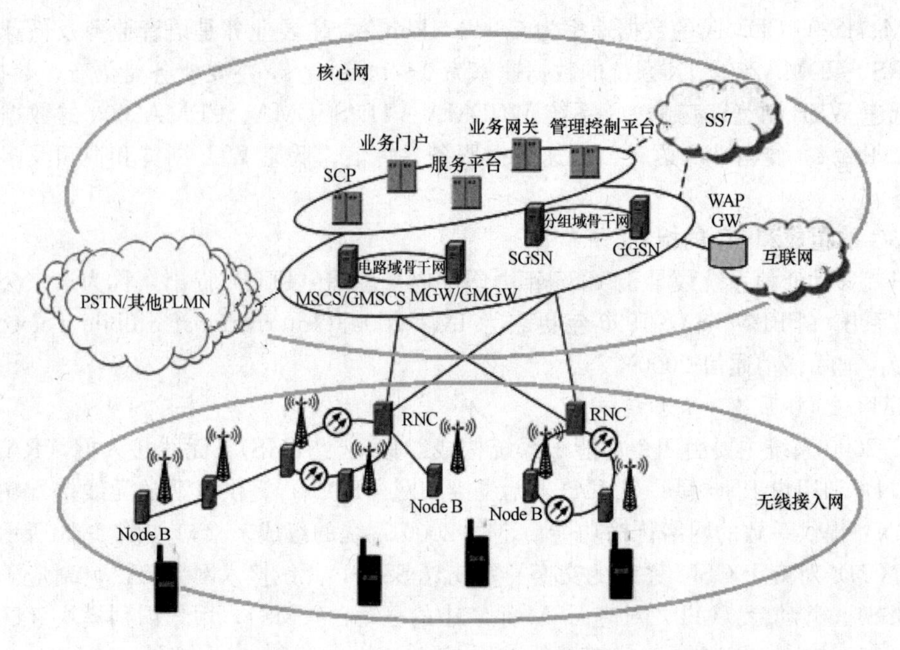

图 2-39　TD-SCDMA 系统网络结构

意为宽频分码多重存取，是基于 GSM 网发展出来的 3G 技术规范，是欧洲提出的宽带 CDMA 技术。CDMA2000 由美国提出，是由窄带 CDMA 技术发展而来的宽带 CDMA 技术。

TD-SCDMA 全称为 Time Division-Synchronous CDMA（时分同步 CDMA），该标准是由中国大陆独自制定的 3G 标准，1999 年 6 月 29 日，由中国原邮电部电信科学技术研究院（大唐电信）提出，但技术发明始于西门子公司，TD-SCDMA 具有辐射低的特点，被誉为绿色 3G。

2.5.3　WCDMA、CDMA2000 和 TD-SCDMA 技术

1. WCDMA

（1）WCDMA 系统组成。W-CDMA 全称为 Wideband CDMA，这是基于 GSM 网发展出来的 3G 技术规范，是欧洲提出的宽带 CDMA 技术，它与日本提出的宽带 CDMA 技术基本相同，目前正在进一步融合。

WCDMA 是沿着 GSM（2G）—GPRS—EDGE—WCDMA（3G）的路线演进的。这套系统能够架设在现有的 GSM 网络上，因此 WCDMA 系统在已有 GSM 网络覆盖的地区市场占有率是较高的。WCDMA 由 GSM 网络过渡而来，虽然可以保留 GSM 核心网络，但必须重新建立 WCDMA 的接入网，并且不可能重用 GSM 基站。

WCDMA 系统中有三个重要的部分：用户设备、基站和核心网，如图 2-40 所示。

（2）WCDMA 系统的网络结构，如图 2-41 所示。

（3）WCDMA 网络结构组成单元的功能。WCDMA 系统的网络结构中的各组成单元的功能情况介绍如下：

1）无线接入网（UTRAN）。WCDMA 的无线接入网（UTRAN）由基站子系统 BSS、无线网络控制器 RNC 和 3G 基站 Node B 组成，这里的 3G 基站 Node B 相当于 GSM 网络中的基站 BS。

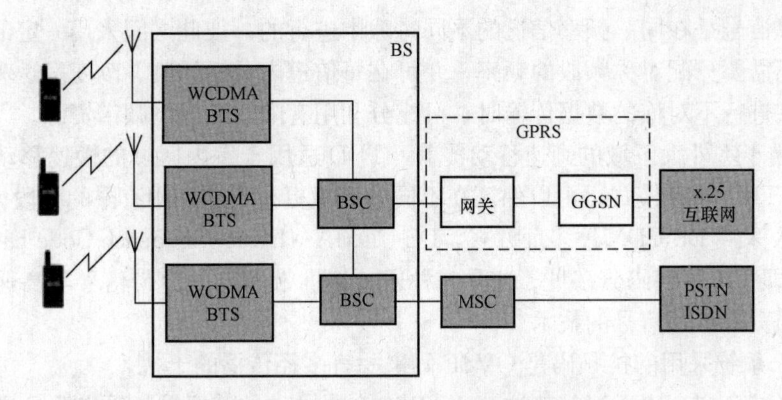

图 2-40 WCDMA 系统组成

BS—基站；BTS—基站收发信台；GGSN—GGSN（Gateway GPRS Support Node）网关；
MSC—移动业务交换中心；BSC—基站控制器

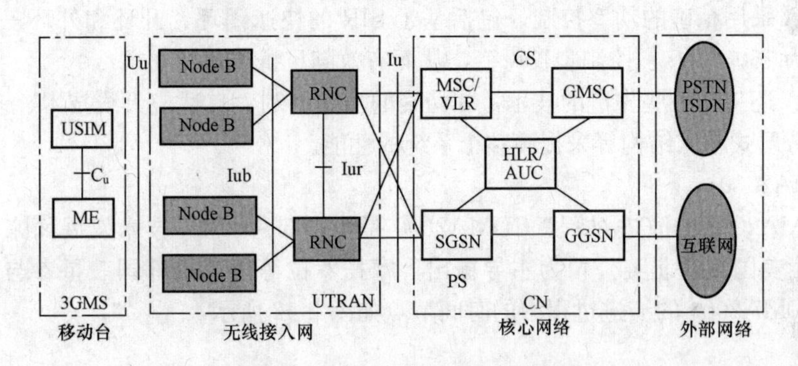

图 2-41 WCDMA 系统的网络结构

WCDMA 的基站 Node B（无线收发信机）通过标准的 Iub 接口和 RNC 互联。Node B 的主要功能是扩频/解扩、调制/解调、信道编码/解码等功能。

无线网络控制器 RNC 用于控制无线网络系统的无线资源，主要完成连接建立/断开、切换、无线资源管理控制等功能。RNC 等功能与 GSM 网络中的基站控制器（BSC）对应。

2）核心网络 CN。CN 负责与其他网络的连接和对移动台 MS 的通信和管理。核心网络 CN 的工作于分为 CS 域和 PS 域，CS 域指电路交换域，负责用户话音业务无线系统与固定网的电路连接与交换。PS 域是分组交换域，负责用户的互联网、视频通信、数据包等业务，采用分组交换方式传输数据。

3）移动台（MS）。WCDMA 的移动台（MS）包括移动设备（ME）和用户识别卡两部分即 WCDMA 的移动终端，相当于 GSM 网络中的移动设备和 SIM 卡。

4）外部网络。外部网络包括 CS 域网络和 PS 域网络，CS 域网络使用电路交换连接，提供语音业务，PSTN 网和综合业务数字网 ISDN 都属于 CS 域网络。PS 域网络使用分组业务连接，属于数据网络。

（4）WCDMA 系统的关键技术。无线接入网 UTRAN 体系的结构中，包含许多无线网络子系统 RNS，一个 RNS 由一个无线网络控制器 RNC 和多个 WCDMA 的基站 Node B 组成，一个 Node B 可支持 FDD 模式和 TDD 模式。频分复用 FDD 采用两个对称的频率信道来分别发射和接收信号，发射和接收信道之间存在着一定的频段保护间隔。时分复用 TDD 的发射和接收信号是在同一频率信道的不同时隙中进行的，彼此之间采用一定的保证时间予以分离。它不需要分配对称频段的频率，并可在每信道内灵活控制、改变发送和接收时段的长短比例，在进行不对称的数据传输时，可充分利用有限的无线电频谱资源。

FDD 适用于室外大区域的高速移动覆盖，TDD 适用于室内区域的慢速移动覆盖。混合采用 FDD 和 TDD 两种模式，可以保证在不同的环境更有效地利用有限的频段。

WCDMA 采用 DS-CDMA 多址方式，DS-CDMA（Direct Sequence-Code Division Multiple Access）即直接序列码分多址。这是一种通过将携带信息的窄带信号与高速地址码信号相乘而获得的宽带扩频信号的技术。

WCDMA 系统采用的扩频码是 OVSF 码来一直多径传播的干扰。

移动台（MS）向 WCDMA 基站 Node B 传输数据时，采用扩频码来区分同一个用户的不同信道，即上行信道采用扩频码。下行信道采用扩频码来区分同一小区内的不同用户，采用扰码来区分不同的小区。

WCDMA 采用精确的功率控制，包括基于 SIR 的快速闭环、开环和外环三种方式。功率控制速率为 1500 次/s，控制步长可变，从而有效满足抗衰落的要求。

WCDMA 还采用一些先进的技术，如精确的功率控制、自适应天线技术、多用户检测、分集接收、分层式小区结构等来提高整个系统的性能。

2. CDMA2000

(1) CDMA2000 的演进过程。CDMA2000 是由窄带 CDMA 技术发展而来的宽带 CDMA 技术，由美国高通北美公司为主导提出，摩托罗拉等公司及韩国三星参与研制开发的 3G 系统。CDMA2000 的演进过程中的时间节点如图 2-42 所示。

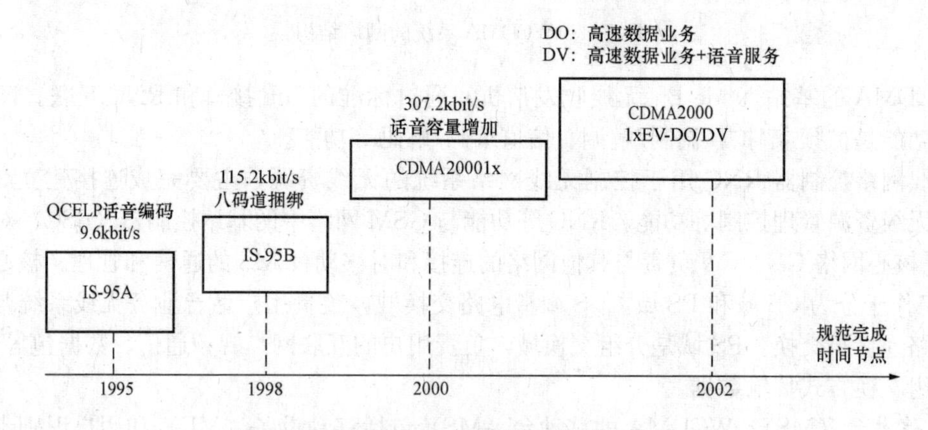

图 2-42　CDMA2000 的演进过程中的时间节点

IS-95 是第二代 CDMA，而 CDMA2000 是美国 3GPP2 组织（3rd Generation Partnership Project 2：第三代合作伙伴计划 2）提出的第三代标准，版本包括 Release 0、Release A、EV-DO 和 EV-DV。EV-DO 采用单独的载波支持数据业务，可以在 1.25MHz 的标准载波中，同时提供话音和高速分组数据业务，最高速率可达 3.1Mbit/s。CDMA2000 中的 QCELP 是北美第二代数字移动电话的语音编码标准（IS-95）。

(2) CDMA2000 系统结构。CDMA2000 与 Is-95 是兼容的，二者的频段共享或重叠，因

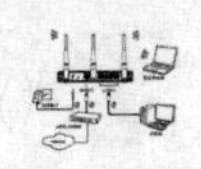

此CDMA2000系统可从Is-95的基础上平滑地过渡、发展，保护现有的投资。CDMA2000也由核心网（CN)、无线接入网（RAN）和移动台（MS）三部分组成，如图2-43所示。

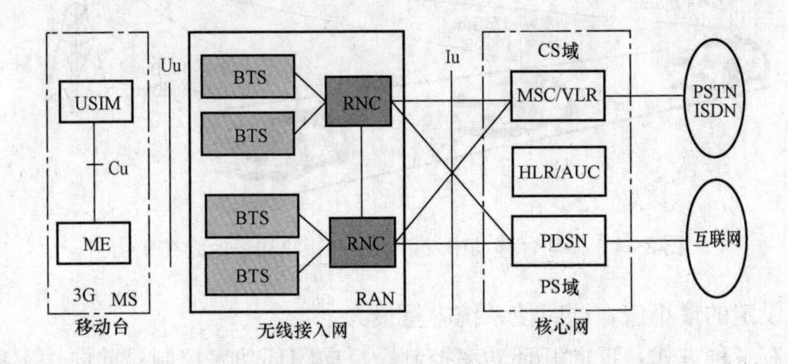

图2-43　CDMA2000的结构组成

和WCDMA系统一样，CDMA2000系统也是由核心网、无线接入网和移动台组成，但在CDMA2000系统中，核心网CN域的电路交换部分由移动交换中心MSC、访问位置寄存器VLR、归属位置寄存器HLR/鉴权中心AUC及CDMA2000分组数据服务节点PDSN构成。

CDMA2000系统的无线接入网由基站控制器RNC及基站收发信机BTS组成。外网则是PSTN、ISDN和互联网。

这里注意：DMA2000包含CDMA2000 1X、CDMA 2000 EVDO和CDMA2000 EVDV，其中1X用来服务于语音业务和低速率数据传输，而EVDO用来做高速率传输。

（3）CDMA2000系统及技术的优点。CDMA2000系统及技术的主要优点有：

1）同一时间，同一频率，不同的码。

2）频谱利用率高，无须频率规划，频率复用系数为1。

3）宽带扩频通信，所传信号带宽远大于所传信息带宽，具有抗干扰，保密性好的特点。

4）是一个自扰系统，软容量，可以通过降低通话质量来加大容量。

5）采用了一系列新技术，如软切换、可变速率语音编码器、先进的功率控制、RAKE接收机等。RAKE接收机是一种能分离多径信号并有效合并多径信号能量的最终接收机。

（4）CDMA2000的关键技术。

1）采用MC-CDMA多址方式支持语音和分组数据业务。CDMA2000采用（MC-CDMA：多载波CDMA）多址方式，支持语音和分组数据业务，还可以实现QOS的协商。

2）功率控制技术。由于信道地址码的互相关作用，将产生多址效应和远近效应。多址效应指任何一个信道将受到其他不同地址码干扰；远近效应指距离接收机近的信道将严重干扰距离接收机远的信道的接收，使近端强信号掩盖远端弱信号，所以必须根据距离自动地精确调整移动台的发射功率。

一个移动台在距离基站不同距离的位置上，发送数据的功率 T_x 和接收数据的功率 R_x 是变化的，移动台从基站接收的功率和发送给基站的功率不均衡，如图2-44所示。针对上述这种功率不均衡的情况，需要进行功率控制。

功率控制的目的：克服远近效应，使每个用户和基站之间的信号发送和信号接收功率均

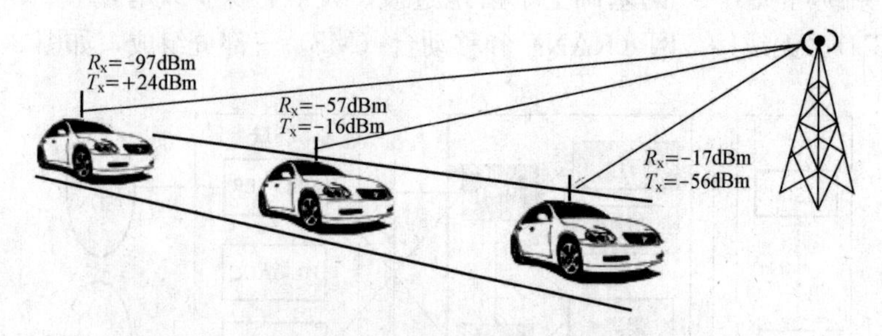

图 2-44　移动台移动中发射功率和接收功率始终在变化

衡，并且大于设定的最小值，同时使系统容量最大。

功率控制有三种方式：反向开环功率控制；反向闭环功率控制；前向功率控制和开环与闭环功率控制同时进行。

CDMA2000 还使用了快速寻呼信道技术、增强的媒体接入控制功能、前向链路发射分集技术、反向相干解调、正交分集等重要技术。

3. TD-SCDMA

TD-SCDMA（Time Division-Synchronous Code Division Multiple Access，时分同步码分多址）是由中国提出的第三代移动通信标准（简称 3G），也是 ITU 批准的三个 3G 标准中的一个，以我国知识产权为主的、被国际上广泛接受和认可的无线通信国际标准。

（1）TD-SCDMA 的组成。TD-SCDMA 在 GSM 的基础上，采用了时分多址（TDMA）和时分双工（TDD）、软件无线电、智能天线和同步 CDMA 等技术。TD-SCDMA 集成了频分多址 FDMA、时分多址 TDMA 和 CDMA 技术，可从国内大量使用的 GSM 系统平滑过渡。

TD-SCDMA 系统的组成如图 2-45 所示。

系统中，TD-SCDMA BTS—TD-SCDMA 系统中的基站收发信机；BSC—基站控制器；GGSN—网关 GPRS 支持节点。

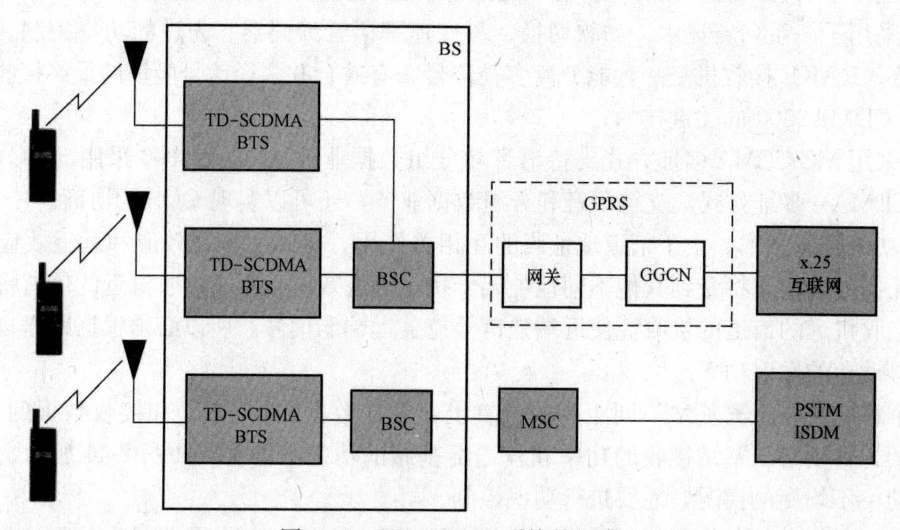

图 2-45　TD-SCDMA 系统的组成

(2) TD-SCDMA系统的优点。TD-SCDMA系统的网络结构和WCDMA系统的网络结构是一样的。TD-SCDMA具有该技术独有的一些优点如下：

1) 具有很好的频谱灵活性和支持蜂窝网的能力。TD-SCDMA采用时分双工（TDD）方式，需要的最小带宽仅为1.6 MHz，还采用动态道分配技术，不需要较复杂的频率规划。

2) 高频谱利用率。TD-SCDMA技术频谱利用率高，抗干扰能力强，系统容量大，非常适合移动互联网业务。

3) 环境适应性强。TD-SCDMA满足ITU的要求，适用于多种环境。

4) 采用了独有的智能的天线技术。智能天线下行发送是基于波束形成的思想，其目的是利用空间方位信息对多用户信号强度实现空间合理分布或抑制干扰，即在同一时间同一载频上使用同一副阵列天线在空间中形成多个波束并把它们分配给多个用户，不同用户的波束中承载的用户信息不同。智能天线对波束赋形的情况如图2-46所示。

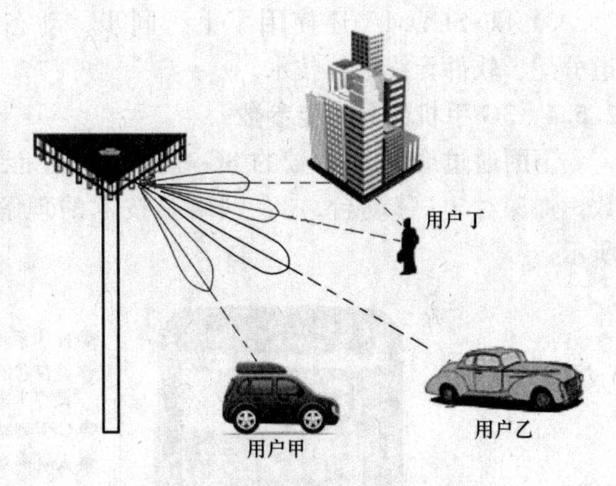

图2-46 智能天线对波束赋形的情况

智能天线在TD-SCDMA中的重要作用是增强有用信号，降低干扰信号，主要功能如下：①对业务信道波束赋形，提高信号接收功率，降低同频干扰；②为广播信道提供灵活的广播波束设计；③提高上行同步信号的检测能力；④与联合检测结合，提高同频多码道信号的检测性能；⑤提供DOA估计功能，可以协助定位及资源分配。

部分智能天线外形如图2-47所示。

图2-47 部分智能天线外形

TD-SCDMA系统中的智能天线具有根据权值变化和调节波束的能力，但是受限于硬件限制，并不可能实现全部理论波形，从工程应用的情况看，30°～90°之间的广播性能较好，一个仿真多角度赋形情况的示意图如图2-48所示。

基带数字信号处理为每条信道提供一条赋形天线发射波束。波束赋形可以克服多径传播干扰及损耗，可是发射天线降低发射功率，智能天线的赋形波束如图 2-48 所示。

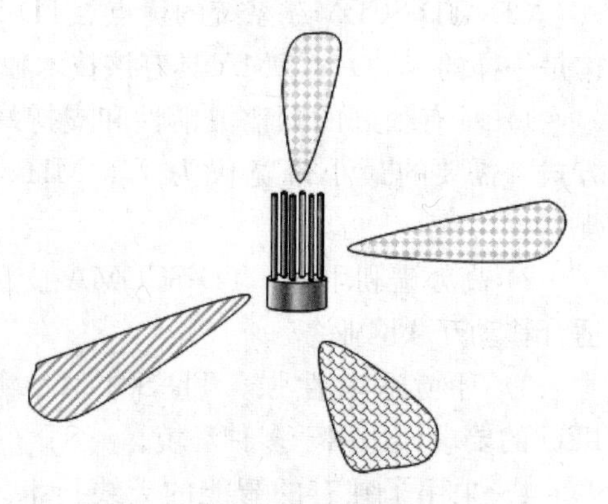

图 2-48 智能天线的赋形波束

WCDMA 和 CDMA2000 将智能天线作为可选技术，而 TD-SCDMA 将智能天线列为必选技术。智能天线能够降低多址干扰、提高容量和接收灵敏度，以及降低发射功率和无线基站成本，是 TD-SCDMA 的核心技术之一。

5）TD-SCDMA 还使用了上行同步、动态信道分配、软件无线电等技术。

2.5.4 3G 手机部分性能参数

下面通过介绍某型号的 3G 手机部分性能参数，加深对 3G 移动台、3G 网络及技术的理解，该型号 3G 智能手机部分性能如图 2-49 所示。

图 2-49 3G 智能手机部分性能参数

2.5.5 3G 的三大主流技术标准部分技术指标比较

3G 的三大主流技术标准 WCDMA、CDMA2000 和 TD-SCDMA 尽管都是属于第三代移动通信技术，但制式不同，从通信协议、标准、核心技术、系统结构、组网方式等方面有很大的不同。下面列出 WCDMA、CDMA2000 和 TD-SCDMA 标准部分技术指标比较见表 2-5。

表 2-5 3G 的三大主流技术标准部分技术指标比较

技术指标	WCDMA	CDMA2000	TD-SCDMA
最小带宽需求	5MHz	3×1.25MHz	1.6MHz
扩频技术类型	单载波宽带直接序列扩频 CDMA	多载波和直接扩频两种 CDMA	时分同步 CDMA

续表

技术指标	WCDMA	CDMA2000	TD-SCDMA
双工方式	FDD/TDD	FDD	TDD
信道间隔	5MHz	1.25/5MHz	1.6MHz
码片速率	3.84Mcps	1.2288/3.6864 Mcps	1.28 Mcps
帧长	10ms	20ms	10ms
基站同步	异步（不需 GPS）	同步（需 GPS）	同步（主从同步）
调制方式	QPSK/BPSK	QPSK/BPSK	QPSK/BPSK
下行信道导频	公共导频和专用导频	公共导频信道	导频和其他信道分离
上行信道导频	导频符号和 TPC 以及控制数据信息时间复用和 I/Q 复用	各信道间码分复用	导频和其他信道时分复用
切换	软切换，帧间切换，与 GSM 间的切换	软切换，帧间切换，与 IS-95 间的切换	接力切换，帧间切换，与 GSM 间的切换，与 IS-95 间的切换
功率控制速度	1500Hz	800Hz	1400Hz
语音编码器	自适应多速率语音编码器	可变速率（IS-773，IS-127）	
优势	可有 GSM 演进成 WCDMA，初期节约设备投资，易于平滑过渡；不需要 GPS	较为成熟，设备投资少	TDD 方式，易于实现智能天线和联合检测，降低多用户干扰，提高容量；适于非对称高速数据业务
不足	异步小区，实现复杂度增加，性能有待于检验，上层协议不成熟，有待改进	现有设备利用率低；需要 GPS	关键技术有待成熟；不适合人烟稀少的地区和高速移动的状态

2.6 4G 移动通信系统

4G 是第四代移动通信及其技术的简称，是集 3G 与 WLAN 于一体，并能够传输高质量视频图像且图像质量与高清晰度电视媲美的技术产品。4G 系统能够以 100 100Mbit/s 的速度下载多媒体视频文件，上传速度也能达到 20Mbit/s，能够满足各个领域及各类用户对无线服务的要求。

2.6.1 4G 的发展

1. 什么是 4G

4G 不是一种革命性的技术，是基于 3G 技术的网速提升，是 3G 的演进和升级。从 1G 到 4G，这四代移动通信技术的主要业务特点和代表产品见表 2-6。

表 2-6 四代移动通信技术的主要业务特点和代表产品

	1G	2G	3G	4G
年份	1985	1995	2005	2010
标准制定	美国	欧洲	CDMA2000：美国 WCDMA：欧洲 TD-SCDMA：中国	ITU 与 IEEE（中国是重要标准决策参与者）
主要业务特点	只需提供语音通话	清晰的语音＋短信业务，同时支持低速数据业务	更快的网速，提供网页浏览、APP 应用的数据业务	具备 100Mbit/s 的下载速度，能够流畅承载视频、电话会议
代表产品	大哥大	诺基亚	iPhone	高清视频、云应用等

由于 3G 技术缺乏全球统一标准；3G 所采用的语音交换架构仍承袭了第二代（2G）的电路交换而不是纯 IP 方式；流媒体（视频）的应用情况不理想；数据传输率在移动的情况下受到较大的限制，就是在静态环境中也只能达到 2Mbit/s，因此在 3G 系统还处在开发应用的阶段就进行了 4G 的研制与开发。

2. 4G 在哪些方面提升了 3G 的性能

在通信质量、提供的服务、标准的统一化等许多方面，4G 比 3G 都有一个质的提高。4G 的主要特点有：

（1）4G 的数据传输速率要比 3G 高许多，下行速率高达 100Mbit/s，上行速率达到 20Mbit/s。

（2）4G 网络是一个全数字通信网，对无线频率的使用效率比 2G 和 3G 高得多。

（3）较之 3G 动态分配资源能力不强和大流量时系统利用率低，4G 系统采用智能技术能够较大幅度地提高资源动态分配能力，对通信过程中变化的业务流和各种复杂环境导致的信道变化有更好的适应性。

（4）4G 比 3G 兼容异构系统的能力强大得多。

（5）在 FDMA、TDMA、CDMA 的基础上引入空分多址（SDMA）技术，采用自适应波束，使无线系统容量比现在提高 1 个及以上的数量级。

（6）在未来的全球通信中，主要是多媒体数据通信，4G 能够将个人通信、信息系统、广播和娱乐等各行业将会融合在一起，支持交互式多媒体业务，如视频会议、无线互联网等，安全性也大幅度提高。

（7）4G 网络将是一个完全自治、自适应的网络。核心网将全面采用分组交换（信元交换），使得网络根据用户的需要分配带宽，大幅度地提高整个移动无线网络的性能。

和 3G 相比，4G 的优势最主要是实现了数据传输速率的大幅度提升，实现了高质量的通信。

4G 代表性的应用有高清视频、实时视频传输、高速数据通信、多方视频通话、3D 导航、作为移动互联网和物联网的支撑性技术之一、云应用和智能家居等方面。

2.6.2 4G 的网络体系结构

4G 系统采用了一个非常合理的网络架构，该架构中，以全 IP 核心网为中心，将无线局域网 WLAN、卫星通信系统、2G 网络、3G 网络、固定无线接入、数字音频、数字视频系

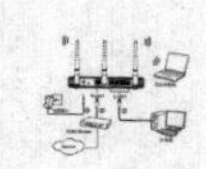

统以及其他新出现的接入系统均接入全 IP 核心网，4G 网络体系结构如图 2-50 所示。这样形成的 4G 网络具有很好的灵活性和可扩展性。光网络越来越深度地融入而形成的 IP 网络是有线网络的主流发展技术，用 IP 网络作为核心网构建 4G 网络是一种十分合理和科学的架构。

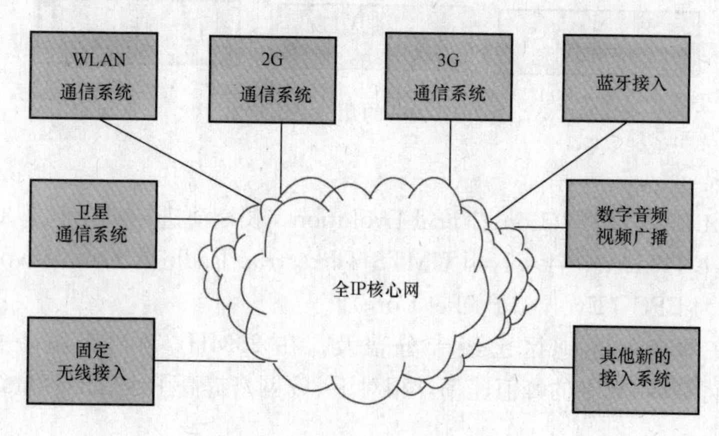

图 2-50　4G 网络体系结构

4G 移动通信接入系统的特点是，通过各种不同接入技术，使得以全 IP 网络为核心网的不同通信平台和不同平台中的移动智能终端能够实现无缝连接。4G 移动通信主要接入技术包括无线蜂窝（如 2G、3G）移动通信系统、无绳系统、固定无线接入系统、WLAN 系统、蓝牙等的短距离连接系统、卫星无线通信系统、广播及电视接入系统等。基于 IP 技术的网络架构使得用户在 2G、3G、4G、WLAN、固定网之间无缝漫游可以实现。

4G 网络体系结构可以分为三层，如图 2-51所示。最底层为物理层，中间一层是网络业务执行技术层、最高层是应用层。物理层提供接入和选路功能，网络业务执行技术层作为中间层提供 QoS 映射、地址转换、即插即用、安全管理、有源网络。物理层与网络业务执行技术层提供开放式 IP 接口。应用层与网络业务执行技术层之间也是开放式接口，用于第三方开发和提供新业务。

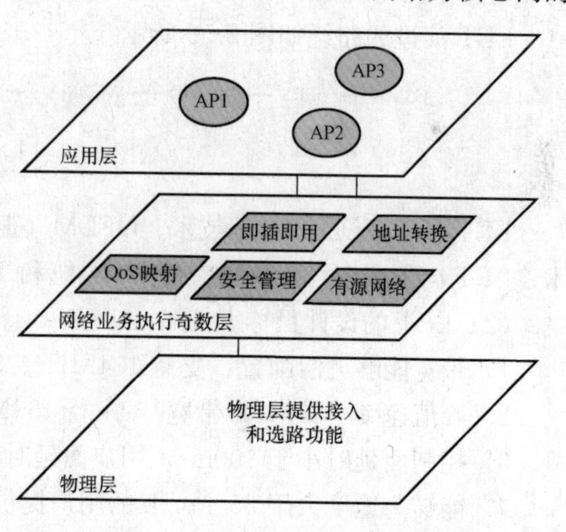

图 2-51　4G 网络的三层级结构

4G 移动网络将基于多层蜂窝结构，通过多个无线接口，由多个业务提供者和众多网络运营者提供多媒体数据业务。由于 4G 网络中融合了多个不同异构网络通信平台，而宽带 IP 技术和光网络成为实现多个异构网络实现互联的支撑和结合点。

2.6.3　4G 网络标准

4G 的几种关键技术如图 2-52 所示。4G 网络标准有 LET、LET-Advanced、WiMax、WiMax- Advanced 和 HSPA＋五种。

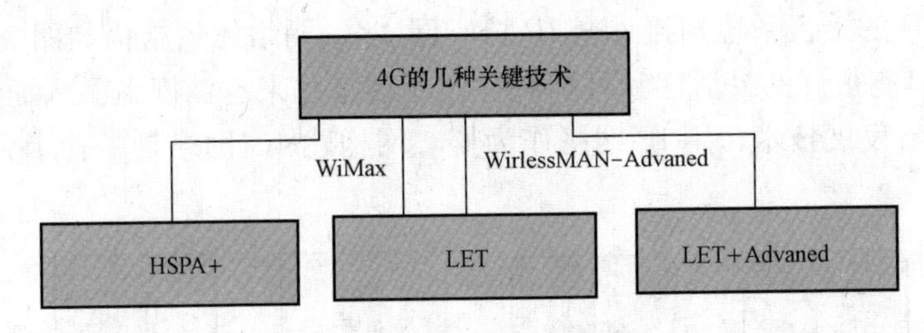

图 2-52　4G 的几种关键技术

1. LET 技术

(1) 什么是 LET? LET（Long Ternl Evolution，长期演进）实际上是 3G 的一种演进，接入网将演进为 E-UTRAN（Evolved UMTS Terrestrial Radio Acess Network），核心网的系统架构将演进为 EPC（Evolved Packet Core）。

LET 目前在欧美发达地区已经十分普及，在 20MHz 频谱带宽下能够提供下行 100Mbit/s 与上行 50Mbit/s 的峰值速率，相对于 3G 网络提高了小区的容量，同时将网络延迟大大降低。

LET 改进并增强了 3G 的空中接入技术，采用 OFDM 和 MIMO 作为其无线网络演进的唯一标准。它主要特点是在 20MHz 频谱带宽下能够提供下行 100Mbit/s 与上行 50Mbit/s 的峰值速率。

LET 演进的路线如图 2-53 所示。

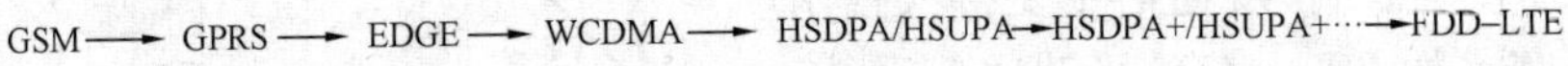

GSM ⟶ GPRS ⟶ EDGE ⟶ WCDMA ⟶ HSDPA/HSUPA ⟶ HSDPA+/HSUPA+ ··· ⟶ FDD-LTE

图 2-53　LET 演进的路线

LET 基于 TDD 的双工技术、OFDM（正交频分复用技术）、基于 MIMO/SA 多天线技术；LET 向下兼容，支持已有的 3G 系统和 3GPP 规范的协同运行。

(2) LET 的设计目标。

1) 带宽能够灵活配置：支持 1.4MHz、3MHz、5MHz、10MHz、15MHz、20MHz。

2) 峰值速率（20MHz 带宽）：下行 150Mbit/s、上行 50 Mbit/s。

3) 控制面延时小于 100ms，用户面延时小于 5ms。

4) 能够为速度大于 350km/h 的用户提供 100kbit/s 的接入服务。

5) 系统结构简单化，建网成本低。

(3) LET 的结构特点。LET 网络结构中的功能模块如图 2-54 所示。

图 2-54 中，EPC 是核心网，E-UTRAN 是接入网。

网元 eNB 功能：负责维修资源管理，IP 头压缩与用户数据加密，MIME 选择，用户面数据路由，广播调度，测量与测量控制。

MIME（Mobility Management Entity）：控制面管理，向 eNB 转发寻呼消息，安全控制，空闲模式的移动性控制，SAE 承载控制，NAS 信令加密控制。S-GW（Serving Gatrway）：用户面管理。

(4) LET 的终端。LET 终端除了移动智能终端智能手机、笔记本电脑、平板电脑以外，还有飞蜂窝、PC 卡、LTE 组件等，如图 2-55 所示。

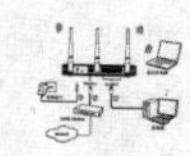

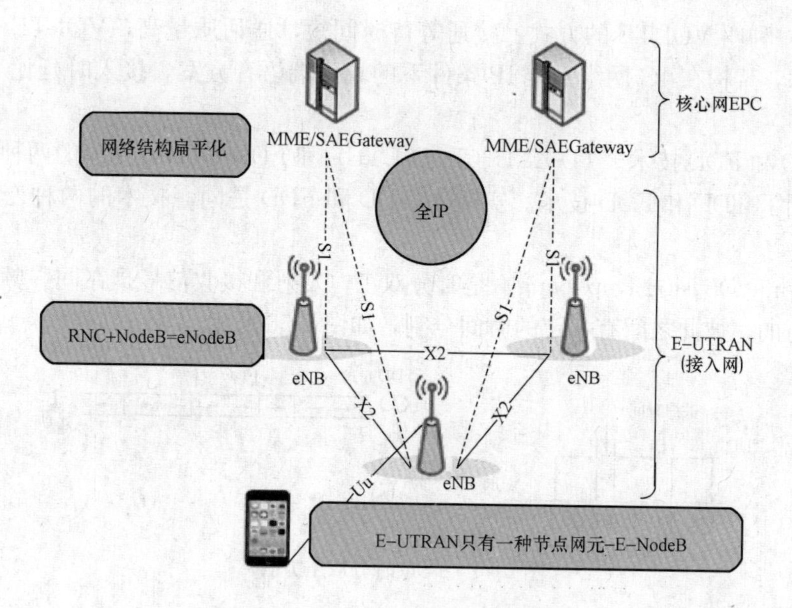

图 2-54　LET 网络结构中的功能模块

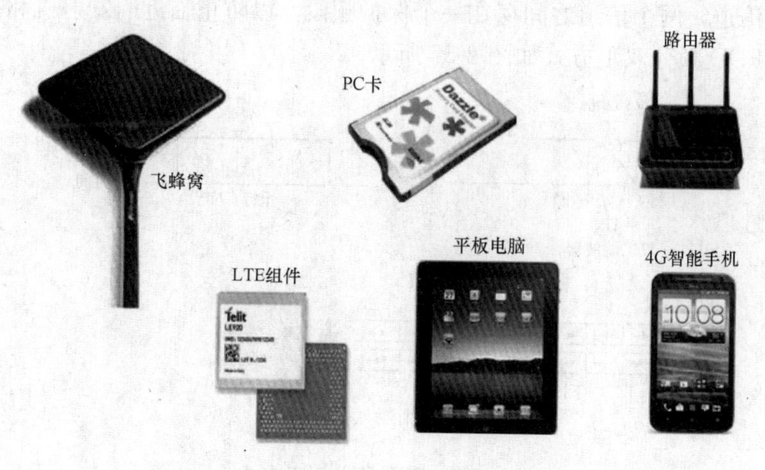

图 2-55　LTE 的终端设备

随着 4G 技术的发展，LTE 终端的相关技术和性能水平也在发展。

1）LTE 终端硬件的升级：如采用四核/八核 64 位的 CPU、摄像头像素更高、内存更大等。

2）多屏融合技术：融合蓝牙、Wi-Fi、无线传输协议，智能手机成为万物互联的核心。

3）更多地使用传感器协处理器等。

（5）LTE 语音通话和数据的分别处理。

1）LTE 移动终端只使用一套射频芯片，通话时转至 2G 方式（无法上网），通话结束后恢复到 4G/3G 情况下，有效节省能耗，这种方式的缺点在于通话结束后不能迅速恢复到 4G/3G 网络，会导致频繁掉话。

2）采用双待机模式，4G 和 3G/2G 同时待机，即 4G 上网，3G/2G 语音通话，采用双待机模式使数据通信和语音通话互不影响，但该模式导致移动终端的电耗较高。

3）采用一种叫 VOLTE 的方式，接通等待时间短，通话质量高，VOLTE 采用高分辨率编解码技术，架构在 4G 网络上全 IP 条件下的端到端语音方案，接入时延比 3G 低得多，掉线率接近零。

（6）TDD 和 FDD 技术。TD-LTE（TDD-LTE）和 FDD-LTE 是主流的两种制式。这两种制式中使用了 TDD 和 FDD 技术。实际上 TDD 和 FDD 是同一技术的两种变体，二者相似度非常高。

TDD（Time Division Duplexing）是时分双工，发射和接收信号是在同一频率信道的不同时隙中进行的，彼此之间有一定的时间分割，如图 2-56 所示。

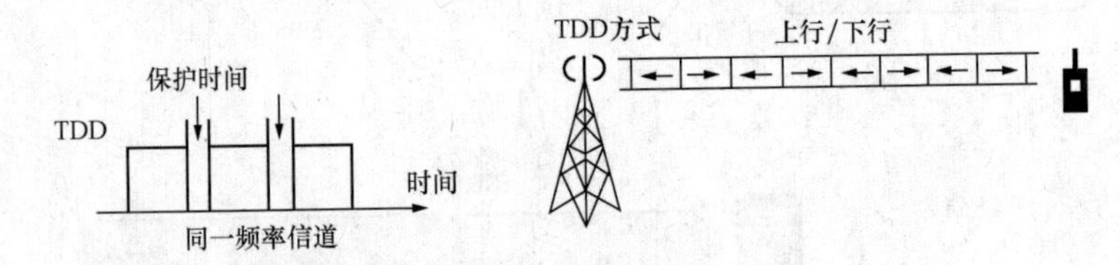

图 2-56　TDD 时分双工方式

FDD（Frequency Division Duplexing）频分双工，有两个独立的信道，一个上行信道，另一个是下行信道，两个信道之间存在一个保护频段，以防止临近的发射机和接收机之间产生相互干扰。FDD 频分双工方式如图 2-57 所示。

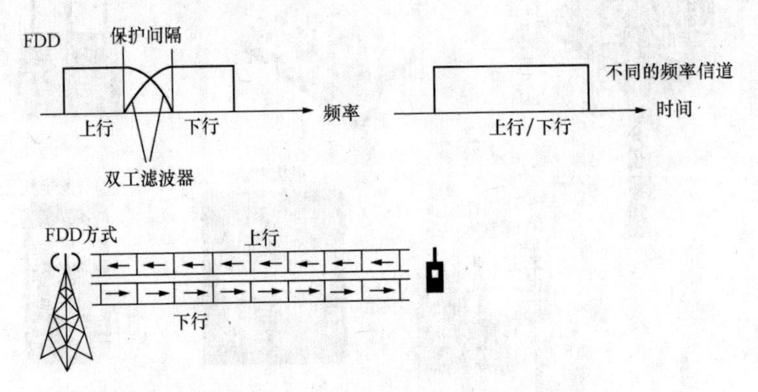

图 2-57　FDD 频分双工方式

TDD 方式在功率控制方面及智能天线技术的使用方面有优势，但 TDD 与 FDD 相比，覆盖范围小；FDD 的优势是频谱资源利用率高，覆盖范围广。

FDD 网络适合覆盖更大的区域，FDD-LTE 在维持移动终端不掉线的情况下，覆盖半径 3km；TDD 网络进行热点覆盖占有优势，TDD-LTE 在维持移动终端不掉线的情况下，覆盖半径仅为 1.8km。

2. LET-Advanced

LTE-Advanced 的正式名称为 Further Advancements for E-UTRA，LTE-Advance 实际上是 LET 技术的升级版，能够完全兼容 LTE 网络。

LTE-Advanced 的优势：

（1）峰值速率：下行 1Gbit/s，上行 500Mbit/s。

（2）后向兼容的技术，完全兼容 LTE，是演进，不是根本性的一种新技术。

应用的重要技术：基于 TDD 的双工技术，OFDM 正交频分复用技术、基于 MIMO/SA 的多天线技术。不足之处是：密集部署、重叠覆盖会造成很复杂的干扰。

3. WiMax

WiMax（Worldwide Interoperability for Microwave Access，全球微波互联接入），另一个名字是 IEEE 802.16。WiMax 所能提供的最高接入速率是 70Mbit/s，是 3G 所能提供的宽带速率的 30 倍。WiMax 是一种为企业和家庭用户提供“最后一公里”的宽带无线连接方案，和 Wi-Fi 一样，WiMax 也是一个基于开放标准的技术。

WiMax 还具有一些优势：

（1）实现更远的传输距离，WiMax 所能实现的 50km 的无线信号传输距离是无线局域网所不能比拟的，网络覆盖面积是 3G 发射塔的 10 倍，只要少数基站建设就能实现大区域覆盖。

（2）对于已知的干扰，窄道带宽有利于避开干扰，而且有利于节省频谱资源。

（3）灵活的带宽调整能力，有利于协调频谱资源。

WiMax 系统基于 OFDMA（正交频分多址技术）、MIMO 智能天线技术。

当然，WiMax 也有不足：

（1）从标准来讲，WiMax 技术不能支持用户在移动过程中无缝切换。

（2）WiMax 从严格意义上来讲不是一个移动通信系统的标准，而是一个无线城域网的技术。

4. WirelessMAN- Advanced

WirelessMAN- Advanced 是 WiMax 的升级版，即 IEEE 802.16m 标准。IEEE802.16 系列标准在 IEEE 中的正式称呼为 WirelessMAN，其中，IEEE 802.16m 最高可以提供 1Gbit/s 无线传输速率，还和 4G 无线网络兼容。IEEE802.16m 可在“漫游”模式或高效率/强信号模式下提供 1Gbit/s 的下行速率。其主要优势还有：

（1）支持用户在移动过程中无缝切换。

（2）提供五种网络数据规格，功耗小。

（3）提高网络覆盖，改建链路预算。

（4）提高频谱效率。

（5）低时延和 QoS 增强。

主要技术：基于 OFDMA 正交频分多址技术、MIMO 智能天线技术。

5. HSPA＋

HSPA＋（High Speed Downlink Packet Access，高速下行链路分组接入技术），HSUPA 是高速上行链路分组接入技术，两者合称为 HSPA 技术，HSPA＋是 HSPA 的衍生版，能够在 HSPA 网络上进行改造而升级到该网络，是一种经济而高效的 4G 网络，成本优势很明显。HSPA＋是商用条件最成熟的 4G 标准。

设计技术：新的传输信道 E-DCH、新的物理信道 E-DPDCH。

不足：速度一般，比不上其他 4G 标准。

2.6.4　4G 中 OFDMA 和 MIMO 技术

1. OFDMA 技术

正交频分多址（OFDMA）是正交频分复用 OFDM（Orthogonal Frequency Division Multiplexing）技术的演进，再利用 OFDM 对信道进行子载波化后，在部分子载波上加载数据进行传输的技术。

OFDMA技术怎样通过载波交叠实现节省带宽资源，以及和传统的正交频分复用OFDM技术的区别如图2-58所示。通过载波交叠（正交），合理利用频率资源，获得更佳的网络传输性能。

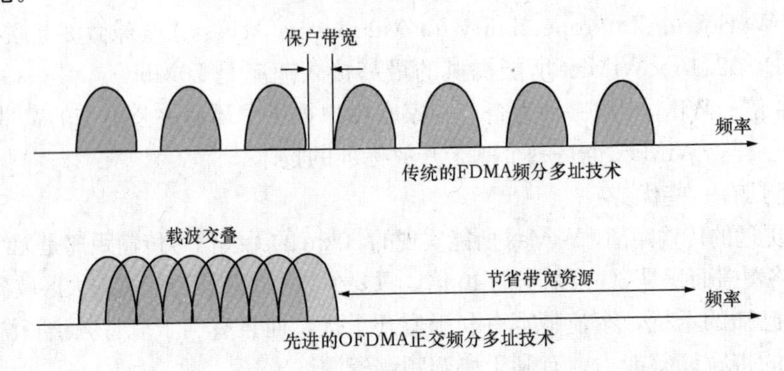

图2-58　OFDMA技术与OFDM技术的区别

OFDMA的特点：①通过采用可扩展的OFDMA，来支持多种信号带宽；②使用OFDMA，有非常高的频率复用效率；③在上行和下行链路上的子信道化方式，可使子载波分配有很高的灵活性，因此频谱效率高；④子载波具有正交性，便于进行优化的功率控制。

OFDMA可以将跳频技术和FDMA技术相结合，构成灵活的多址方案；OFDMA可以灵活地适应带宽要求，与动态信道分配技术配合使用支持高速数据传输。

OFDMA和OFDM相比，OFDM是一种多载波调制技术，其核心是将信道分成若干个带有保护带宽间隔的信道，信道利用率低，OFDMA系统中各个子信道的载波相互正交，于是它们的频谱是相互重叠的，这样不但减小了子载波间的相互干扰，同时又提高了频谱利用率。在各个子信道中的这种正交调制和解调可以采用一对傅里叶变换（IFFT和FFT）方法来实现。

2. MIMO技术

MIMO（Multiple Input Multiple Output）是针对多天线无线发射和接收的一种多输入多输出技术，它能够增加同一占用带宽内可实现的数据吞吐量，可以提高通信的质量并容许极大地提高频谱效率。MIMO利用覆盖区域内的多个天线实现多发多收，在不需要增加频谱资源和天线发送功率的情况下，可以成倍地提高信道容量。以两个发送天线和两个接收天线的MIMO系统为例，分析MIMO怎样提供信道容量，两根发送天线和两根接收天线的MIMO情况如图2-59所示。

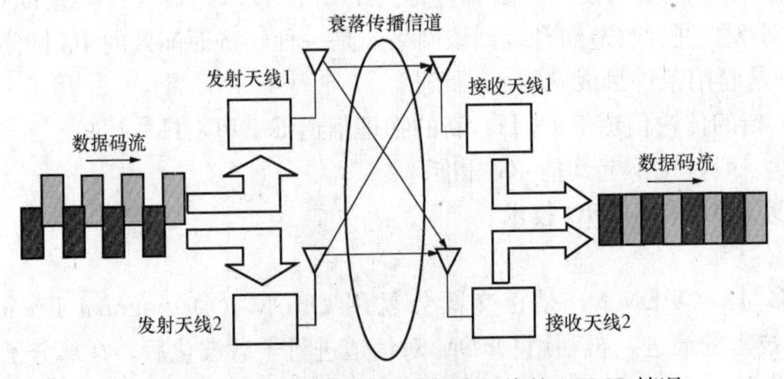

图2-59　两根发送天线和两根接收天线的MIMO情况

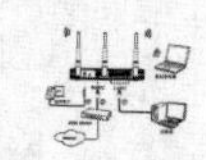

设第 1 根发射天线到第 1、2 根接收天线的信道衰落系数分别为 $h_{1,1}$ 和 $h_{2,1}$，传输数据码流 $s(n)$，经过空时编码形成 2 路数据码流 $x_1(n)$、$x_2(n)$，这两路数据码流分别由发送天线 1 和 2 发送，经过空间信道后由两个接收天线接收，接收到的数据码流分别为 $y_1(n)$ 和 $y_2(n)$。进一步在接收端对这些信号进行联合检测处理分离出多路数据码流。第 2 根发射天线发送数据码流和第 1 和第 2 两根接收天线接收数据码流的情况和前面一样。

设有 N 根发送天线，M 根接收天线的 MIMO 情况如图 2-60 所示。

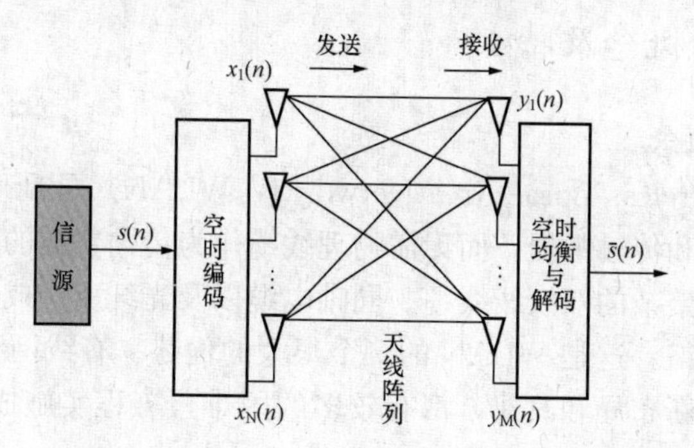

图 2-60　N 根发送天线，M 根接收天线的 MIMO 情况

图中 $s(n)$：传输数据码流。

$x_1(n)$，$x_2(n)$，…，$x_N(n)$：从发送天线 1，2，…，N 分别发送的数据码流。

$y_1(n)$，$y_2(n)$，…，$y_M(n)$：分别是接收天线 1，2，…，M 接收的数据码流。

$\bar{s}(n)$：传输给信宿的数据码流。

在图 2-60 中，要传输的数据码流 $s(n)$ 经过空时编码生成 N 个自信息流 $x_i(n)$（$i=1$，2，…，N），分别由 N 个发送天线发送出去，在接收端有 M 个接收天线进行接收。

MIMO 系统可以创造多个并行空间信道。可实现高通信容量和频谱利用率。网络从多个通道向一个终端同时发送多个数据码流，提高链路容量（峰值速率）。

第 3 章　无线局域网及实际工程应用

3.1　无线局域网的概念及特点

3.1.1　无线局域网的概念

无线局域网络（Wireless Local Area Networks，WLAN）是利用无线电波即使用空中的无线信道发送、接收和传输数据，而无需物理线缆作为传输数据的信道。

使用无线电波取代繁杂的双绞线线缆、同轴电缆以及光纤所构成的局域网络，实现一个实实在在的物理数据网络，这是 WLAN 的一个很大的优势。有线网络无论在组建、拆装还是在原有基础上进行重新布局和改建，都有较多的困难，工程实施成本较高，于是 WLAN 的组网方式应运而生。

WLAN 技术近年来发展非常迅速，已经成为大量用户不能离开的基础性网络。3G 手机、4G 手机、移动互联网、大量智能手机用户使用微信、建筑物的无线信号覆盖都离不开 WLAN 了。组成 WLAN 系统的设备价格成本下降很快，使得其应用范围非常广泛。WLAN 的接入点（AP）被大量地架设在办公室、家庭、人员经常出入的场所或数据业务需求较大的公共场合，如机场、会议中心、展览馆、宾馆等。

3.1.2　无线局域网的特点

1. 无线局域网有很多方便用户的优点

（1）灵活性和移动性好。在有线网络中，网络设备的安放位置受建筑格局内网络线缆布设情况的限制，而无线局域网在无线信号覆盖区域内的任何一个位置都可以接入网络。无线局域网还有一个最大的优点在于其移动性，连接到无线局域网的用户可以在覆盖区内移动能同时与网络保持连接。

（2）安装灵活方便和搭建速度快。采用有线组网方式，牵涉面广，需进行长期规划，尽量做到一次性把物理线缆敷设完毕，避免因通信容量增加而反复施工。尤其在有线线缆敷设不方便或无法敷设的场所，无线接入是唯一的选择。

WLAN 设计及施工简洁方便，安装的设备都是小型化、模块化的装置，安装的工程量很小，当网络需要扩容时，只需将新的用户终端接入网络，安装一个或数个接入点设备及做一些相关的简单设置就可以完成。

（3）易于进行网络规划和调整。有线网络要进行重新规划、调整就需要重新布线及加入较大型的装置、费时、施工成本高，无线局域网内的网络规划和调整就方便得多。

（4）故障定位容易。有线网络出现物理故障而不能运行，查出故障难度就较大，而 WLAN 网络的故障定位就很简洁，只需更换故障设备即可恢复网络连接。

（5）配置 WLAN 的方式较多，可选方案多。WLAN 有多种配置方式，网络规模小的仅有几个用户，大的可以有上千个用户。WLAN 能够提供节点间“漫游”，而有线网络不具备该特性。

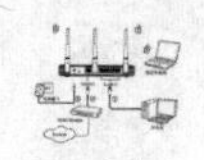

(6) 维护费用较低。有线网络维护费用较高，而WLAN网络的维护费用很低。

正是由于无线局域网有以上诸多优点，因此其发展十分迅速，应用非常广泛。

2. WLAN也有一些不足

(1) 无线局域网使用无线电波作为信道传输数据，无线发射装置发射信号传输数据，建筑物本身、建筑物的墙体、树木、车辆和其他障碍物都会阻碍电磁波传输，尤其在室内经过几道混凝土墙的衰减，无线传输可能就会中断。

(2) 无线信道的数据传输速率与有线信道尤其是光纤信道相比要低得多。

(3) 安全性还不尽如人意。

WLAN不需要建立物理线缆信道进行连接，但信号是从空中通过无线电波传输，因此很容易被监听或造成通信信息泄露。

3.2 WLAN的标准

如同其他通信网络、数据网络一样，无线局域网也是基于标准规范之上工作运行的，下面简要介绍WLAN的标准规范。

3.2.1 WLAN相关组织和标准

为WLAN制定相关标准与规范的国际组织有：

(1) IEEE (Institute of Electrical and Electronics Engineers)，电气和电子工程师协会。该组织制定了802.11、802.11b、802.11a、802.11g等多个无线协议标准。

(2) Wi-Fi联盟。是非盈利性质的关于WLAN的行业标准协会。

(3) 互联网工程任务组。负责互联网相关技术规范的研发和制定。

(4) CAPWAP (Control And Provisioning of Wireless Access Points Protocol Specification)，无线控制器与瘦AP间控制和管理标准化工作组。

(5) WAP (Wireless Application Protocol)，无线应用协议。

(6) 欧洲ETSI (欧洲通信标准学会) 高性能局域网HIPERLAN系列。

(7) 日本ARIB (Association of Radio Industries and Businesses)，日本无线工业及商贸联合会。成立ARIB的目的是为加快无线技术的应用，通过无线技术的标准化组织这样一种形式，来集中各个无线相关领域的知识和经验，对无线技术进行研究和开发。

无线局域网标准有IEEE 802.11系列标准、欧洲的HiperLAN1/HiperLAN2和日本的MMAC系列标准。本书主要介绍IEEE 802.11系列标准。

3.2.2 WLAN的IEEE 802.11系列标准

1. IEEE 802.11标准系列都包含哪些成员

(1) IEEE 802.11a，1999年 (54Mbit/s，工作在5.2GHz)。

(2) IEEE 802.11b，1999年 (11Mbit/s工作在2.4GHz)。

(3) IEEE 802.11b+ (22Mbit/s工作在2.4GHz)。

(4) IEEE 802.11c，符合802.1D的媒体接入控制层桥接 (MAC Layer Bridging)。

(5) IEEE 802.11d，根据各国无线电规定做的调整。

(6) IEEE 802.11e，对服务等级 (Quality of Service，QoS) 的支持。

(7) IEEE 802.11g，2003年 (54Mbit/s，工作在2.4GHz)。

(8) IEEE 802.11h，无线覆盖半径的调整，室内和室外，信道（5.2GHz 频段）。

(9) IEEE 802.11i，2004 年，无线网络的安全方面的补充。

(10) IEEE 802.11n，更高传输速率的改善，支持多输入多输出技术（Multi-Input Multi-Output：MIMO），提供标准速度 300Mbit/s，最高速度 600Mbit/s 的接入速率。

(11) IEEE 802.11ac，802.11n 的继承。

(12) IEEE 802.11k，该协议规范规定了无线局域网络频谱测量规范。

2. IEEE 802.11 标准系列的部分标准介绍

(1) IEEE 802.11g。IEEE 802.11g 在 2003 年 7 月被通过。工作频率 2.4GHz（跟 802.11b 相同），数据传输速率 54Mbit/s。802.11g 的设备与 802.11b 兼容。覆盖范围几十到几百米。

(2) IEEE 802.11i。为改善 802.11 系统的安全加密功能（WEP 机制），IEEE 于 2004 年 7 月发布的修正案，其中定义了基于 AES 的全新加密协议 CCMP（CTR with CBC-MAC Protocol），以及向前兼容 RC4 的加密协议 TKIP（Temporal Key Integrity Protocol）。

802.11i 是对 802.11 MAC 层在安全性方面的增强，它与 802.1X 一起，为 WLAN 提供认证和安全机制。

(3) IEEE 802.11n。包含：2.4GHz 和 5GHz 两个工作频段；实际输率在 100Mbit/s 以上；覆盖可达几平方千米。802.11n 技术的最高速率可达 450Mbit/s，采用 MIMO 多入多出技术，采用智能天线技术，通过多组独立天线组成的天线阵列，可以动态调整波束，保证让 WLAN 用户接收到稳定的信号，并可以减少其他信号的干扰。802.11n 是 2009 年新颁发的无线局域网络标准，它可以兼容之前的 802.11b/802.11g 无线局域网络标准。

(4) IEEE 802.11ac。IEEE 802.11ac 工作频率 5GHz；理论上，它能够提供最少 1Gbit/s 频宽进行多站式无线区域网通信。802.11ac 是 802.11n 的继承者。

802.11 系列标准演进的路线如图 3-1 所示。

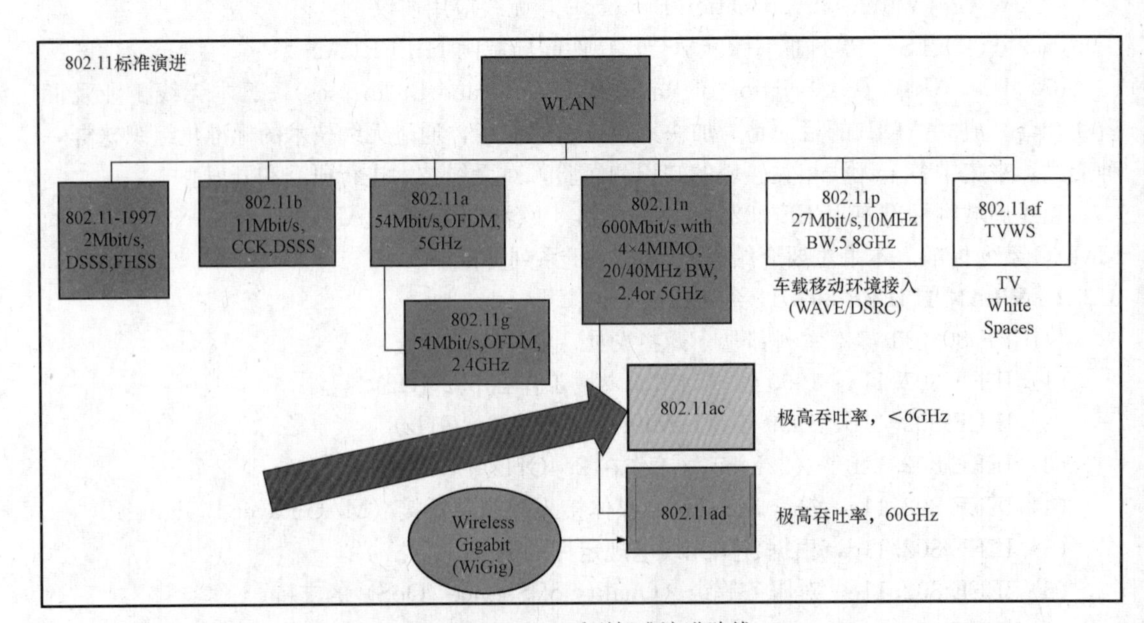

图 3-1　802.11 系列标准演进路线

3.3　无线局域网的组织形式

无线局域网组成方式随着应用环境的用户的需求而不同，组成系统的方式主要有对等式无线局域网、独立式无线局域网、接入以太网的无线局域网、具有无线漫游功能的无线局域网以及点对点和点对多点的无线局域网。

3.3.1　无线局域网中使用的网卡和无线接入点 AP

1. 无线局域网中的网卡

组建无线局域网的客户端设备，不管是台式计算机，还是笔记本电脑都必须安装无线网卡，无线网卡有 PCI 无线网卡和 USB 口的无线网卡，型号为 TL-WN951N 的 PCI 无线网卡如图 3-2 所示。带天线的 USB 口无线网卡和不带天线的 USB 口无线网卡如图 3-3 所示。

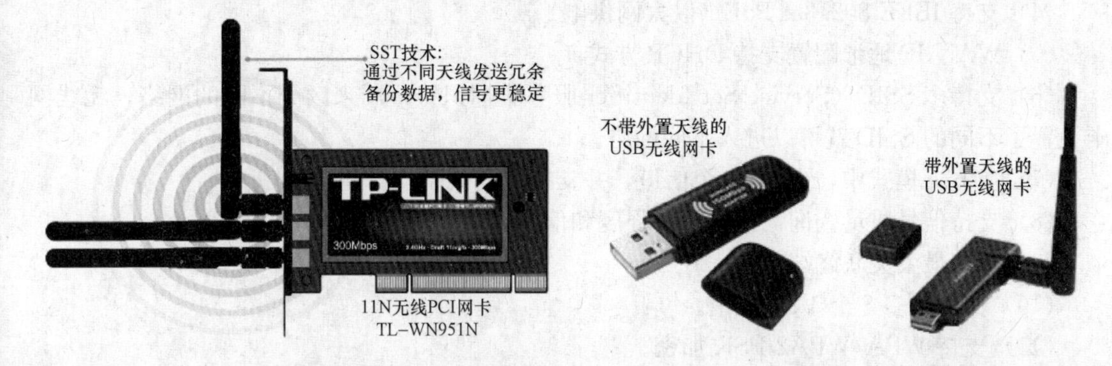

图 3-2　TL-WN951N 型号的 PCI 无线网卡　　　　图 3-3　USB 口的无线网卡

TL-WN951N 使用了 SST（Signal Sustain Technology）信号稳定技术，能够通过不同天线发送冗余备份数据，大幅度减少丢包概率，避免丢包后的数据重传，从而减少掉线现象发生，使访问延时更短，无线信号更加稳定。

该网卡使用 11N 无线技术，无线传输速率最高达 300Mbit/s，相对传统的 54M 的 11G 和 150M 产品具有更高的无线带宽，使局域网内的数据传输更加高效，也可避免数据的拥塞，减小网络延时，使语音视频、在线点播、网络游戏更加流畅。

TL-WN951N 采用 3×3 MIMO（Multiple input multiple output）架构，具有三根天线，信号多路收发，能够大幅提高信号强度及穿透力，增大无线覆盖范围，尤其对于大户型及多阻隔环境，TL-WN951N 比常见的单天线、双天线产品能提供更好的无线性能与稳定性。

TL-WN951N 支持 WPA-PSK/WPA2-PSK、WPA/WPA2 安全机制和 WEP 加密机制。

使用时要将无线网卡硬件通过 PCI 插槽方式或 USB 口方式接入计算机后，还要安装无线网卡的驱动程序，驱动程序安装完毕后要重启确认安装。

如果计算机采用 Windows XP 操作系统时，还需要进行连入网络的配置，选择要加入的网络，进行激活，配置文件名，选择安全模式，选择加密模式，进入配置界面，如输密码。

2. 无线 AP

下面以华为 SmartAX WA601 室内线 AP 为例，介绍无线 AP 的结构和工作情况，WA601 AP 的外观如图 3-4 所示。

WA601 AP（以下简称 WA601）是满足 IEEE 802.11b/g 标准的 WLAN 接入点设备。

图 3-4 WA601 AP

WA601 组件 WLAN 的技术特点：

（1）支持多种认证和加密方式（WEP：Wired Equivalent Privacy，有线等效加密）、WPA（Wi-Fi Protected Access，Wi-Fi 安全访问协议）等。

（2）作为 Fit AP（“瘦”AP）由 AC 无线网络控制器管理，上电后自动上线，配置由 AC 自动加载，认证、数据转发、AP 管理、安全协议、路由、QoS 等都由 AC 完成。

（3）支持 1 个 10/100base-T/Tx 端口。

（4）支持 IEEE 802.3af PoE（以太网供电）。

（5）WAN IP 地址配置支持 DHCP 方式。

（6）支持多 SSID（Service Set Identifier 服务集标识符）用来区分不同的网络，无线网卡设置了不同的 SSID 就可以进入不同网络。

（7）在 b/g 模式中，支持 13 个信道，并支持自动或手动信道选择。

（8）支持信号质量查询：接收信号强度和信噪比级别。

（9）支持最大关联终端数为 128。

（10）支持最多 8 个 VLAN 组。

（11）支持 WPA/WPA2 PSK 加密。

（12）支持 WEP1 64/128 位加密实现共享密钥链路层加密。

（13）支持通过无线网络控制器 AC 对 AP 进行的管理和维护。

（14）支持 DHCP 协议。作为 DHCP 终端，用于从 WAN 口获取 IP 地址。

（15）天线增益：2.5 dBi；发射功率：20dBm（100mW）；可同时在线的用户数量：≤128。

3.3.2 对等式无线局域网

无线局域网常见的组网方式有对等网络、独立无线网络、接入以太网的无线网络、无线漫游的无线网络和点对见及点对多点的无线网络。

对等网络的结构如图 3-5 所示。

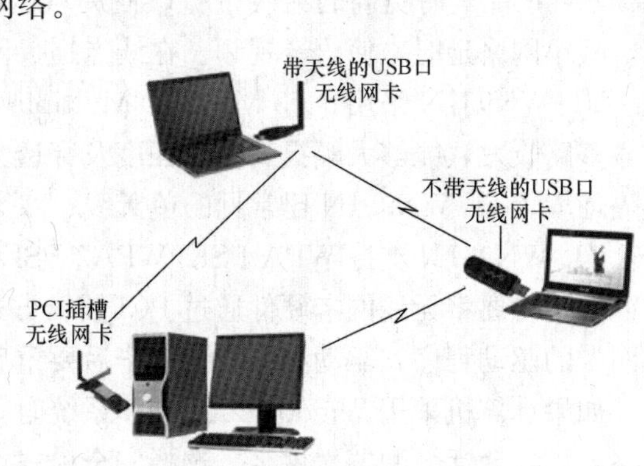

图 3-5 对等网络的结构

对等无线局域网结构较为简单，参与组网的每一台台式机或笔记本电脑必须配置无线网卡，这里要说明的是，所有的台式机和笔记本电脑都要使用同样制式的无线网卡，如全部使用 802.11G 制式的无线网卡或 802.11n 制式的无线网卡，包括兼容的情况。

对等结构的无线局域网中，可以是不设服务器的完全“对等式”无线局域网，也可以使用其中一台计算机兼做文件服务器、打印服务器和代理服务器，并通过 MODEM 接入 Internet。

和有线的以太网组网一样，网络要使用同样的操纵系统，如所有的工作站都使用 Win-

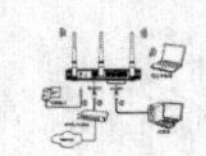

dows XP 或都使用 Windows 7 操作系统。

在对等无线局域中，所有的计算机之间必须无线网卡有效的通信覆盖范围内。一般情况下，对等无线局域的通信覆盖范围约几十米。对等无线局域网适用于接入计算机数量较少，因此适于组建小型的办公网络和家庭网络。

对等无线网络在硬件安装和连接完毕后，接下来就是软件方面正确配置，软件设置是无线网络成功运行的关键。软件设置内容有通信协议的选择、IP 地址和子网掩码的设定（子网掩码一般为：255.255.255.0）、对等无线局域网的设置，还包括要给新建立的无线网络取一个名字，即 SSID 的设置。关于 SSID 的设置意义举例如下：

zhangsj
已连接
CMCC-WEB
通过WPA/WPA2进行保护
125556ABC
不在范围内

图 3-6　几个无线局域网的名称

在智能手机的 WLAN 使用屏幕信息中，如图 3-6 所示，我们看到：

“Zhangsj”这个无线网络是用户终端已经接入的 WLAN，周围还有其他的 WLAN，如“CMCC-WEB”“125556ABC”。无线网络“CMCC-WEB”是有密码的网络，需要密码登录；“125556ABC”这个无线网络不在覆盖范围内。

从中我们看到，不同的无线局域网要有不同的名字，因此就要进行 SSID 的设置。

3.3.3　独立无线网络

使用无线接入点 AP 组建独立的无线局域网如图 3-7 所示。

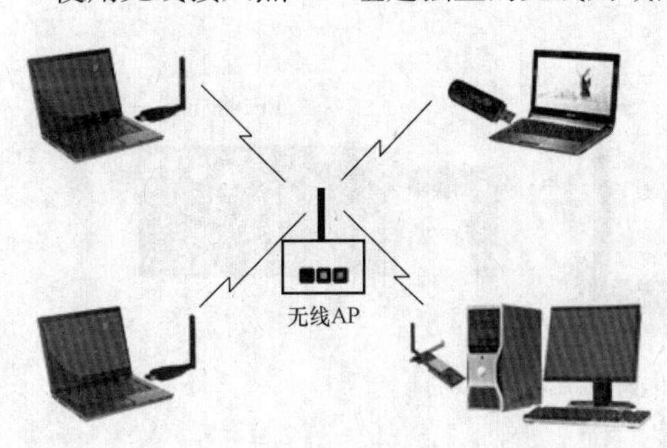

图 3-7　使用无线 AP 组建独立的无线局域网

在独立的无线局域网中，使用一个无线访问点 AP，网络内包括有若干个带有无线网卡的台式计算机或笔记本电脑。这里的无线访问点 AP 类似于有线局域网中的交换机，网络内的任何一对工作站要实现数据通信都要经过 AP 进行中继，当然无线 AP 除了具有中继功能外，还具有数据信号放大的功能。

独立的无线局域网也是一种对等无线网络，网络内所有的配置有无线网卡的计算机（工作站）都具有相同的身份和地位。对于独立网络，要有网络名标识。网络内的所有工作站必须使用相同的网络名进行配置。为了保证无线网卡在不同的 AP 之间漫游，需要为这些 AP 设置相同的网络，否则将无法支持漫游。同样，网卡的网络名需要设置成与 AP 的网络名相同，否则将无法接入网络。

只要在网络的基站的覆盖范围内，无线移动工作站就可以与对等无线网络保持通信。独立的无线局域网仍然属于共享式接入，即所有计算机之间的通信仍然共享无线网络带宽。由于带宽有限，因此独立无线局域网适用于小型网络。

3.3.4　“胖”AP、“瘦”AP 和 AC 无线控制器及组网方式

1. 企业级和经济型无线 AP

无线接入点 AP 有多种不同的分类。

企业级无线 AP：可以在较大范围内为用户的无线终端提供稳定的连接速率；多用户使

用时可以在不同信道间自动漫游；具有较强的管理功能；发射功率较大，支持多信道并行，价格通常较高，可以多达几十及上百用户的使用。

经济型无线 AP：灵敏度高，发射功率较小，通常低于 100mW，只提供简单的接入功能，管理由嵌入式系统来实现，价格低廉，能够为数十人提供无线接入服务。

2.“胖”AP 和“瘦”AP

无线接入点 AP 的主要作用有两个：一是作为无线局域网的中心点，供其他装有无线网卡的计算机通过它接入该无线局域网；二是通过对有线局域网络提供长距离无线连接，或小型无线局域网络提供长距离有线连接，从而达到延伸网络覆盖范围的目的。

无线 AP 是组建无线局域网的最常用的设备，担任着无线工作站与局域网之间的桥梁，同时，AP 也是建筑物中进行无线覆盖的基本设备。无线覆盖工程中大量使用“胖”AP 和“瘦”AP。“胖”AP 可独立工作，“瘦”AP 不能够独立工作，需要有 AC 控制器配置才能完成相应功能。“胖”AP 能独立管理，而“瘦”AP 只能集中管理；在应用环境方面，由于“瘦”AP 通过控制器实现了智能化的高效控制，因此减少了人工管理维护的难度，可以在许多工程中均能代替“胖”AP。

由于技术的发展，几乎所有“瘦”AP 均具备“胖”“瘦”双重功能，通过拨码就可实现二者之间的切换。由于控制、管理功能的需要，大型工程和新建工程中主要使用“瘦”AP+AC 的方式实现无线网络的覆盖，这里的 AC 是指无线控制器。

某型号的“瘦”AP 如图 3-8 所示。

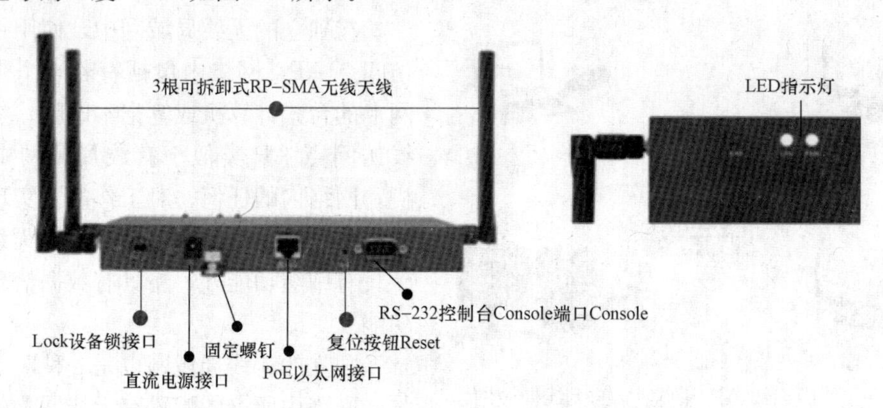

图 3-8　华为 WA6035N“瘦”AP

端子和按钮说明如下：

Lock 设备锁接口：用于保证 WA603SN 的防盗安全。

直流电源接口：12V DC。

固定螺钉：用于将设备固定在墙上或水平面上。

PoE In 以太网接口：10/100/1000Mbit/s，用于有线以太网连接。并且支持 PoE 功能，用于连接 PoE 交换机或 PoE 电源，给 WA603SN 供电。

复位按钮 Reset：短按（小于 10s），系统重新开机；长按（大于 10s），系统恢复出厂设置。

RS-232 控制台 Console 端口 Console：用于设备带外管理。

AP 上的 LED 指示灯如图 3-8 所示。

LED 指示灯绿色常亮：表示 10/100/1000Mbit/s 以太网连接已经建立。

闪烁（0.25s）：表示 10/100/1000Mbit/s 以太网链路正在传送数据。

熄灭：表示以太网链路没有连接或者已经关闭。

该“瘦”AP 兼容 IEEE 802.11b/g/n 标准；支持 2.4GHz 频段，最高速率达 300Mbit/s；支持 QoS 协议；支持 WEP、WPA/WPA2、WAPI、802.1X 认证/加密；具备简单的设备管理和维护功能；AP 上线自动发现无线控制器 AC，自动加载配置，即插即用；满足用户漫游切换，业务不中断；网管系统实时监控，实现远程配置和快速故障定位；支持信道速率调整；支持 WLAN 信道管理，802.11g 模式信道数 13 个，802.11n 模式信道数 13 个；支持信道自动扫描功能，自动探测周边的 AP、使用的信道及干扰，结果上报无线控制器 AC；AP 支持自动发现 AC 控制器；支持 CAPWAP（control and provisioning of wireless access points）即无线接入点控制协议隧道数据转发；支持 DHCP Client，通过 DHCP 方式获取 IP 地址。

3. AC 无线控制器

“瘦”AP 需要同 AC 无线控制器配合使用。一款华为 WS6603-64 无线控制器如图 3-9 所示。

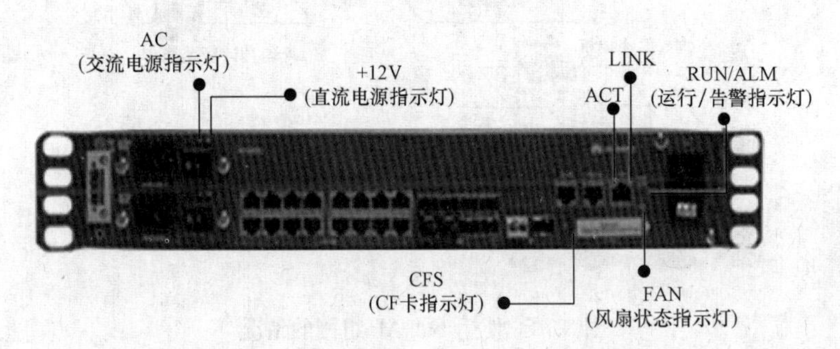

图 3-9　华为 WS6603-64 无线控制器

WS6603 无线接入控制器，应用于城域网和企业网接入，是无线城域网覆盖、热点覆盖等应用环境的接入控制器，提供大容量、高性能、可靠性高、易安装、易维护。可管理 1024 个 AP。该无线接入控制器是一款高性能大容量的控制器。

与 AP 间的通信：支持 AC 发现机制和 CAPWAP 隧道方式。

WLAN 业务管理内容包括：①服务集（ESS）管理；②基于 VAP 的业务管理；③配置的自动发放管理；④组播业务管理；⑤均衡负载；⑥WLAN 用户管理；⑦WLAN 用户漫游。

4. 较早的无线局域网解决方案

较早的无线局域网一般以覆盖区内原来的有线局域网为基础，再使用 AP 无线接入点组建 Wi-Fi 网络。网络里面的各个 AP 分散在覆盖区域里，为各自的覆盖区域提供信号并进行用户安全和接入访问管理，每一个 AP 处于独立的工作状态。

WLAN 技术发展的较前期阶段，Fat AP（“胖”AP）应用系统使用较多，随着发展，Fit AP（“瘦”AP）应用系统应用范围越来越广泛和深入，目前阶段 Fit AP 组网方式已成为 WLAN 组网和 Wi-Fi 覆盖的主要解决方案。

以 Fat AP 组网方式的应用系统投资少，见效快，由于在无线局域网的组建中不可避免地要存储许多关于网络安全配置，如加密密钥、认证等信息，如果对每台 AP 都进行单独的配置，效能低。采用无线控制器（AC）组合 Fit AP 的架构，可以应用在 AP 数量较多、应用环境复杂的无线网络中，网络的安全处理功能集中到无线控制器中进行控制管理，AP 只作为无线数据的收发设备，这样就很大程度上简化了 AP 的管理和配置功能，使复杂的网络系统配置大为简化。

采用 Fat AP 组网，可以实现 WLAN 的快速部署，但随着网络规模的扩大，原有 WLAN 管理就无法满足实际工程中 AP 的维护、管理、升级需求了，因此就需要使用 Fit AP 架构。使用 Fat AP 组网的情况如图 3-10 所示，这种方式组建的 WLAN 适合于小规模的应用以及管理粗放的情况。

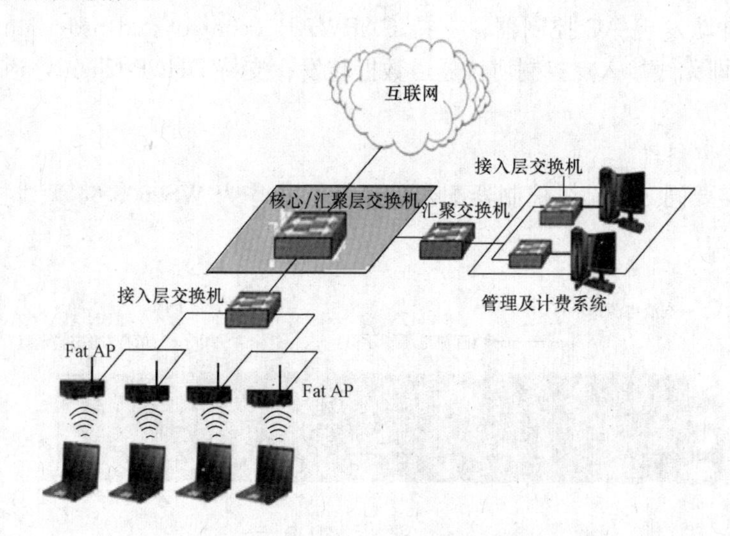

图 3-10　使用 Fat AP 组网的情况

随着 WLAN 应用环境变得较为复杂时，WLAN 的设计、部署和实施及管理难度都大幅度提升，导致实际系统出现许多不足和缺欠。在较早的无线局域网中，当用户从一个 AP 的工作区移动到另一个 AP 的工作区，即出现移动用户漫游时，会出现通信中断。

较早的无线局域网在以下几个方面存在着重大不足：

（1）在环境复杂的应用场景里难以部署。

（2）AP 独立工作，缺乏统一的管理手段。

（3）漫游支持不足。

（4）缺乏有效的接入和安全控制策略。

5. Fit AP+AC 无线控制器模式的 WLAN

要组建较大规模和有较强管理功能的无线局域网，一般要使用 Fit AP+AC 无线控制器的模式。一个 Fit AP+AC 无线控制器模式的 WLAN 如图 3-11 所示，实际上在这种模式下，一样可以灵活地加入 Fat AP。

在 Fit AP+AC 无线控制器模式的 WLAN 中，由 AC 无线控制器实现对 Fit AP 的管理和控制，该模式组网灵活，管理性能优异。

采用 Fit AP+AC 无线控制器解决方案，Fit AP 与无线控制器之间是通过 GRE 隧道传输无线数据的，Fit AP 无需和无线控制器直接相连，Fit AP 可以部署在用户需求的任意位

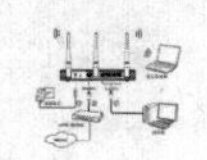

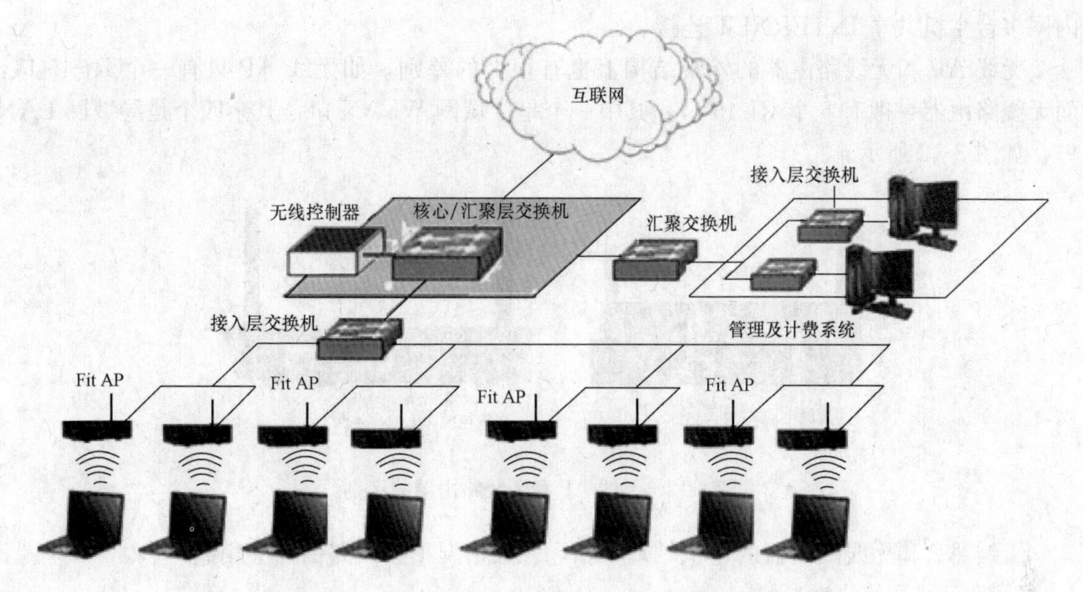

图3-11　Fit AP+AC无线控制器模式的WLAN

置，无线控制器都可以支持多个Fit AP，而且通过硬件升级或者堆叠技术，可以不断地扩充支持Fit AP的数目、网络规模的不断扩大。

Fit AP+AC无线控制器模式的WLAN中，Fit AP具有自学习、无线资源管理、动态管理AP的功率和信道来实现负载均衡的功能。在Fit AP+WLAN无线控制器模式的WLAN中，网络中的AP能够执行无线控制器设置的配置，进行射频资源优化配置，实现无线资源管理；AP能够进行信道自动选择并抵御其他网络中AP的信道干扰；AP能够对发射功率自动调整，保证合理的信号覆盖，保证一定的信号重叠，防止出现覆盖盲区等。

Fit AP+WLAN无线控制器模式的Wi-Fi网络能有预先在无线控制器上配置AP的配置信息，在DHCP server上配置相关属性。AP启动以后会通过DHCP获取IP地址、从DHCP server相关属性获知无线控制器IP地址。AP向该IP地址发送发现请求。

3.3.5　无线AP、无线路由器及无线AP的安装

1. 无线AP与无线路由器的区别

（1）无线AP。无线AP的功能和以太网交换机的功能类似，以太网交换机的主要功能是组织局域网；无线AP则是提供无线客户端的接入功能，配置有无线网卡的笔记本电脑、台式计算机等终端设备接入一个WLAN中。无线AP除了可以将多台配置有无线网卡的终端接入WLAN中以外，还能够实现AP与AP之间的互联。无线AP利用本身配置的一个以太网端口和以太网交换机相连，实现无线网络和有线网络的互联。

（2）无线路由器。家用无线路由器一般都有4个LAN口通过网线连接台式计算机或笔记本电脑构成有线网络。从功能上来看，无线路由器比工作在点到多点模式下的无线AP多了一个NAT（Network Address Translation，网络地址转换）的功能，现在无线路由器普遍支持WDS（Wireless Distribution System，无线分布式系统）技术，这种技术可以将多个无线路由器连在一起，组成一个覆盖范围更大的无线网络，这样的无线路由器既有点到点模式和点到多点模式下AP的全部功能，同时又可以进行网络地址转换（NAT），正是有了NAT功能，才能将内网地址（比如192.168.0.1～192.168.0.254）转换为公网地址，实现

内网多台主机共享 INTERNET 连接。

无线 AP 和无线路由器的外观结构上也有很大的差别，如无线 AP 只有一个 RJ-45 口，而无线路由器一般有 5 个 RJ-45 口，其中一个是广域网 WLAN 口，其余四个是局域网 LAN 口，如图 3-12 所示。

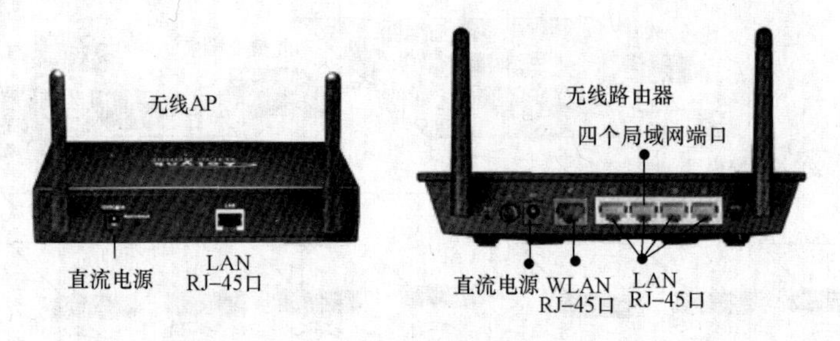

图 3-12　无线 AP 和无线路由器的区别

无线 AP 和无线路由器的价格相差不多，一般情况下无线路由器会稍高一点。

2. 无线 AP 的安装

(1) RS-232C 控制口配置电缆。每个无线 AP 都配置有一个将交流电转化为直流电源的电源适配器及相应的电源线和直流输出线及插口，还有一根 RS-232C 控制口配置电缆，如图 3-13 所示，一端是 DB9 口可以接入 RS232 线缆，一端是 RJ-45 网口，可接 8 芯双绞线。

(2) 无线 AP 安装位置。组建无线局域网时，配置有无线网卡的台式机、笔记本电脑都是无线工作站，无线 AP 的安装位置应该在无线工作站群的几何中心，即无线 AP 的覆盖范围应该有效地包括 WLAN 中的全部无线工作站。较为简单的情况是将无线 AP 摆放在机房或房间的中央位置，然后将每一工作站围绕在无线 AP 的四周放置，这样就能确保机房中的每一台工作站都能高速地接入到无线网络中。

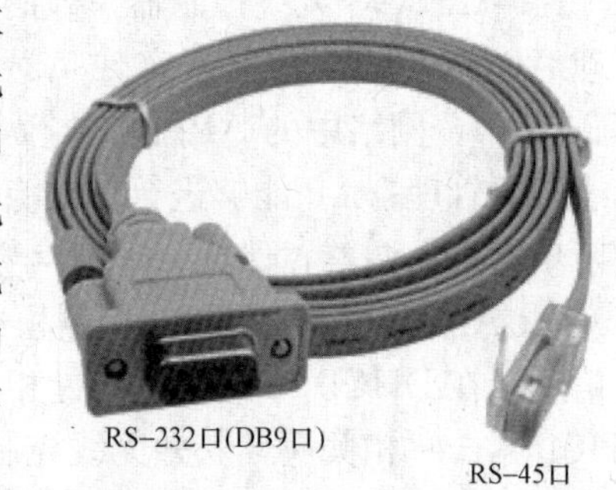

图 3-13　RS-232C 控制口配置电缆

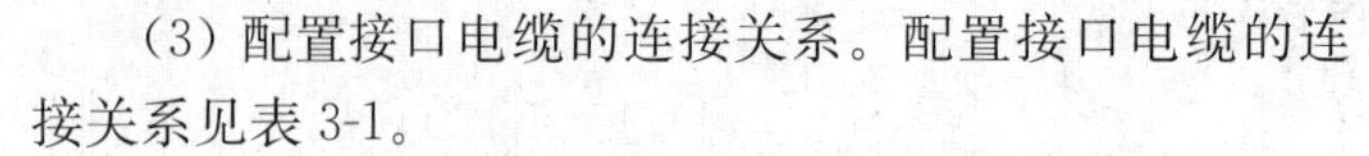

(3) 配置接口电缆的连接关系。配置接口电缆的连接关系见表 3-1。

表 3-1　　配置口电缆的连接关系

RJ-45 口（网口）	DB-9 口（RS-232 接口）	信号	描述
1	8	CTS	允许发送
2	6	DSR	数据准备就绪
3	2	RXD	接收数据
4	5	GND	接地
5	5	GND	接地
6	3	TXD	发送数据
7	4	DTR	数据传送速率
8	7	IUIS	发送请求

RJ-45接口和DB-9接口各针线缆的对应关系可以参看图3-14所示。这里的水晶头中8针的配需按照T568B标准排序。

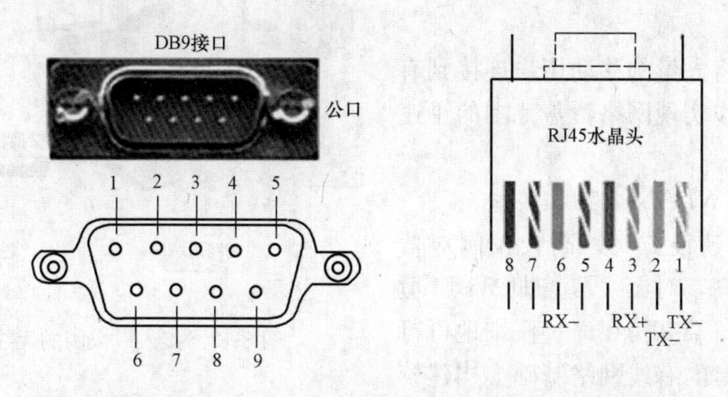

图3-14　RJ-45接口和DB-9接口各针线缆的对应关系

（4）桌面、机架、天花板和墙面安装。无线AP的安装方式随着实际应用环境的不同而不同。有桌面安装、机架安装、在天花板（楼板）上悬挂安装、墙面安装（垂直面安装）和室外安装等方式。

1）室外型无线AP安装注意事项：

采用室外防护箱时，机箱配备走线槽，将电源线、信号线和雷电泄放地线（避雷器接地线和设备接地线）分开，避免强弱电之间的相互干扰和雷电泄放的影响。

供电采用带PE保护线的电源，并且确保电源接线排的PE端接地。尽量采用前置稳压源为设备供电，并且24h持续供电。如果没有稳压源时可采用小区的居民电源，尽量避免使用工业电源。

交流电源线从户外引入时，交流电源口应外接防雷接线排（或电源口避雷器）来防止设备遭受雷击；使用防雷接线排时，交流电先进入防雷接线排，经防雷接线排后再进入设备，禁止直接从户外拉电源线为设备供电。一定要按规范做好防雷和接地。

2）室外型无线AP安装的线缆敷设：①非屏蔽线缆要穿钢管埋地敷设，钢管两头接地。②使用光纤光缆时，由于光缆加强芯（金属）极易感应、传递雷击过电压，因此应该在光缆进户端做好接地，最好有独立的接地汇流排接地。③如果非屏蔽线不便于穿管埋地敷设的，应在出箱线缆的对应端口处使用避雷器。④电源线与信号线分开敷设，输入输出分开敷设，高压低压分开敷设。⑤连接无线AP的超五类网线最大支持距离为100m，无线AP与接入交换机间距离不超过90m。⑥网线不要沿避雷带走线，并应避免架空走线，网线在室外走线使用白色波纹管或钢管进行保护。

3.3.6　接入以太网的无线局域网

1. 接入以太网的无线局域网组织方式

大量使用的以太网结构简单，实用交换机组网方便简捷，通过无线AP接入交换机方式组建接入以太网的无线局域网，如图3-15所示。

要说明的是有线局域网是一个实用IEEE 802.3协议标准的以太网，全部配置PCI插槽的网卡，而无线局域网中的台式机和笔记本电脑全部配置802.11g/n的无线网卡。

配置无线网卡的无线工作站通过无线AP接入无线局域网，实用一根直通双绞网络线缆

将无线 AP 的 RJ-45 口和交换机的 RJ-45 口连接起来，将无线局域网无缝接入有线局域网。

该方案适于将大量的移动用户连接到有线网络，以低成本实现网络覆盖范围的迅速扩大。

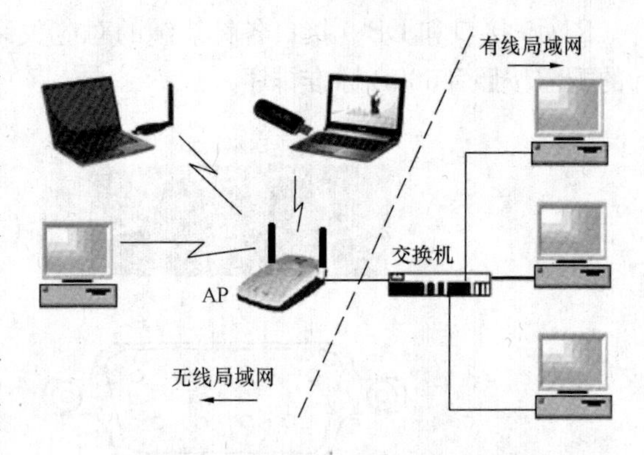

图 3-15　接入以太网的无线局域网

2. 某校园的 WLAN 方案和实施

（1）WLAN 建设方案。高校校园对信息化程度要求很高，对无线覆盖即 Wi-Fi 覆盖要求较为普遍，某高校在经过仔细地可行性论证后，在原有的有线网络基础上构建校园无线网，对教学楼阶梯教室、会议中心、办公室、楼下广场绿地、学生公寓、教工住宅、留学生公寓、外国专家楼、国际交流中心等，进行全方位立体式无线覆盖。新的无线网络建设要求在网络互联、安全防御等方面与现有的且功能较为齐全的有线网络进行良好的兼容和互补，并在无线网络认证计费方面无缝融合。

新建校园无线局域网采用室内型高增益高速无线 AP，支持 802.1 lg/n 标准，可以满足校园内数量较大的移动终端的接入和大流量访问。新建系统具有用户隔离、广播风暴抑制、VLAN 划分、以太网供电、信道自动规划和负载均衡等功能，同时能够提供建筑物内足够的信号覆盖强度和网络访问的稳定性。

室外的无线部署主是教学楼、办公楼前广场、学生宿舍楼前的广场区域、教工住宅等区域。采用大功率室外无线 AP，适合室外大范围的无线覆盖。

工程实施后，实现了无线局域网的校园全覆盖，保证被覆盖区域内用户可以流畅地访问网络。新建的无线覆盖工程和已有的校园有线网络无缝融合，统一地融合到现有校园管理系统中，对无线网内用户和无线接入点进行统一管理。

（2）安全性和可扩充性。由于原有网络系统已经具备多种安全防御能力，建成的无线网络要融合进原有网络安全解决方案体系中，并根据无线网络的安全技术特征，补充为具有多层次的安全保护措施，以满足用户身份鉴别、访问控制、可稽核性和保密性等要求。

可扩充性：在校园网络规模不断发展的情况下，无线网络可满足在不改变主体架构与大部分设备的前提下，平滑实现升级和扩充，降低原有网络的硬件投资，并保证扩展后的系统可用性与稳定性。

（3）无线、有线融合的认证计费系统。校园原有的认证计费系统架构已经稳定地运行，在新建成的无线网络中，作为网络接入层的有效补充，能够完全融合进原有认证计费体系，支持今后全网对所有用户的上网控制、认证与计费的持续运营。

该高校校园的 WLAN 建设方案如图 3-16 所示。

3. 以太网中的无线 AP 接入的灵活性

接入以太网的无线局域网也叫多区无线局域网，由于较大型的计算机网络（或以太网）一般由主干层、汇聚层和接入层组成，主干层配置有核心交换机、汇聚层配置有汇聚层交换机，对底层即接入层配置有接入层交换机，无线 AP 可以接入最近的汇聚层或接入层交换

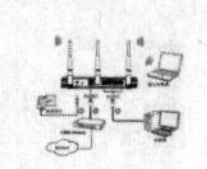

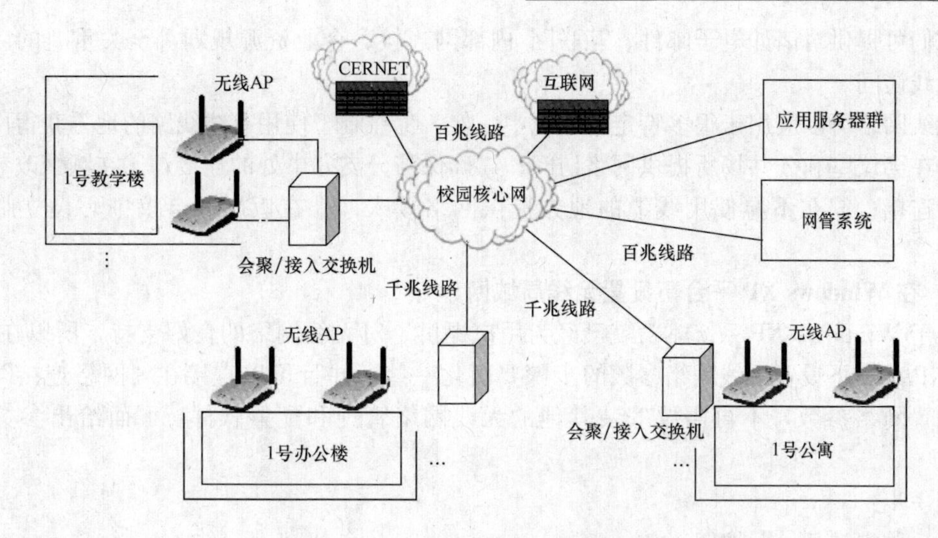

图 3-16 某校园的 WLAN 建设方案

机，如图 3-17 所示。

尤其是较小规模的 WLAN 组织方式非常灵活，某公司内部的一台交换机配合多接入点的 WLAN 如图 3-18 所示。

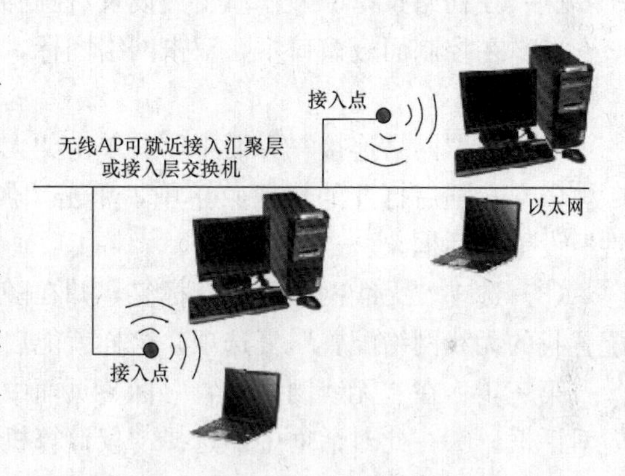

图 3-17 无线 AP 的灵活接入

通过配置一些软件，用户还可以在无线网络的访问节点之间作无缝漫游，如移动终端可以在会议室、高层建筑、公司园区的不同功能区进行漫游。该方案支持动态主机配置协议(DHCP)，使笔记本用户在子网之间移动时，能够自动获得新的 IP 地址，而用户只需简单地悬置和重新恢复笔记本电脑的操作。

无论是将计算机系统放置在大厅里或是在整个园区移动，都不必担心连接中断或线缆敷

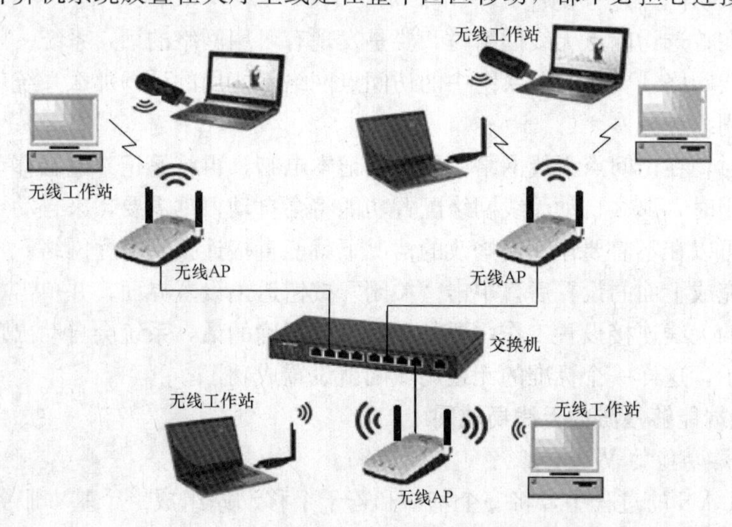

图 3-18 一台交换机配合多接入点的 WLAN

设。它们可提供对诸如电子邮件、互联网/内部网连接、企业资源规划等至关重要的应用程序的无线访问。

无线网络可以应用于很多特定的环境中，如：①在难于使用有线线路的地方获得网络访问；②在会议室和公共场所提供网络访问；③确保与分支办事处的连接；④在频繁改装的地方保持连接；⑤在不愿使用线缆的地方提供网络接入；⑥在饭店和会议中心设立临时网络等。

3.3.7 在 Windows XP 平台下设置无线局域网

由于 Windows XP 系统本身就已经为用户提供了对无线网络的良好支持，所以在 Windows XP 系统下设置无线网络参数的步骤要简化一些，并且可以直接在“网络连接”窗口中来设置网络参数，不再需要安装其他的无线网络管理和配置软件。下面给出参数设置步骤。

第一步：

（1）单击“开始”按钮。

（2）在初始菜单中顺序单击“设置/控制面板”命令，打开控制面板窗口。

（3）在控制面板窗口中，双击网络图标，打开“网络连接”界面。

第二步：

（1）在“网络连接”界面中，右单击“无线网络连接”图标。

（2）在随后打开的快捷菜单中，单击“属性”命令，系统自动显示“无线网络连接属性”设置对话框。

（3）选中“无线网络配置”标签，并在随后弹出的标签页面中，选中“用 Windows 来配置我的无线网络配置”复选项，这样就能启用自动无线网络配置功能。

第三步：在“无线网络配置”标签页面中，①单击“高级”按钮，打开一个“高级”设置对话框。②在此对话框中，选择“仅计算机到计算机（特定）”选项，实现计算机与计算机之间的相互连接。

[如果希望能直接连接到计算机中，又希望保留连接到接入点的话，就可选择“任何可用的网络（首选访问点）”选项]

第四步：在首选访问点无线网络时，要是发现有可用网络的话，系统一般会首先尝试连接到访问点无线网络。要是当前系统中的访问点网络不能用的话，那么系统就会自动尝试连接到对等无线网络。

如果工作时，在访问点无线网络中使用笔记本电脑，再将笔记本电脑移动到另外一个计算机网络中使用时，那么自动无线网络配置功能将会自动根据需要，来自动更改无线网络参数设置，用户可以在不需要作任何修改的情况下就能直接连接到家庭网络。

第五步：完成上面的设置后，单击“关闭”按钮退出设置界面，并单击“确定”按钮完成无线局域网的无线连接设置工作，要是参数设置正确的话，系统会自动出现无线网络连接已经成功的提示，这样一个标准的无线局域网就设置成功了。

3.3.8 移动终端能够漫游的无线局域网

1. 具有漫游功能的 WLAN

在组建 WLAN 的过程中，将一个基站和若干个移动站组成一个基本服务集，这里的基站就是一个无线 AP，移动站是配置有无线网卡的笔记本电脑或其他移动终端，也就是说：

一个基本服务集包括一个基站和若干个配置无线网卡的移动终端，每一个基本服务集中的两个移动站彼此要进行通信时，都是通过该基本服务集中的AP基站进行的。如果一个基本服务集中的一个移动站要和另一个相邻基本服务集中的另一个移动站进行通信要通过基础主干网进行，这里要注意所有的基本服务集中的AP基站都接入了基础主干网络。如果出现一个移动站A子在一个基本服务集1和另一个基本服务集2中的一个移动站B进行通信，当A从基本服务集1中移动到另一个基本服务集2的过程中，始终保持和B的通信，我们说这个无线局域网具有漫游功能，如图3-19所示。

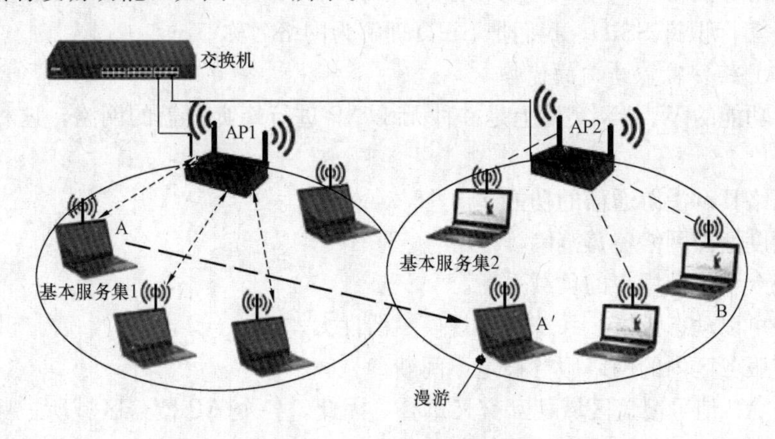

图3-19　移动站可实现漫游的WLAN

图3-19中，基本服务集1包括基站AP1和几个移动站，其中有移动站A；基本服务集2包括基站AP2和几个移动站，其中有移动站B。在具有漫游功能的WLNA中，不同基本服务集中的无线AP都接入了固定有线网络设施中。

具有漫游功能的情况可以这样解释：刚开始的时候，基本服务集1的移动站A通过主干基础网络和基本服务集2中移动站B进行通信，当移动站A从基本服务集1中移动到基本服务集2的A′位置，A和B通信的过程不会中断。

无线局域网中的用户使用的移动终端从一个位置移动到另外一个位置，离开了一个接入点而进入另外一个接入点的覆盖范围这就是漫游的情况，漫游时，接入点必须确认一个信号正在变弱，并将和移动终端（笔记本电脑）的通信信道切换为和另一个接入点之间新建的通信信道，图3-20给出了这样一种漫游的情况。

从图中看到，移动站从接入点1接收到的信号越来越弱，而从接入点2接收到的信号越来越强，接入点1和接入点2就会自动进行信道切换，切断接入点1和移动站间的通信信道而接通接入点2和移动站间的通信信道，同时不影响移动站正在进行的通信。

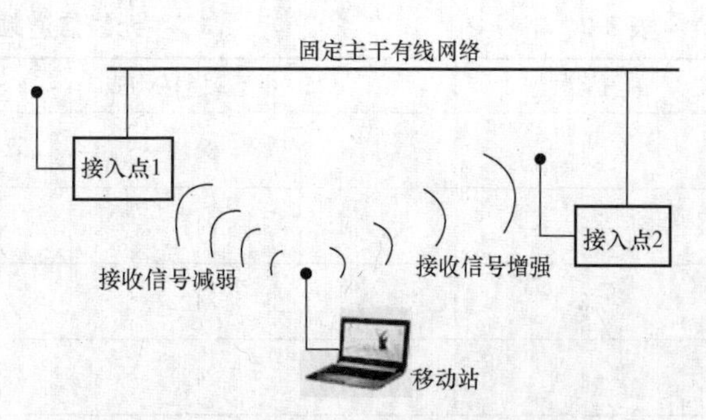

图3-20　移动站和一个AP连接移动中和另一个AP连接

无线AP访问点作为无线基站和现有网络分布系统之间的桥梁，当移动站正在工作连接的访问点由于通信量太大而拥塞时，可以连接到新的访问点，而不中断与网络的连接，这种情况与蜂窝移动通信的漫游是非常相像的，将多个无线 AP 各自形成的无线信号覆盖区域进行交叉覆盖，实现各覆盖区域之间的无缝连接。所有 AP 通过双绞线与有线骨干网络相连，形成以固定有线网络为基础、无线覆盖为延伸的大面积服务区域。服务区内的任何移动站通过就近的 AP 接入网络，访问整个网络资源。无线局域网中的 AP 蜂窝结构大大扩展了单个 AP 的覆盖范围，从而突破了无线网络覆盖半径的限制，用户可以在 AP 群覆盖的范围内漫游，而不会从网络连接中断离，因此通信也不会中断。

在具有漫游功能的 WLAN 中，安装网络中的 AP 时，同样必须为该 AP 分配一个不超过 32B 的服务集标识符 SSID，我们把 SSID 理解为网络名称。

2. 无线 AP 蜂窝覆盖结构的优势

具有漫游功能的 WLAN 实质上是一种无线 AP 进行蜂窝覆盖的网络，这种网络具有的优势有：

(1) 使网络具有漫游通信的功能。

(2) 大幅度增加网络覆盖范围。

(3) 实现众多终端用户的负载平衡。

(4) 网络可以动态扩展，系统组建规模灵活性大。

(5) 覆盖服务区内的网络服务稳定不间断。

由于多个 AP 信号覆盖区域相互交叉重叠，因此，各个 AP 覆盖区域所占频道之间必须遵守一定的规范，邻近的相同频道之间不能相互覆盖，否则会造成 AP 在信号传输时的相互干扰，导致通信质量的下降。在可用的 11 个频道中，仅有 3 个频道是完全不覆盖的，他们分别是频道 1、频道 6 和频道 11，利用这些频道作为多蜂窝覆盖是最合适的。要说明的是这里的频道也是指信道。

3. 无线信道的选择

为简化起见，这里仅介绍 IEEE 802.11g 制式系统的无线信道情况。IEEE 802.11g 制式的无线 AP 通过在 2.4GHz 到 2.5GHz ISM 波段间的无线频率信号进行相互通信。相邻的信道间隔 5MHz。但由于使用扩频技术，工作在某个特定信道的节点将占用中心频率上下各 12.5MB 带宽。这样，两个相邻的独立的无线网络用相邻的信道，比如，信道 1 和信道 2，会相互干扰。为两个邻近的无线网络指定两个间隔最大的信道能减少信道串扰，明显提高网络间数据传输的性能。

802.11g 制式的无线 AP 使用信道的情况见表 3-2。

表 3-2　　无线信道频率列表

信道	中心频率/MHz	频率扩展/MHz
1	2412	2399.5～2424.5
2	2417	2404.5～2429.5
3	2422	2409.5～2434.5
4	2427	2414.5～2439.5
5	2432	2419.5～2444.5

续表

信道	中心频率/MHz	频率扩展/MHz
6	2437	2424.5～2449.5
7	2442	2429.5～2454.5
8	2447	2434.5～2459.5
9	2452	2439.5～2464.5
10	2457	2444.5～2469.5
11	2462	2449.5～2474.5
12	2467	2454.5～2479.5
13	2472	2459.5～2484.5

不同的国家无线产品支持不同的信道。在多小区网络拓扑中，为了避免信道干扰，相邻小区中心频率间隔至少为 25MHz。因此，在整个 2.4GHz 的 ISM 频段中，只有三个互不重叠的物理信道，即频率复用系数为 3。在美国共有 11 个无线信道可供选择。

3.3.9　无线网桥、点对点及点对多点 WLAN 组网方式

1. 无线网桥

(1) 什么是无线网桥。用无线信道桥接无线网络或有线网络的装置，利用无线传输方式实现在两个或多个网络之间实现有效通信的装置就是无线网桥。应用于不同环境的几个无线网桥如图 3-21 所示。

网桥主要有控制数据流量，处理传输错误，提供物理编址以及管理物理介质的访问等功能，无线网桥通常有自带天线和不带天线两种。

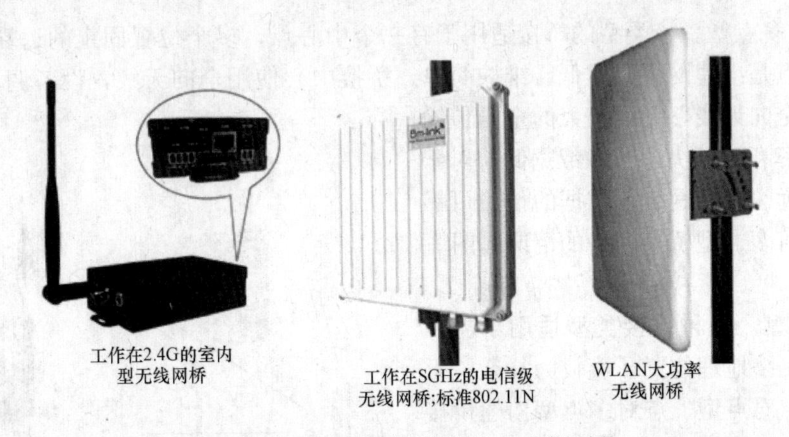

图 3-21　应用于不同环境的几个无线网桥

(2) 无线网桥与技术标准。无线网桥能够在中、短距离情况下支持高速率数据传输，在长距离情况下支持低速率数据传输。无线网桥是性能优良的有线和无线网络的桥接设备，抗干扰能力强，隐蔽性强、保密性好，抗多径干扰能力强和安全机制较为成熟。

无线网桥的技术标准有 IEEE 802.11a、802.11b，802.11d，802.11g，802.11n，

802.11ac 等。

(3) 无线网桥的连接。无线网桥可以将两个远端的网络桥接成一个大跨距的网络，在简单的网络中，无线网桥连接到局域网中的交换机上，通过电缆、天线相连接。

无线网桥桥接两个或多个远端网络的时候，应注意以下事项：

1) 桥接两个或多个网络的无线网桥架设的建筑物之间尽量避免有高大的树木和中间建筑物等障碍物。

2) 对于无线网桥来讲，传输的距离越远，数据的传输速率就降低越多，目前，无线传输的距离在无障碍的情况下最长可达到 80km，因此两个桥接的网桥之间的距离不宜太大。如果距离太大或中间有建筑物、树木的障碍物的时候，可以通过设立中继中转站，实现接力传输以及绕过障碍。

3) 架设无线网桥的天线高度需满足视距传播的条件，如果架设天线高度不够，仅仅依靠增加功率放大或增大天线增益的方法得到的效果是非常有限的。

4) 在无线网桥传输的通道区域内，规划和选择一个不会与其他无线通信干扰的信道。

5) 架设无线网桥构成应用系统的时候，始终要注意防止和抑制来自各个方面的干扰。

(4) 无线网桥桥接系统的几种类型。无线网桥桥接系统分为点对点型、点对多点型和混合型几种类型：

1) 点对点型。这种类型的桥接适用于两个位置固定的网络之间，在实际工程汇总应用很广泛。点对点型桥接的网络，传输距离远，传输速率高，受外界环境影响较小。点对点型桥接的系统如图 3-22 所示。

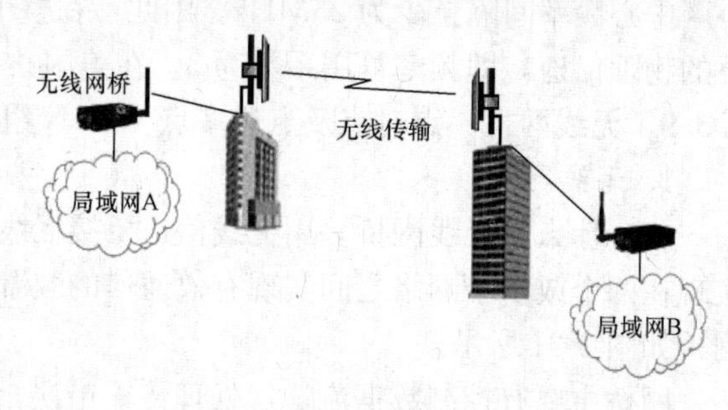

图 3-22 点对点型桥接的系统

2) 点对多点型。该类型的桥接适用于有一个中心点，多个位置固定的远端网络需要连接情况。优点是组建网络成本低、维护简单。桥接中心使用全向天线，设备调试相对容易。由于使用了全向天线，无线波束的全向传输导致传输功率衰减过快，网络带宽低，对于距离较远的远端桥接网络，数据的传输可靠性降低。点对多点型桥接网络的情况如图 3-23 所示。

3) 混合型。这种桥接类型适用于需桥接的若干个网络地理位置环境较为复杂，无法用单一的点对点型、点对多点型构建桥接系统。混合型系统中，点对点型、点对多点型以及中继方式混合使用。

(5) 无线网桥和无线 AP 的区别。无线网桥主要用于室外，基本功能是实现两个或多个固定位置处的网络桥接，无线网桥功率大，传输距离远，抗干扰能力强等，不自带

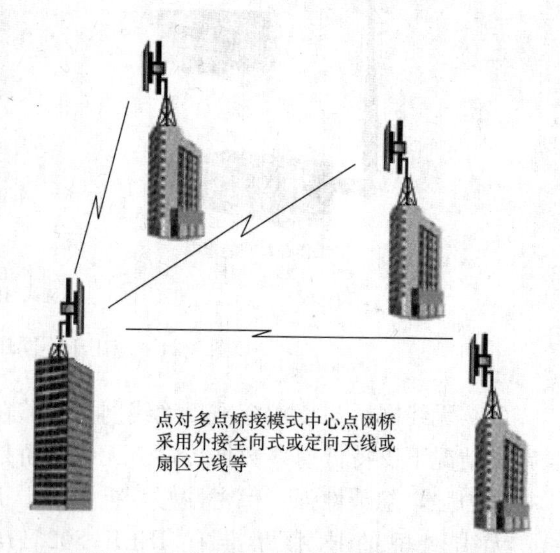

图 3-23 点对多点型桥接网络的情况

天线，如果进行远距离点对点传输，则配备抛物面天线实现长距离点对点连接。无线网桥的设计和应用条件包括防雨、防雷、接地、防尘、防震以及散热设计，可经受恶劣的气候环境。

通过无线网桥桥接的方式主要有点对点、点对多点，中继连接。

无线AP主要用于室内，当然也可以用于室外做建筑物外部区域的无线覆盖，无线AP是无线接入点，主要功能就是无线接入，一般工程环境中不方便布线的区域就可采用无线AP配置，将不便于接入有线网络的各类入网终端通过AP接入到网络，无线AP一般自带天线，传输距离短，即使外接天线+功放，其传输距离不超过十几千米，而且由于抗多径干扰能力差，因此信号也不稳定。

2. 点对点及点对多点WLAN组网

点对点和点对多点用于实现局域网络的无线连接。当建筑物之间相距较远时，可使用高增益室外天线的无线网桥以提高其覆盖范围，实现远程建筑物之间的连接。双方均使用定向天线时，可实现点对点的连接。

地处两个不同位置的局域网A和局域网B使用无线网桥通过点对点连接实现了互联，如图3-24所示。

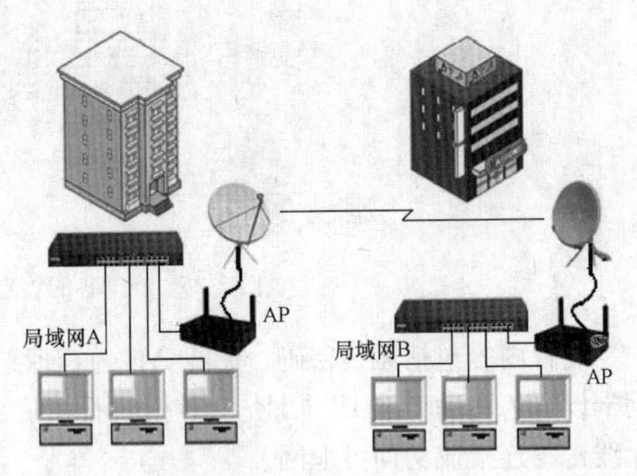

图3-24　点对点WLAN组网

通过无线网桥将某中心点和其他若干个点实现连接，就形成点对多点的WLAN，这里要注意，尽管若干个点处的局域网和中心点处的局域网都是有线网络，通过无线桥接方式组成覆盖范围更大的局域网，这种方式实质是无线局域网的组网。点对多点的WLAN中，中心点处使用全向天线，其他点则使用定向天线。

3.4　无线局域网组网过程的部分说明

3.4.1　无线AP与局域网及移动智能终端的连接关系

无线局域网的应用越来越深入和广泛，在WLAN的覆盖范围内，分布着许多能够移动的笔记本电脑，同时还有许多智能手机、平板电脑等智能移动终端，这些终端设备和有线基础网络及无线AP之间的连接关系如图3-25所示。

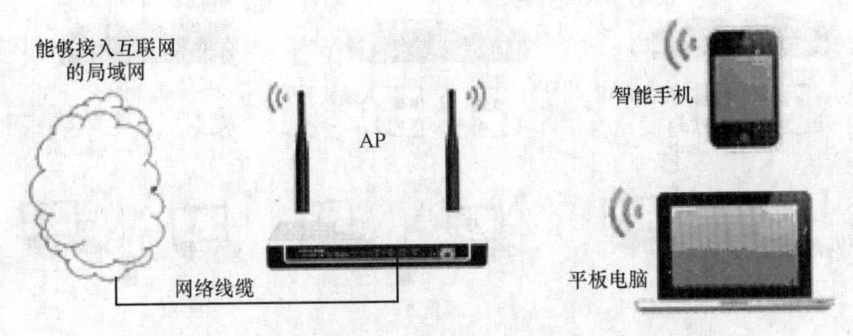

图3-25　终端设备、局域网及无线AP之间的连接

3.4.2 关于无线AP的设置

WLAN组建需要对无线AP进行设置。首先登录到AP的管理界面，点击“无线设置”>>“基本设置”，确认当前工作模式为Access Point（AP模式）。某款无线AP的管理界面如图3-26所示。

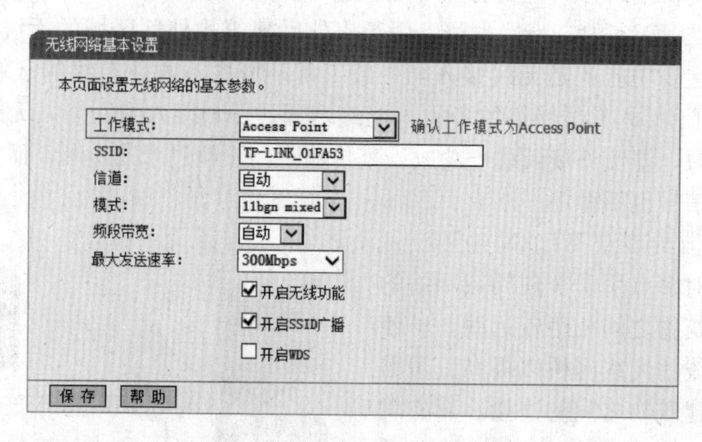

图3-26 在AP的管理界面开始AP设置

设置内容包括无线密码、无线AP的管理地址的修改、将WLAN中的电脑主机的无线网卡设置为自动获取IP地址。AP模式设置完成后，其他无线终端搜索到无线信号，输入无线密码连接成功即可上网。

3.4.3 使用无线AC控制器和AP组织WLAN

1. AC+AP组织WLAN

如前所述，使用无线AC控制器和“瘦”AP组织的WLAN管理性能要比单独使用无线AP组织的WLAN的管理性能要好得多。一个应用于酒店环境由无线AC控制器和AP组织的无线局域网如图3-27所示。

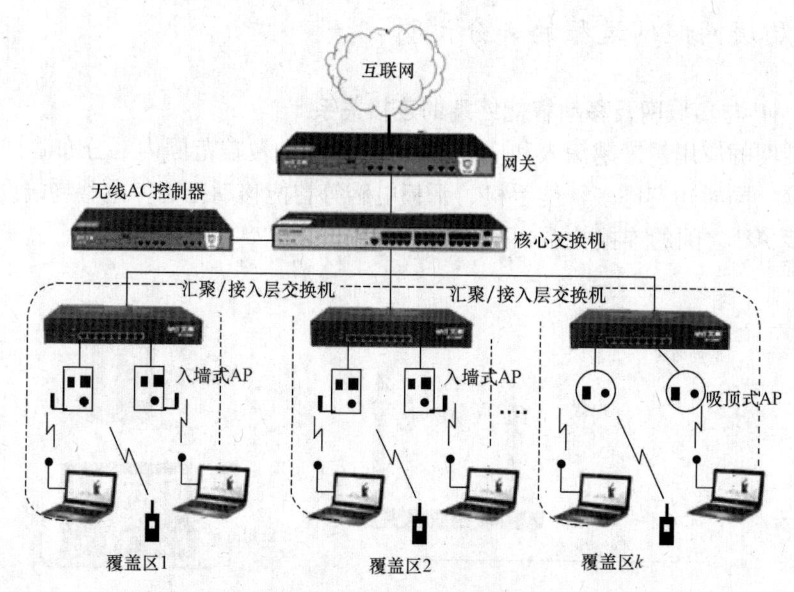

图3-27 由无线AC控制器和AP组织的无线局域网

主要设备：

（1）网络中使用了一台无线控制器 AC，可同时对 64 个 AP 实施统一管理。

（2）中心交换机采用 1 台千兆光口交换机，可支持 VLAN、端口镜像等管理功能。

（3）汇聚/接入层交换机：采用 5 台 PoE 供电交换机，可支持 8 口供电，支持802.3af/at供电标准。

（4）无线接入点 AP：覆盖区数台入墙式 AP 和吸顶式 AP，入墙式 AP 与吸顶式 AP 均可支持 PoE 受电，不仅美观大方，还极大地节省供电布线的工程量。

AP+AC 控制器的无线局域网中的 AP 是“瘦”AP，“瘦”AP 本身不能单独提供网络信号，必须通过无线 AC 控制器集中控制的方式进行管理和网络分配。

“瘦”AP 一经联入网络后会依据程序自动从 AC 控制器上下载软件激活程序，使用 AC 控制器即可对整个网络上的“瘦”AP 进行配置。

无线网络 AC 控制器是实现安全、可管理、可运营无线局域网必不可少的核心设备。它集最新的无线安全技术、完备的网络控制、用户管理服务于一身，是针对 WLAN 很多特点而开发的宽带无线网络控制器。它现已被广泛地应用于学校、医院、机场、宾馆、高档写字楼等大型无线局域网项目中，为企业提供安全、稳定的无线上网环境，为运营者如电信和 ISP 提供可运营、可盈利的无线网络。

2. 无线 AC 控制器的配置

以 TL-AC200 无线控制器为例简单说明无线 AC 控制器的配置情况。TL-AC200 无线控制器外观如图 3-28 所示。

图 3-28　TL-AC200 无线控制器外观

RJ-45 口：该控制器有四个 RJ-45 口，用于连接计算机或交换机的以太网接口。

Reset 复位键：复位操作为通电状态下长按 Reset 键，待系统指示灯闪烁 5 次后松开，无线控制器将自动恢复出厂设置并重启。恢复出厂设置后，默认管理地址为 http://192.168.1.253，默认用户名和密码为 admin/admin。

（1）防电磁干扰和防雷接地。为减少电磁干扰因素造成的不利影响，请注意以下事项：供电系统采取必要抗电网干扰措施；无线控制器应远离高频大功率、大电流设备，如无线发射台等；必要时采取电磁屏蔽措施。

为达到更好的防雷效果，请注意以下事项：确认设备接地端都与大地保持良好接触；确认电源插座与大地保持良好接触；合理布线，避免内部感应雷；室外布线时，建议使用信号防雷器。

（2）安装位置。无线 AC 控制器可以安装到 19in（in=0.025 4m）标准机架上，机架良好接地是设备防静电、防漏电、防雷、抗干扰的重要保障，因此请确保机架接地线正确安装。

（3）连接局域网。用一根网线连接无线控制器的 LAN 口和局域网中的交换机，也可以与计算机的网卡 RJ-45 口直接相连。

对于 100Base-TX 以太网，建议使用 5 类或以上 UTP/STP 线；无线控制器以太网口自动翻转功能默认开启，采用 5 类双绞线连接以太网时，标准网线或交叉网线均可。上电后，请检查 Link/Act 指示灯状态，若 Link/Act 灯亮表示链路已正常连通；Link/Act 灯灭表示链路不通，请检查链路。

(4) 设置计算机。普通 PC 机使用网线正确连接无线控制器任意一个 LAN 口；设置 PC 机本地连接 IP 地址为 192.168.1.X，X 为 2～252 中任意整数，子网掩码为 255.255.255.0。

(5) 设置 AC 无线控制器。登录无线控制器：无线控制器出厂默认管理地址为 http：//192.168.1.253，用户名和密码为 admin/admin。

首先，打开浏览器，在地址栏中输入 http：//192.168.1.253，回车。

输入默认用户名 admin，输入密码 admin，点击登录。AC 无线控制器的登录窗口如图 3-29 所示。

图 3-29　AC 无线控制器的登录窗口

依序完成 AC 无线控制器的设置内容。

3.5　使用一条 ADSL 宽带接入线和一台无线路由器组建一个无线局域网

由于网络通信、无线网络技术的发展、智能手机和智能终端的普及性使用，许多家庭也离不开无线局域网了。很多家庭成员使用的智能手机、平板电脑都要使用 Wi-Fi 覆盖；接入家庭一根 ADSL 宽带接入线，但家中有几台终端，如台式机、笔记本电脑都要通过宽带接入互联网，都要求家中架设一个无线局域网。

下面介绍使用一条 1M/s 的 ADSL 宽带接入线和一台无线路由器组建一个无线局域网来满足家庭用户的以上要求。

3.5.1　组建家庭无线局域网的条件

只要具备一定的条件，就能很方便快捷地组建一个家庭无线局域网，这个条件是：有一条宽带接入线；有一台无线路由器；有若干条几米长的网络线缆。

下面是具体组建一个无线局域网的设备及材料条件：

(1) 一条 1M/s 的 ADSL 宽带接入线，附带一台调制解调器（猫），ADSL 的调制解调器的接口如图 3-30 所示。

(2) 一台 TP-LINK TL-WR742N 150M 无线路由器，如图 3-31 所示。

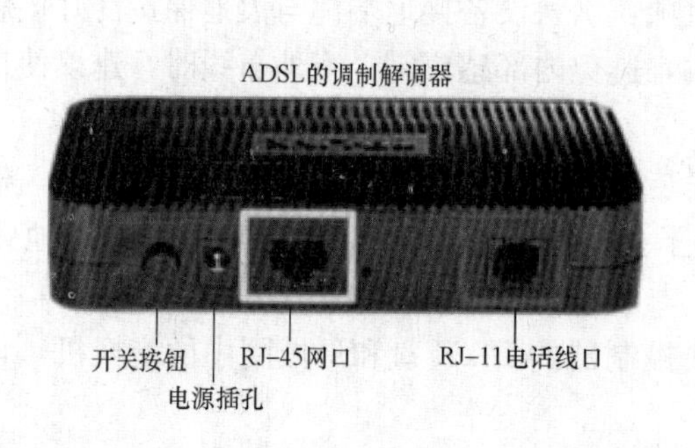

图 3-30　ADSL 的调制解调器的接口

图 3-31　TP-LINK TL-WR742N 无线路由器

（3）使用三条超五类的直通网络线缆，长度适当。这里的直通网络线缆指的是 B-B 直通线。

（4）ADSL 宽带接入使用正常，便能够正常上网。

3.5.2　组建家庭无线局域网的硬件连接

1. 无线路由器端口

TP-LINK TL-WR742N 无线路由器的端口如图 3-32 所示。

天线
电源插孔
WAN广域网网口
复位键
LAN局域网网口 (RJ–45口)

图 3-32　TP-LINK TL-WR742N 无线路由器的端口

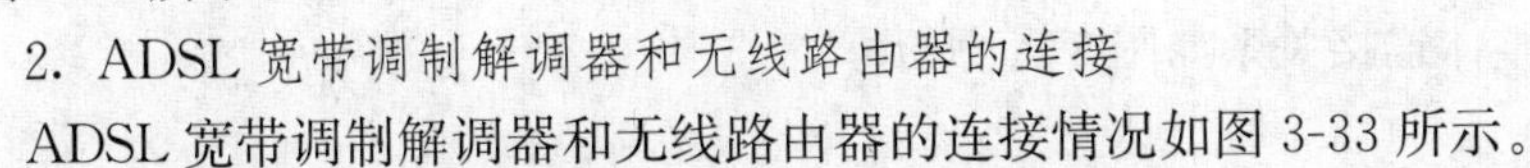

2. ADSL 宽带调制解调器和无线路由器的连接

ADSL 宽带调制解调器和无线路由器的连接情况如图 3-33 所示。

3. 无线局域网的硬件连接

由图 3-33 看到，ADSL 宽带调制解调器、无线路由器、1 台台式计算机和 1 台笔记本电脑的连接关系如下：

（1）线缆 1：一端连接 ADSL 宽带调制解调器的局域网（LAN）口（上面有 LAN 标识），另一端连接无线路由器的广域网（WAN）口（上面有 WAN 标识），这里的局域网口

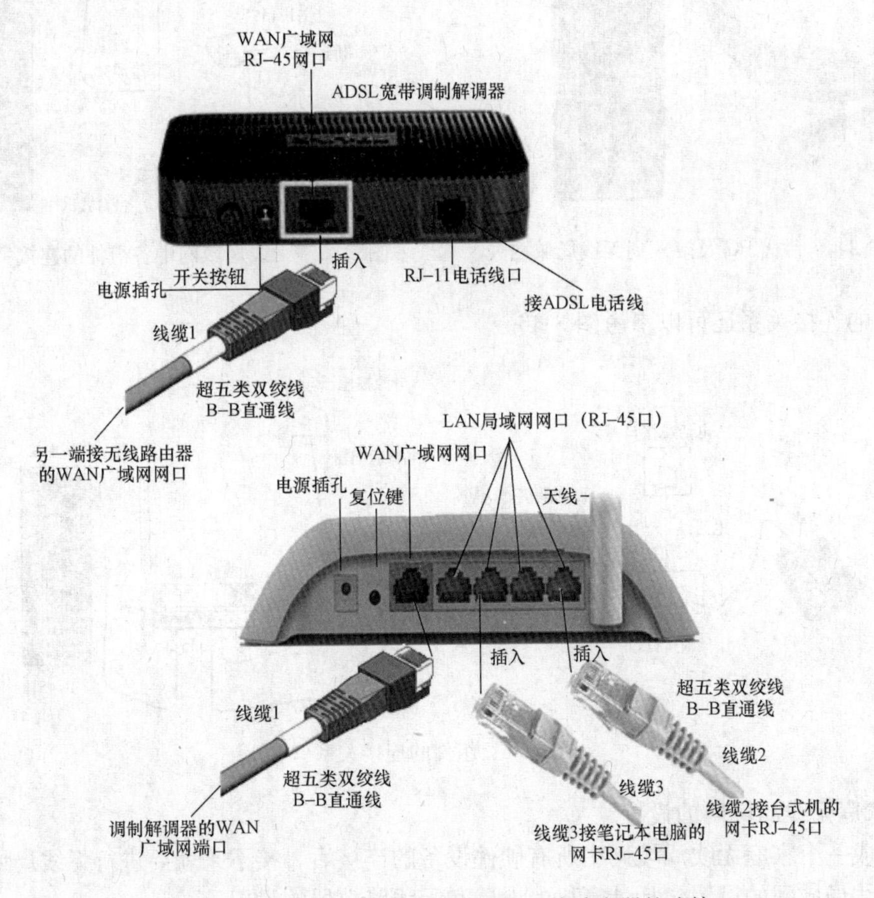

图 3-33　ADSL 宽带调制解调器和无线路由器的连接

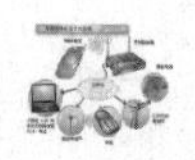

和广域网口都是 RJ-45 口。线缆 1 将 ADSL 宽带调制解调器和无线路由器连接起来。

(2) 线缆 2：一端连接无线路由器网的局域网（LAN）口，如图 3-33 所示，另一端连接台式 PC 机机身后的 RJ-45 口（网卡即网络适配器的接口）。线缆 2 的作用是实现台式机和无线路由器的连接，即将一台台式 PC 机接入到无线局域网中，如图 3-34 所示。

(3) 线缆 3：一端连接无线路由器网的局域网（LAN）口，如图 3-33 所示，另一端连接笔记本电脑 RJ-45 口（笔记本的网卡接口）。线缆 3 的作用是将一天笔记本电脑接入到无线局域网中。

线缆 1、2、3 均为超五类的非屏蔽双绞线，均为 B-B 直通网络线缆，如图 3-34 所示。

组件的无线局域网中包括了一台无线路由器、一台 ADSLMdem、一台台式 PC 机和一台笔记本电脑，系统的整体连接关系如图 3-35 所示。

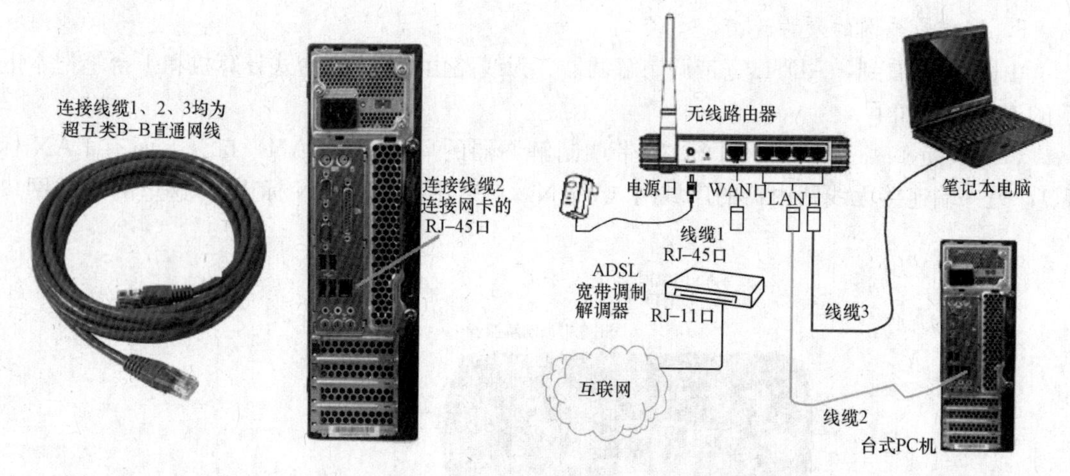

图 3-34　台式 PC 及接入到无线局域网　　　图 3-35　无线局域网中各组件的连接关系

组件的连接关系还可以参考图 3-36。

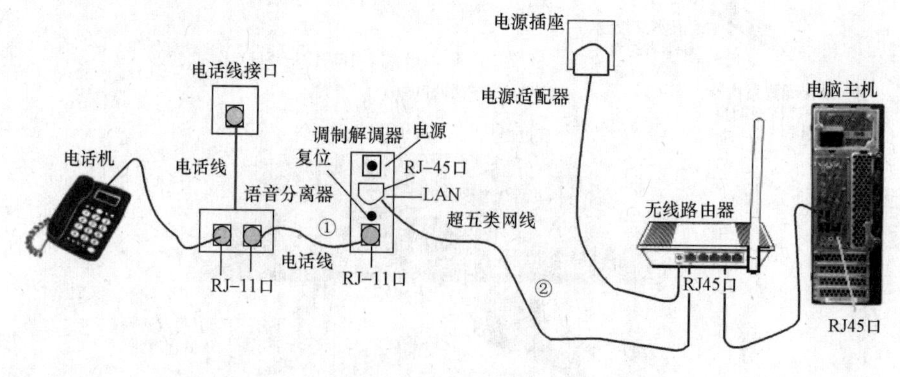

图 3-36　组件的连接关系

3.5.3　家庭无线局域网的设置

当完成一个家庭无线局域网中所有硬件设备的连接后，接下来就要进行无线局域网的设置了。无线局域网的设置包括计算机的设置和无线路由器的设置。

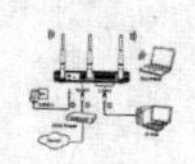

1. 计算机的设置

在用户使用的宽带接入为ADSL接入方式时，在ADSL接入上网正常的情况下，首先要对接入无线局域网中的台式机进行设计，接下来还要使用这台台式机对无线路由器进行设置。操作过程如下：

将台式机获取IP地址的方式设定为DHCP方式（自动获取IP地址方式），具体操作步骤如下：

（1）在桌面上右单击“网上邻居”图标，拉出快捷菜单。

（2）在快捷菜单中，左单击“属性”菜单项，拉出“网络连接”对话框，如图3-37所示。

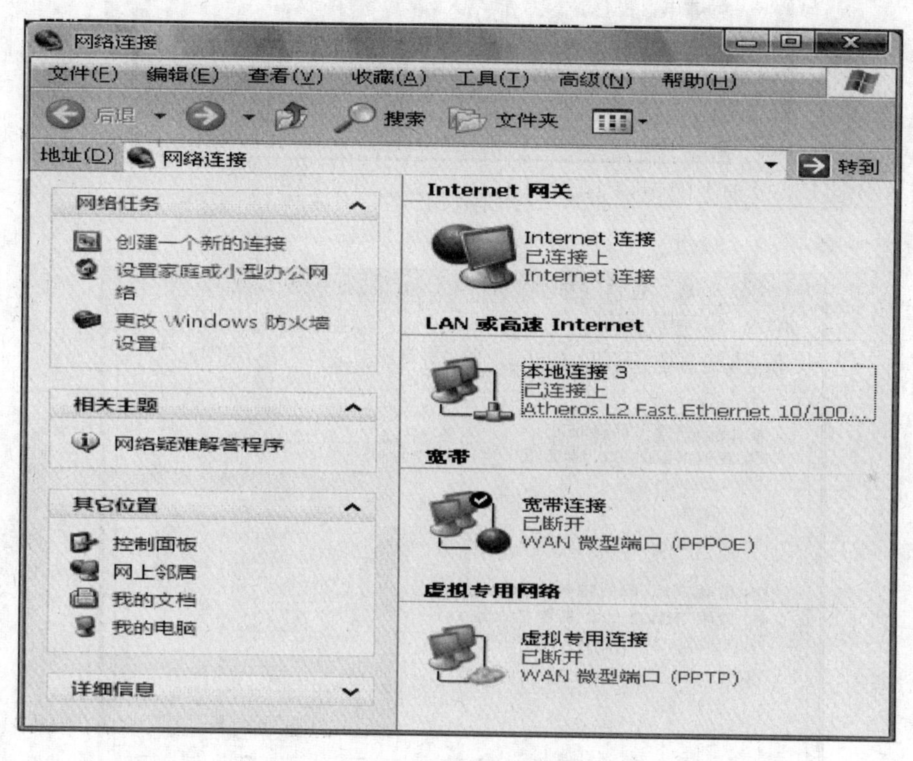

图3-37 “网络连接”对话框

（3）在“网络连接”对话框中，右单击“本地连接”图标，拉出快捷菜单。

（4）在快捷菜单中，左单击“属性”菜单项，拉出“本地连接属性”对话框，如图3-38所示。

（5）在“本地连接属性”对话框中，勾选两个复选按钮：“连接后在通知区域显示图标”“此链接被限制或无连接时通知我”，如图3-37所示。

（6）在“本地连接属性”对话框中的“此链接使用下列项目”选项文本区中，选中“Internet 协议（TCP/IP）”项目。

（7）单击“本地连接属性”对话框中的“属性”按钮，打开“Internet 协议（TCP/IP）属性”对话框，如图3-39所示。

（8）在“Internet 协议（TCP/IP）属性”对话框中，选中“自动获得IP地址”和“自

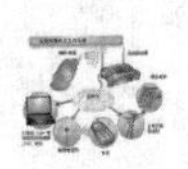

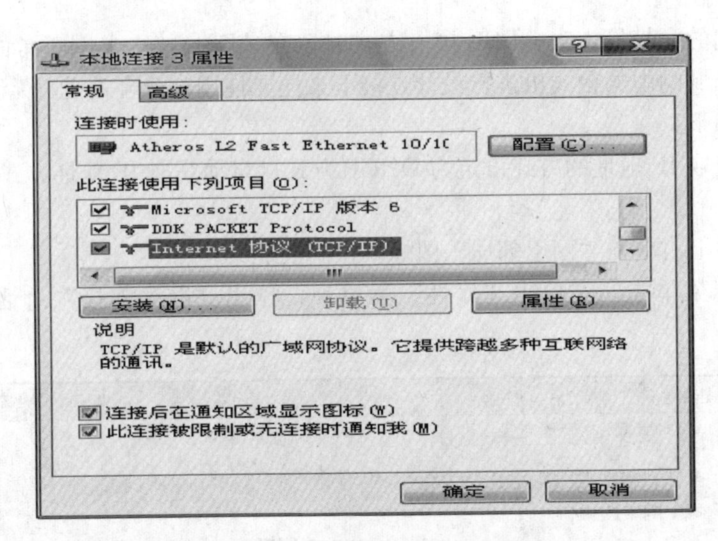

图 3-38 “本地连接属性”对话框

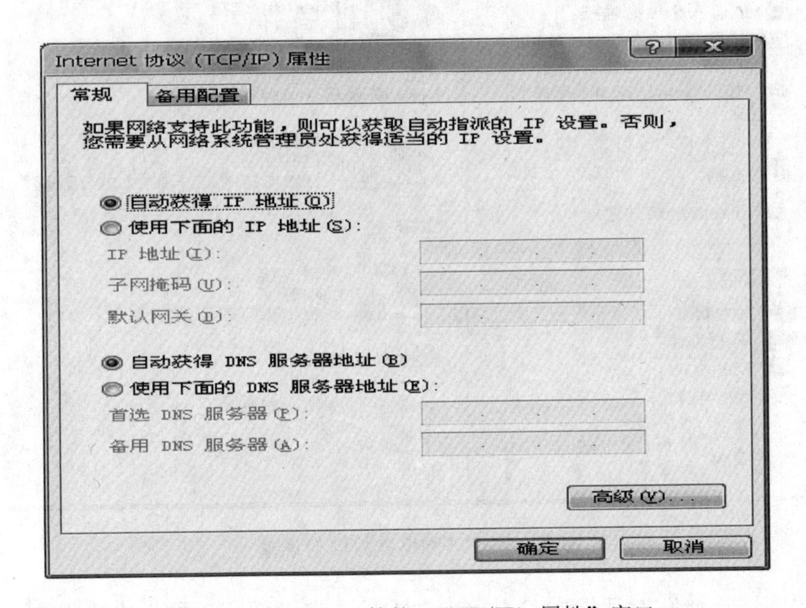

图 3-39 “Internet 协议（TCP/IP）属性”窗口

动获得 DNS 服务器地址”两个单选项（DNS 服务器是指域名服务器），如图 3-39 所示。

(9) 单击“确定”按钮就可。

经过上述设置，台式计算机就可以通过 DHCP 自动获取 IP 地址的方式来获得接入互联网必须具备的 IP 地址了。

2. 无线路由器的设置

首先打开 IE 浏览器，在 IE 浏览器窗口中，在浏览器地址栏中，输入 IP 地址：192.168.1.1，打开 TP-LINK 无线路由器的管理界面，如图 3-40 所示。

(1) 登录密码设置。

1) 在“设置密码”文本框中，用户自己设置设备登录密码。

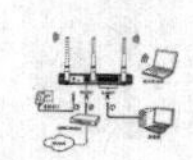

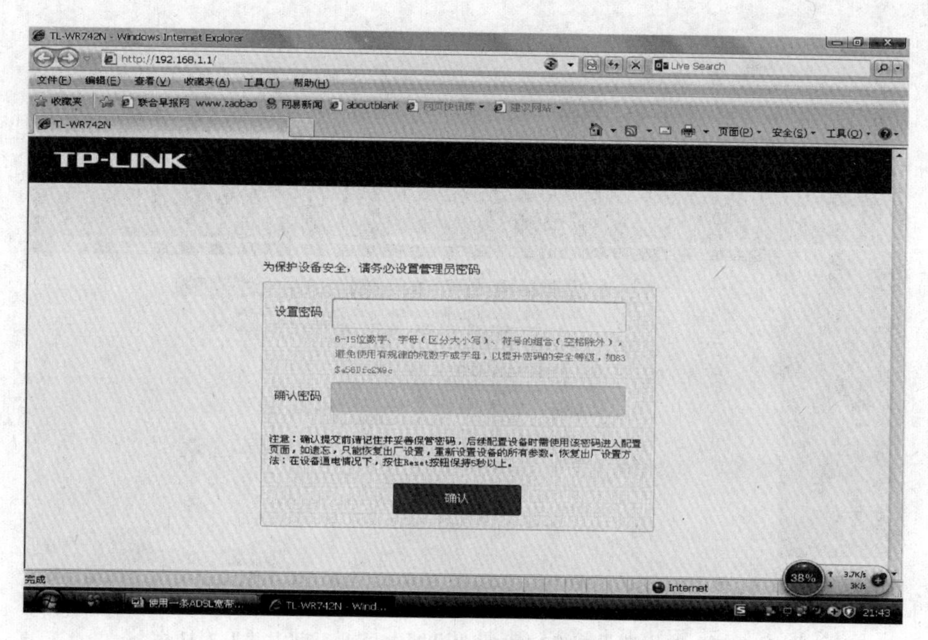

图 3-40　TP-LINK 无线路由器的管理界面

2）在“确认密码”文本框中，再次输入刚才已经设置的登录密码。

3）单击“确认”按钮，打开带有“设置向导”对话框的窗口，如图 3-41 所示。

（2）在“设置向导”对话框中进行设置。

图 3-41　带有“设置向导”对话框的窗口

1）在路由器设置窗口的“设置向导”对话框中，单击“下一步”按钮，如图 3-41 所示，打开一个“设置向导—上网方式”新的对话框，代替了上一个界面中的“设置向导”对话框，如图 3-42 所示。

2）在“设置向导—上网方式”对话框中，有多个单选按钮，单击选择“让路由器自动选择上网方式”（推荐）单选按钮，再单击“设置向导—上网方式”对话框中的“下一步”

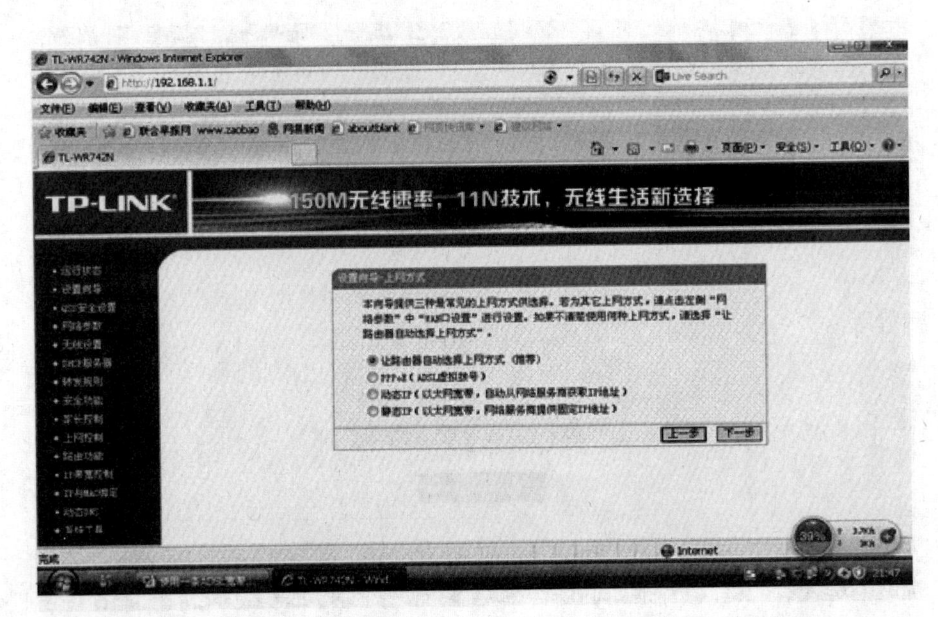

图 3-42　路由器设置窗口中的“设置向导—上网方式”对话框

按钮，打开“设置向导—PPPoE”对话框，如图 3-43 所示。

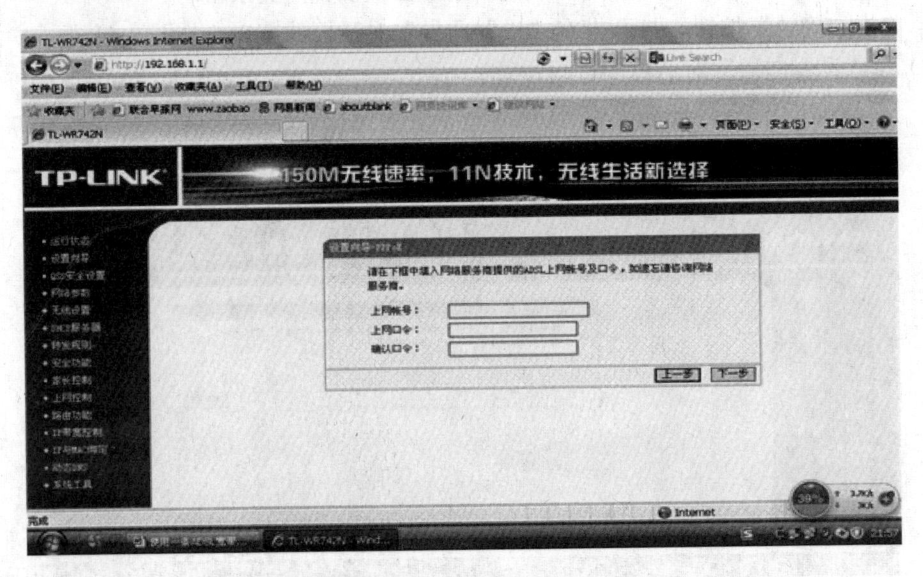

图 3-43　路由器设置界面中的“设置向导—PPPoE”对话框

3）在“设置向导—PPPoE”对话框中的“上网账号”文本框中输入网络服务供应商 ISP 提供的 ADSL 上网账号。

4）在“上网口令”文本框中输入网络服务供应商提供的上网口令（密码）。

5）在“确认口令”文本框中再次输入上网口令。

6）单击“下一步”按钮，打开“设置向导—无线设置”对话框，如图 3-44 所示。

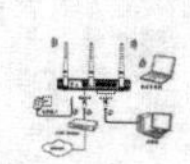

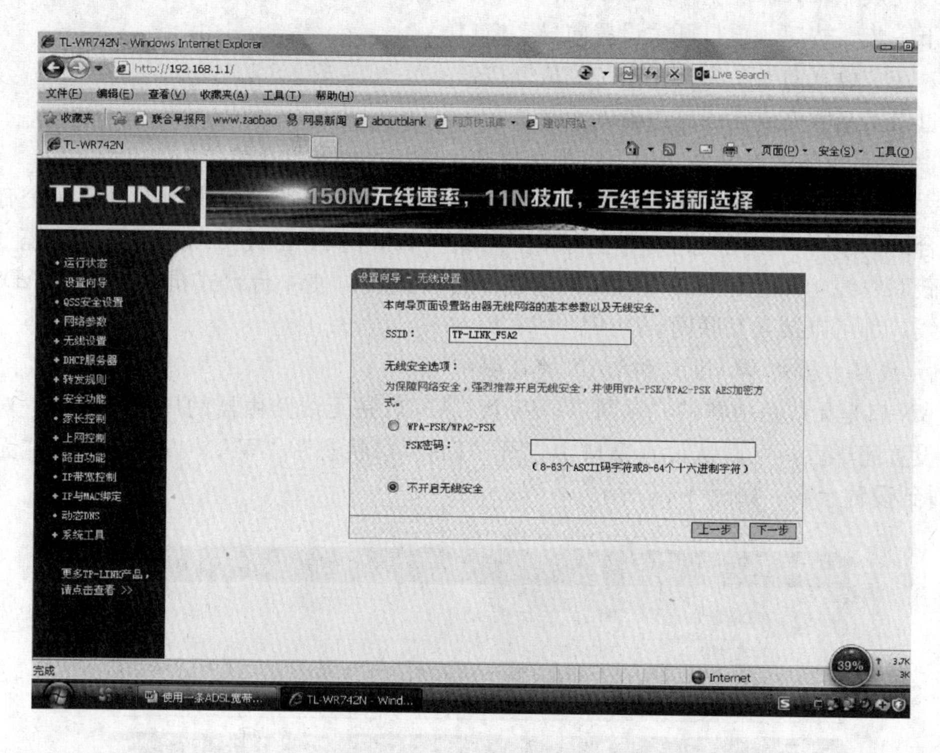

图 3-44　路由器设置界面中的“设置向导—无线设置”对话框

7）在“设置向导—无线设置”窗口中，首先填写“SSID”文本框中的信息（可以是标记自己名字的一个字符串，如 zhangsj）给新建的无线网络起一个名字。

8）单击选中“WPA-PSK/WPA2-PSK”单选按钮。

9）在“PSK 密码”文本框中，填写一个安全密码，如 1977ABCD57，如图 3-45 所示。

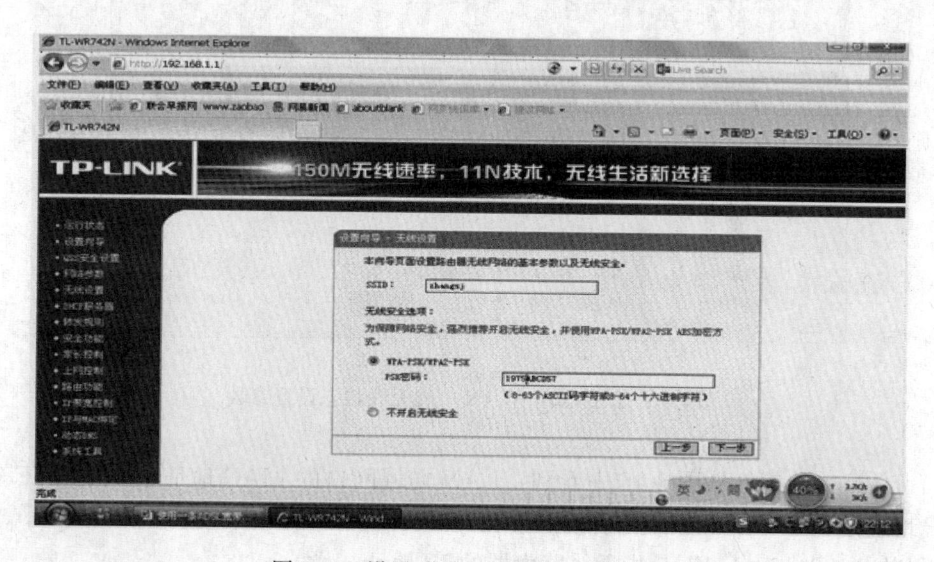

图 3-45　设置“SSID”和“PSK 密码”

10）完成“SSID”信息和“PSK 密码”填写后，单击“设置向导—无线设置”对话框中的“下一步”按钮，再打开“设置向导”窗口。

11）在“设置向导”窗口单击“完成”按钮。

通过以上步骤完成无线路由器的设置。

3. 关于无线路由器配置中的一些要点和接入网络的台式机数量

当无线路由器的设置完成后，就可以使用一条 ADSL 宽带接入线直接组织一个有线和无线混合的局域网了。无线路由器上有 4 个局域网 LAN 口，因此可以通过网络线缆（超五类非屏蔽双绞线，并且是 B-B 直通线）连接 4 台台式机。使 4 台台式机共享一条 ADSL 宽带接入线，都可以接入互联网。

4. 无线路由器的 WAN 口和 LAN 口说明

WAN 口是无线路由器的广域网口；四个 LAN 口是无线路由器的局域网网口。对无线路由器设置完毕后，可以从设置窗口中打开“LAN 口状态”“WAN 口状态”和“无线状态”，看到设置参数，如图 3-46 所示。

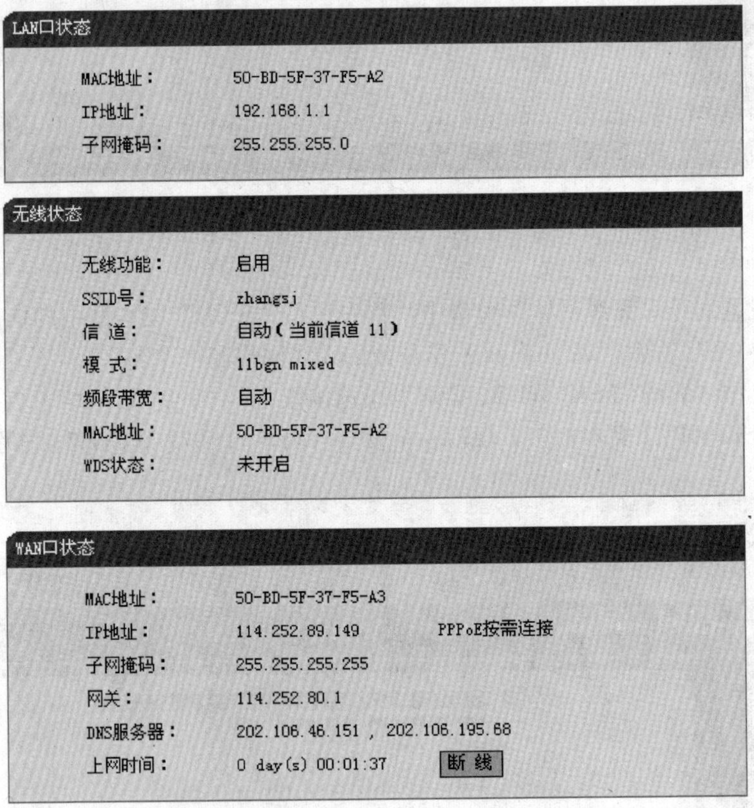

LAN口状态	
MAC地址：	50-BD-5F-37-F5-A2
IP地址：	192.168.1.1
子网掩码：	255.255.255.0

无线状态	
无线功能：	启用
SSID号：	zhangsj
信 道：	自动（当前信道 11）
模 式：	11bgn mixed
频段带宽：	自动
MAC地址：	50-BD-5F-37-F5-A2
WDS状态：	未开启

WAN口状态		
MAC地址：	50-BD-5F-37-F5-A3	
IP地址：	114.252.89.149	PPPoE按需连接
子网掩码：	255.255.255.255	
网关：	114.252.80.1	
DNS服务器：	202.106.46.151 , 202.106.195.68	
上网时间：	0 day(s) 00:01:37	断 线

图 3-46 LAN 口、WAN 口和无线状态设置参数

（1）LAN 口状态。从图 3-46 中看到：LAN 局域网口的 MAC 地址是 50-BD-5F-37-F5-A2；IP 地址是 192.168.1.1；子网掩码是“255.255.255.0”。

这里的“192.168.1.1”是指无线路由器的 IP 地址。

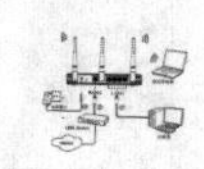

（2）WAN口状态。图3-45还给出了WAN广域网口状态设置参数：

MAC地址：50-BD-5F-37-F5-A3。

IP地址：114.252.89.149，PPPo按需连接。

子网掩码：255.255.255.255。

网关服务器：114.252.80.1。

DNS服务器：202.106.46.151，202.106.195.68。

以上的数据说明：WAN口的IP地址随着每一次重新的开机都有不同的地址，因为ADSL本身也是通过网络服务供应商ISP使用DHCP机制随机分配IP地址的，不过这个IP地址是公网上IP地址。网关服务器的IP地址也随着所分配的公网IP的变化而变化，一般情况下，和IP地址不同。DNS域名服务器的IP地址相对来讲较为固定。

（3）对无线状态的说明。从图3-45中给出的“无线状态”参数中看出：当前使用的信道为11；使用了IEEE 802.11b、IEEE 802.11g和IEEE 802.11n三种混合模式，在IEEE 802.11b模式下的工作速率为11Mbit/s，在IEEE 802.11g模式下的工作速率为54Mbit/s，在IEEE 802.11n模式下的工作速率为150Mbit/s，即能够兼容三种模式去工作。

（4）关于DHCP服务器的说明。使用无线路由器组件无线局域网的过程中，对于一台台式机来讲，这里的无线路由器充当了一个DHCP服务器的角色，在TP-LINK无线路由器的设置界面中，打开DHCP服务器标签后对应地打开的窗口中，W无线路由器提供了一个IP地址池，能够提供的IP地址范围是：192.168.1.100～192.168.1.199. 如果我们用有线方式将几台台式机或笔记本电脑接入无线路由器的局域网LAN口，每一台分到的IP地址在上述范围内取用，如图3-47所示。

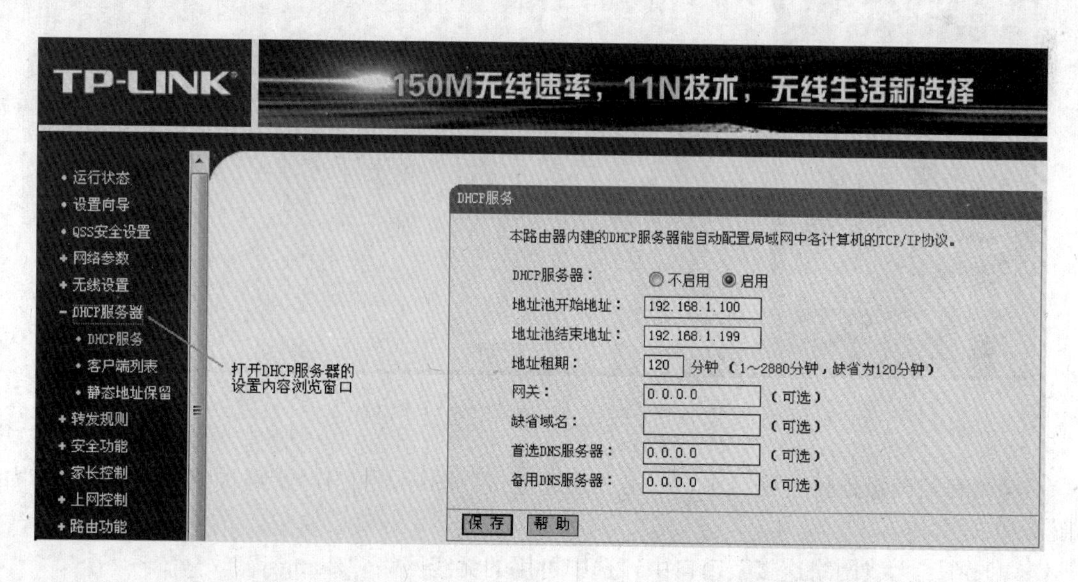

图3-47　DHCP服务器为PC机或笔记本电脑分配IP地址范围

（5）无线路由器的MAC地址和无线网络的名称。从路由器的设置界面中可以看到：无线路由器的MAC地址是“50-BD-5F-37-F5-A2”；组件的无线网络的名称（SSID号）为zhangsj 。

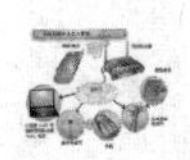

3.5.4 使用 Windows XP 操作系统的笔记本电脑接入无线网络

在无线局域网和 Wi-Fi 覆盖的应用中，作为移动终端的笔记本电脑要接入由以上无线路由器为主组建的无线局域网中，需要进行简单的设置。

为安全起见，一般情况下，建立一个无线局域网，需要为该网络设置一个安全密码，如上所述所建立的无线局域网的名称（SSID 号）是“zhangsj”，其安全登录密码是“1977ABCD57”。

下面是一个将使用 Windows XP 操作系统的笔记本电脑接入无线网络的设置过程：

（1）在要接入无线网络的笔记本电脑桌面上右单击“网上邻居”图标，拉出“快捷菜单”。

（2）再单击“属性”选项，打开“网络连接”窗口，如图 3-48 所示。

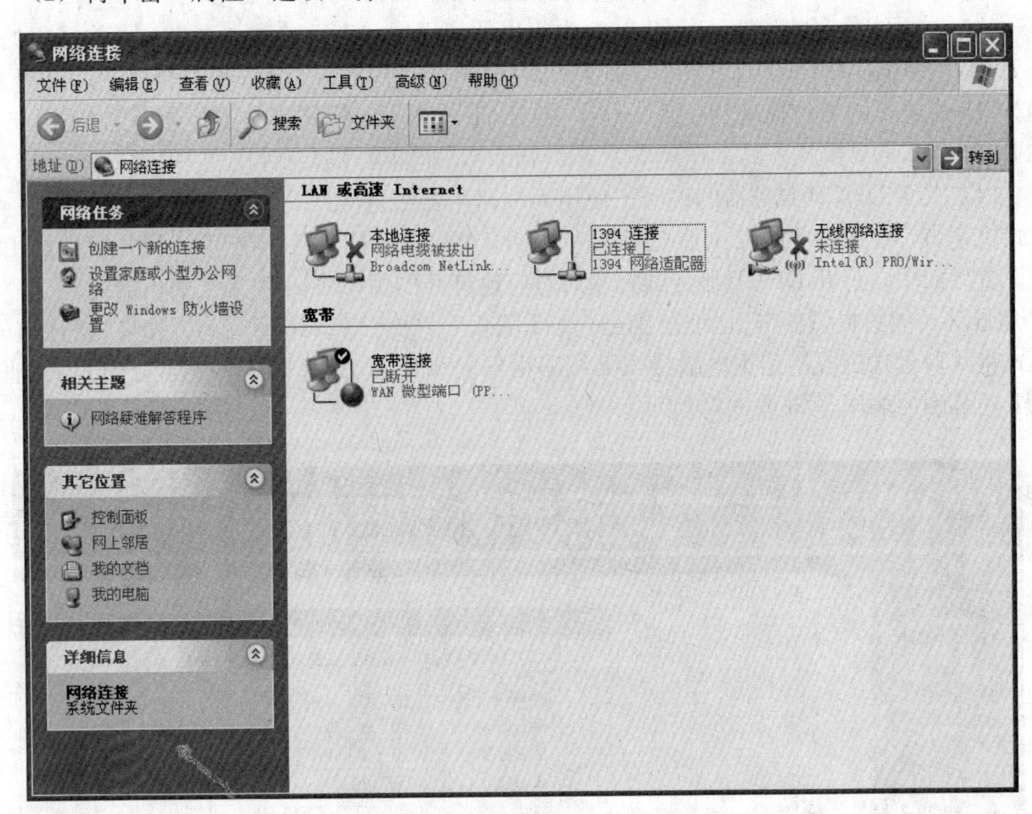

图 3-48 在“网络连接”窗口中设置

（3）在“网络连接”窗口中，双击“无线连接”图标，打开“无线网络连接”窗口，如图 3-49 所示。

（4）在“无线网络连接”窗口中，选中可用的无线网络“zhangsj”。

（5）双击“zhangsj”图标，打开带有可输入网络密钥的“无线网络连接”窗口，如图 3-50 所示。

（6）在“无线网络连接”窗口中，填写“网络密钥”1977ABCD57，“确认网络密钥”中，再次填写确认的网络密钥，如图 3-51 所示。

（7）在带有可输入网络密钥的“无线网络连接”窗口中，单击“连接”按钮，实现了无

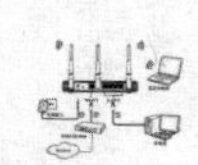

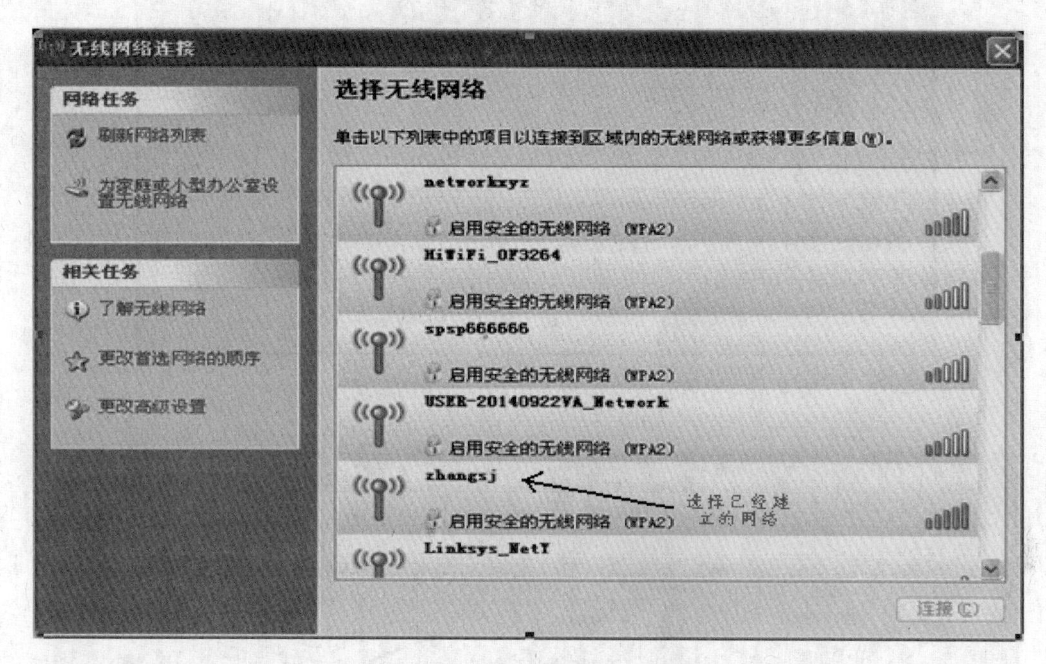

图 3-49　“无线网络连接”窗口

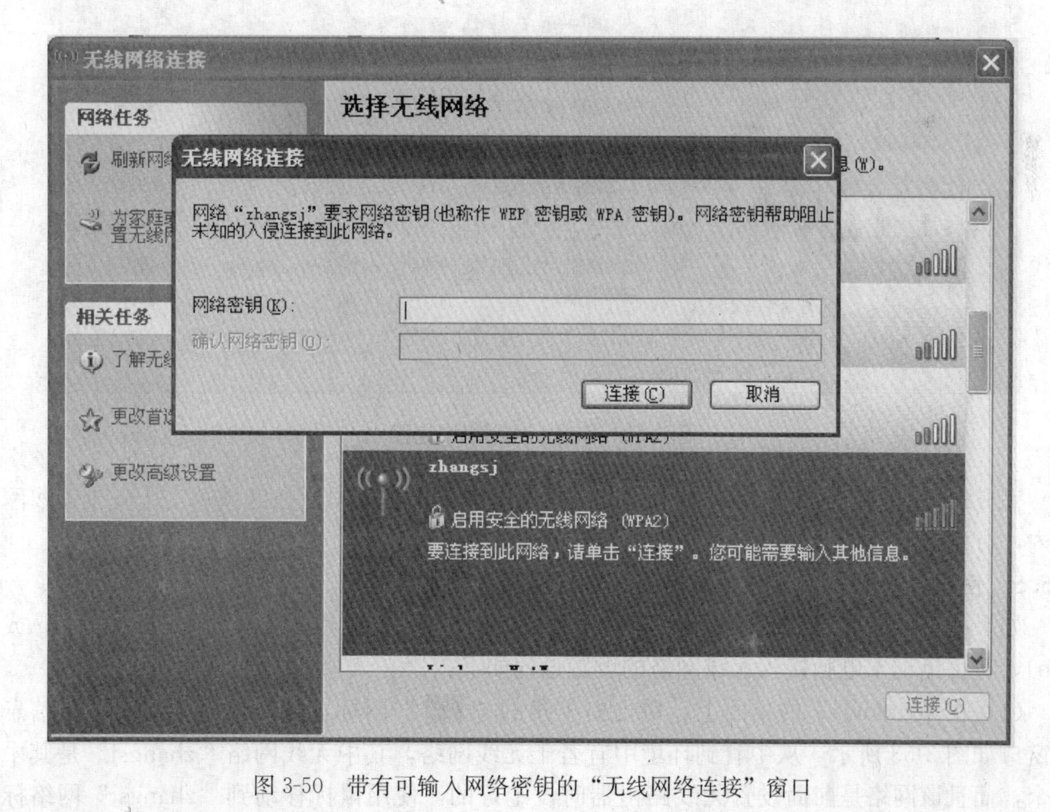

图 3-50　带有可输入网络密钥的“无线网络连接”窗口

线网络的接入，如图 3-52 所示。

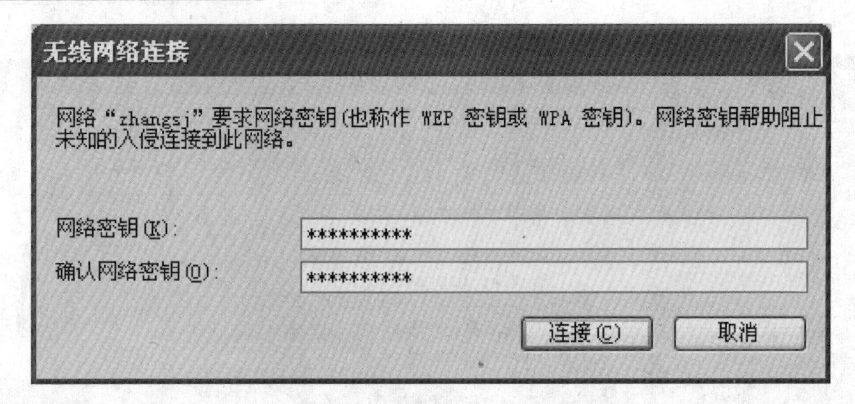

图 3-51　带有可输入网络密钥的“无线网络连接”窗口

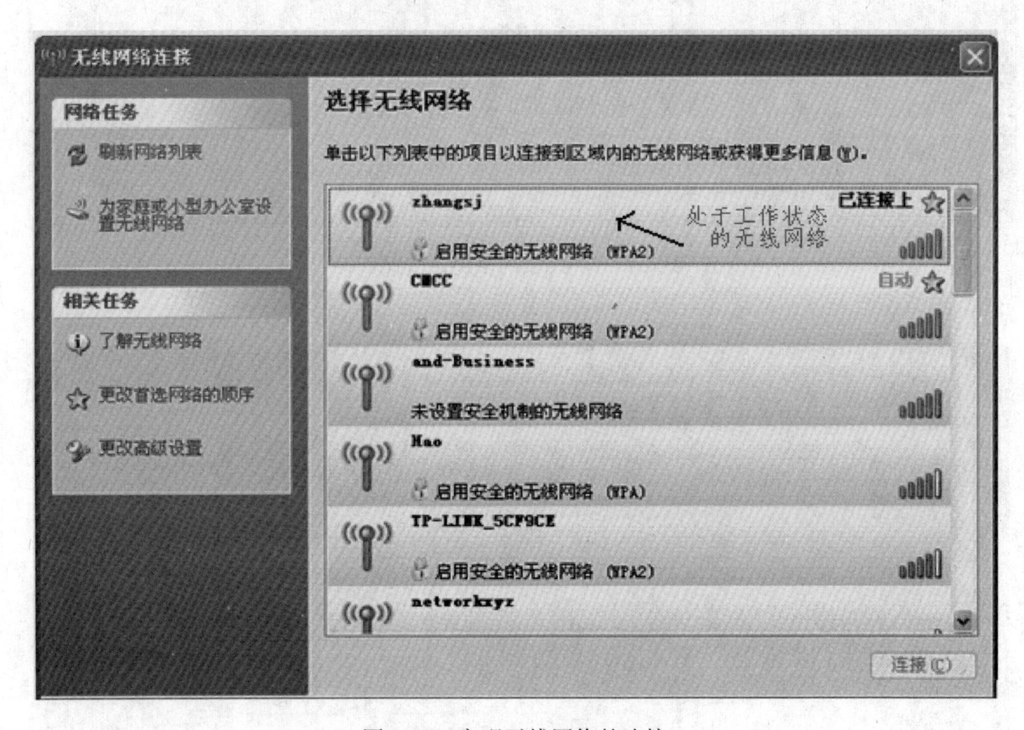

图 3-52　实现无线网络的连接

完成以上步骤后，带有无线网卡的笔记本电脑就接入到用户所在区域的一个安全无线网络内，可以方便地接入 Internet 了。

3.5.5　使用 Windows 7 操作系统的笔记本电脑接入无线网络

如果笔记本电脑使用 Windows 7 操作系统，并且有内置无线网卡（IEEE 802.11g 或 11n)，将该笔记本电脑接入无线网络的设置过程如下：

（1）在 Windows 7 的桌面上，单击右下角的“ ”图标，打开环境中无线网络信息的窗口如图 3-53 所示。从中看到环境中有若干无线网络，其中无线网络“zhangsj”是其中一个，而且该网络是前面设置无线路由器时设定好的，使用鼠标移动到“zhangsj”网络标识处，看到该网络信号强度非常好，使用 IEEE 802.11n 标准，网络的 SSID 是“zhangsj”，采用了安全接入的设置。

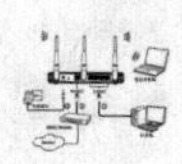

（2）在无线网络信息窗口中，双击选中“zhangsj”，拉出“连接到网络”对话框，如图 3-54 所示。

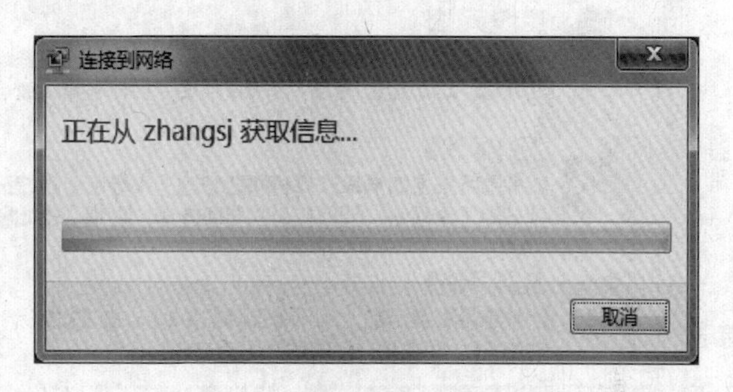

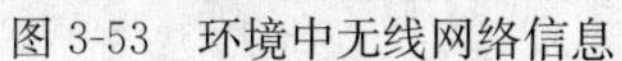

图 3-53　环境中无线网络信息　　　　图 3-54　“连接到网络”对话框

（3）在随后打开的“连接到网络”窗口，如图 3-55 所示。在“安全关键字”文本区中，填写无线网络的密码（PSK 密码），填写密码时注意：对于英文字母来讲，是区分大小写的。

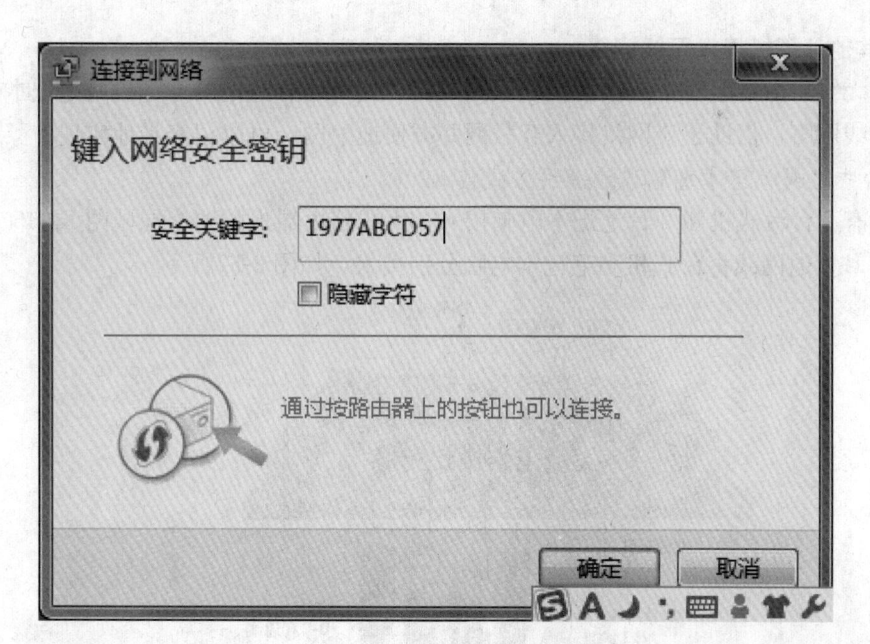

图 3-55　填写网络密码

（4）单击“确定”按钮，实现接入，如图 3-56 所示。

通过以上设置，将使用 Windows 7 操作系统的笔记本电脑接入无线网络，同时也实现了将该可移动的笔记本电脑随时接入 Internet 了。

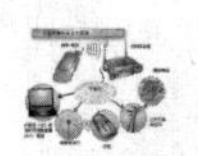

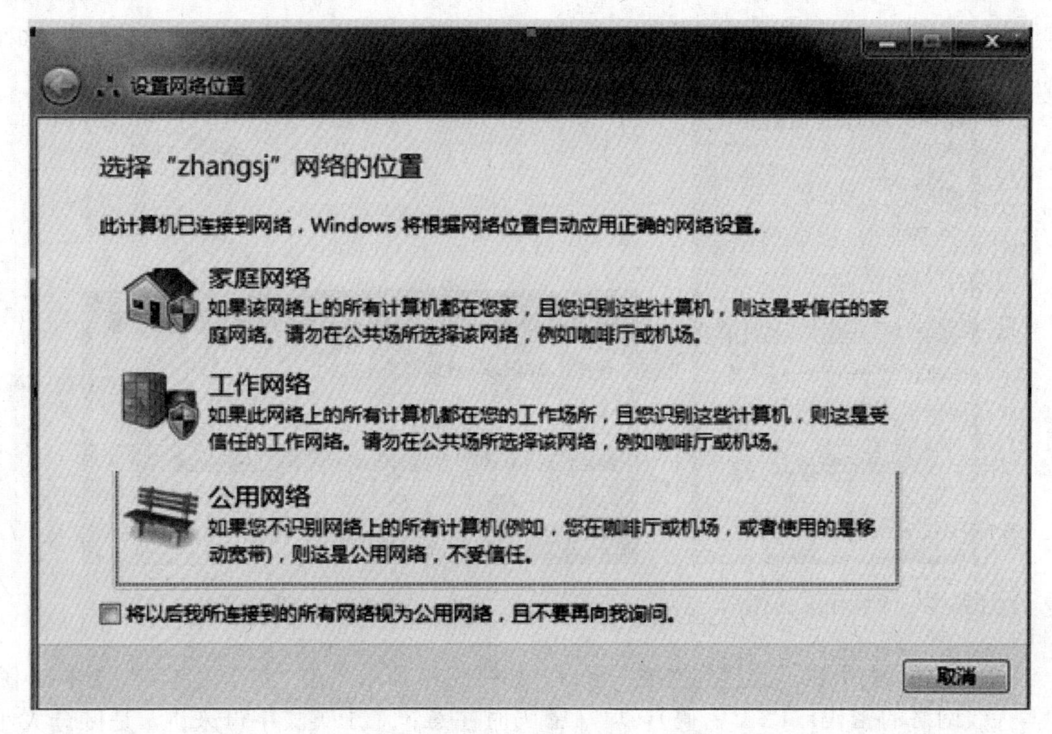

图 3-56　实现连接

3.5.6　其他计算机接入无线网络

使用无线路由器组建了一个无线局域网以后，如果还有其他的计算机或笔记本电脑需要接入该无线网络，借助于该网络接入互联网并方便地上网，可以很容易地实现。

1. 台式机或笔记本电脑通过有线方式接入

假设有 2 台台式机和 2 台笔记本电脑接入，无线路由器上的四个局域网 RJ-45 口，则使用四条 B-B 直通网线将台式机和笔记本电脑分别接入，如图 3-57 所示。

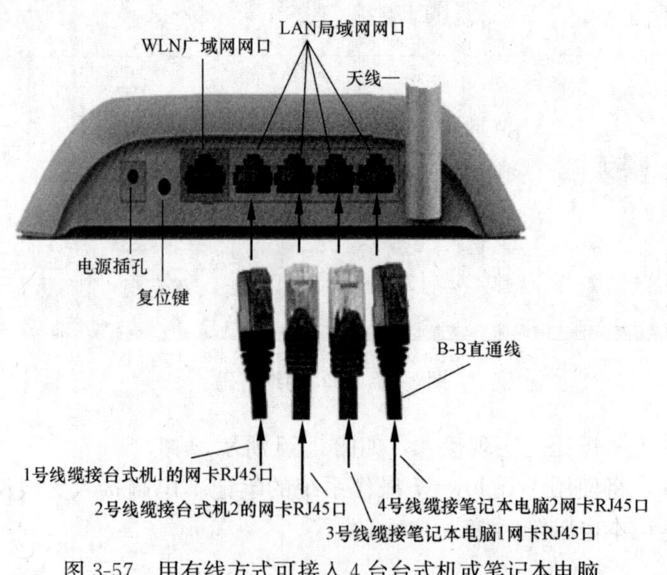

图 3-57　用有线方式可接入 4 台台式机或笔记本电脑

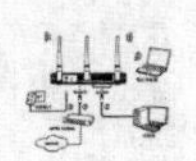

2. 台式机或笔记本电脑通过有线方式接入

如果台式机或笔记本电脑需要通过无线方式连接到路由器，即通过网线方式接入上面的无线网络，首先要保证台式机或笔记本电脑的无线网卡已经正确安装，如果使用 Windows XP 操作系统，则按“2.3.4 使用 Windows XP 操作系统的笔记本电脑接入无线网络”所述方式设置，如果使用 Windows 7 操作系统，则按“2.3.5 使用 Windows 7 操作系统的笔记本电脑接入无线网络”所述方式设置即可。

3.5.7　对角线缆的制作与检测

用户可以直接购买 B-B 直通网络线缆来搭建无线局域网，也可以自己动手制作 B-B 直通网络线缆。

1. T568B 标准和 T568A 标准

(1) 对绞电缆的 8 芯线颜色编码标准。对绞电缆的 8 芯线颜色编码标准见表 3-3。

表 3-3　颜色编码标准

导线种类	颜　色	缩　写
线对 1（蓝对）	白色-蓝色 蓝色	W-BL BL
线对 2（橙对）	白色-橙色 橙色	W-O O
线对 3（绿对）	白色-绿色 绿色	W-G G
线对 4（棕对）	白色-棕色 棕色	W-BR BR

(2) T568A 和 T568B 标准信息插座 8 针引线线对排序。综合布线系统中的双绞线线缆端部的排序必须要按照相关的国际标准进行。双绞线线缆在信息插座及设备端部上可以按照 T568A 和 T568B 标准排序。

T568A 和 T568B 标准信息插座 8 针引线线对安排如图 3-58 所示。

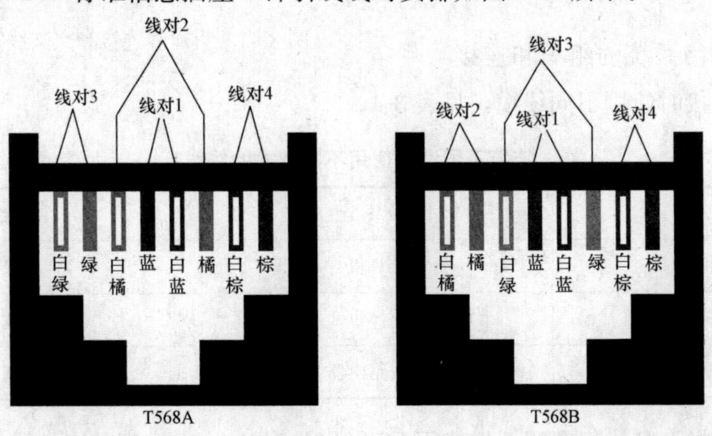

图 3-58　T568 标准信息插座 8 针引线线对安排

(3) 对绞电缆的 8 芯线按不同标准的排序。对绞电缆的 8 芯线按 T568A 或 B 标准的排序：

T568 B标准的排序：橙白-橙-绿白-蓝-蓝白-绿-棕白-棕。

T568A标准的排序：绿白-绿-橙白-蓝-蓝白-橙-棕白-棕。

T568 B标准的排序、发送及接收数据线线对如图3-59所示。

（4）对绞线中的发送数据的橙对（线对2）和接收数据的绿对（线对3）。发送数据的线对和接收数据的线对如图3-60所示。

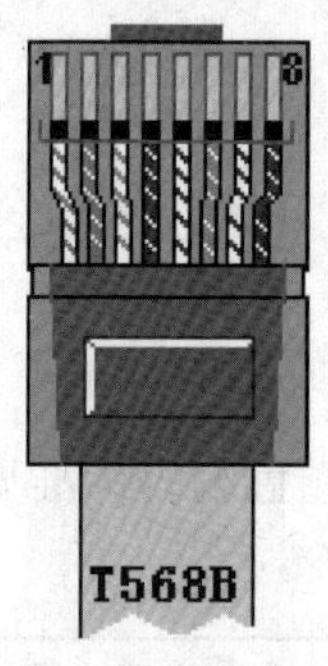

图3-59　对绞电缆的8芯线排序

绿对
（接收数据线对）
蓝对
（发送数据线对）
RJ45水晶头
TX+为发送正极
TX−为发送负极
RX+为接收正极
RX−为接收负极
8 7 6 5 4 3 2 1
RX−　RX+ TX+
TX−

图3-60　发送数据的线对和接收数据的线对

发送数据的橙对（线对2）的正负极：

1）TX＋：发送数据的正极。

2）TX－：发送数据的负极。

接收数据的绿对（线对3）的正负极：

1）RX＋：接收数据的正极。

2）RX－：接收数据的负极。

直通线连接和交叉线连接如图3-61所示。

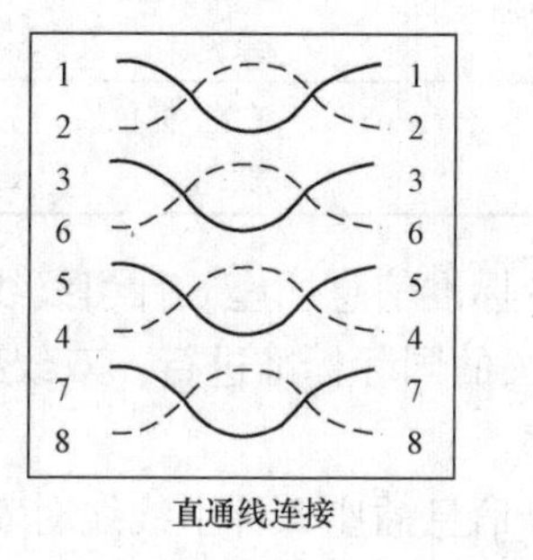

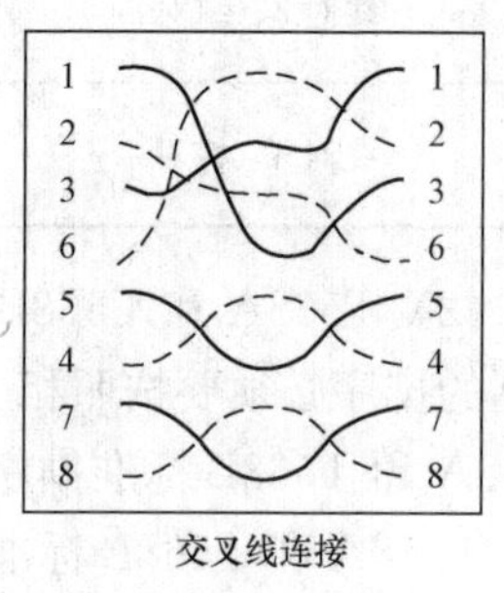

图3-61　直通线连接和交叉线连接

2. 连接不同设备使用不同制式的线缆

在计算机网络系统的组织和连接中，不同设备连接时使用不同线缆，见表3-4。

表3-4　连接不同设备使用不同制式的线缆

设备1	设备2	使用线缆
计算机	计算机	交叉线
计算机	交换机	直通线
计算机	无线路由器	直通线

直通线一般指B-B线，即两端均使用ETI/TIA 568B标准排序；交叉线指网络线缆的一端是T568B标准排序，另一端是T568A标准排序。

3. 网络线缆测试仪测试交叉线和直通线

使用网络线缆测试仪测试交叉线和直通线的灯跳动显示的顺序见表3-5。

表3-5　交叉线和直通线的灯跳动显示的顺序

网络线缆	主测试仪LED灯亮跳动顺序	辅助试仪LED灯亮跳动顺序
交叉线（A—B线）	1—2—3—4—5—6—7—8	3—6—1—4—5—2—7—8
直通线（B—B线）	1—2—3—4—5—6—7—8	1—2—3—4—5—6—7—8

3.5.8　无线路由器的设置及其说明

1. TP-LINK TL-WR742N无线路由器

该路由器采用了IEEE 802.11n技术，数据传输速率可达到150Mbit/s，可满足家庭、办公室无线局域网组网，智能手机、Pad（平板电脑）、笔记本电脑等多台终端同时接入。该路由器还具有IP带宽控制功能，自由分配内网用户带宽。

该路由器具备的其他一些功能有：

（1）实现两台或多台无线路由器之间的无线连接，轻松扩展无线网络的覆盖范围。

（2）配置有效的安全登录机制，使无线网络具有较高的安全性。

（3）能够和11N、11G设备之间共享良好的兼容性。

（4）使用了CCA（Clear Channel Assessment）空频道检测技术，在检测到周边有无线信号干扰时，可自动调整频宽模式，避开信道干扰，使无线信号更加稳定。当干扰消失时，又可自动捆绑空闲信道，充分利用信道捆绑优势，提升无线传输性能。

2. 登录不了路由器管理界面192.168.1.1的一些原因

如果进行设置无线路由器设置时，登录不了路由器的管理界面198.16.1.1时，应从以下一些方面去检查：

（1）确保计算机接在路由器的四个LAN局域网RJ-45端口中的一个端口，并且相应的指示灯是亮的。

（2）在桌面上右键单击“网上邻居”，在拉出的快捷菜单中单击选择“属性”选项，在打开的“网络连接”窗口中，右键单击“本地连接”图标，在拉出的快捷菜单中，左键单击选中“状态”选项，打开“状态连接状态”窗口，如图3-62所示。在“状态连接状态”窗口中的“支持”标签下文本区中查看计算机的IP地址是否是192.168.1.x（x范围在2～254），如果不是，则对计算机进行如前所述的设置，即将计算机获取IP地址的方式设置为DHCP自动获取方式，注意设置完毕一般要重启计算机以使设置生效。

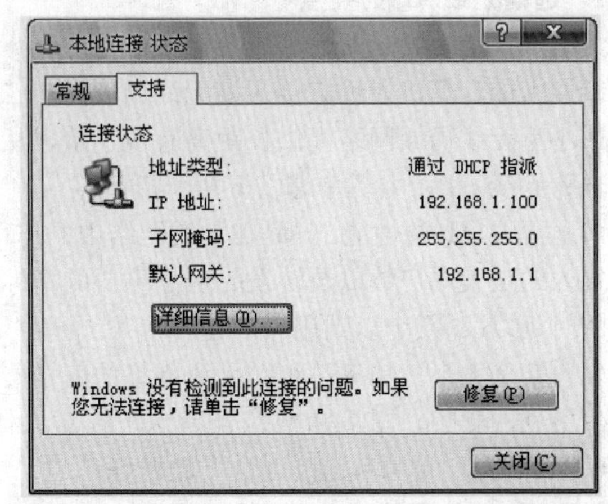

图3-62　在“状态连接状态”窗口查看计算机的IP地址

（3）在不能正常登录无线路由器的管理界面时，有时需要注意检查一下计算机是否处在“脱机工作”状态。检查方式：在IE浏览器窗口中，在菜单栏里选中“文件”单击，打开“文件菜单”，看一下“脱机工作”菜单项是否被勾选，如果被勾选，则消去“脱机工作”勾选状态。

（4）如果还是登录不了无线路由器的管理界面，换一根网络线缆或者换一台计算机再登录试一试。

（5）如果以上方法都不能登录无线路由器的管理界面，应该将无线路由器恢复出厂初始设置并重新操作。

无线路由器恢复出厂初始设置的方法：路由器通电状态下，按住 QSS/RESET 键持续 5s，SYS 指示灯快速闪烁 3 次后松开 QSS/RESET 键，如此操作后，路由器恢复出厂初始设置。

注意：不同的无线路由器恢复初始设置方法还是有一些差异，应认真地读路由器安装指导，进行相应地操作。

3. 路由器配置完成后，电脑仍不能上网怎么办

（1）将插在路由器 wan 广域网口上的网线直接插在电脑上，拨号后，看看是否能上网。

（2）上一步网络正常，断开路由器的电源，重启路由器，过 5s 左右重新给无线路由器上电，等路由器启动正常，观察电脑是否能上网。

（3）重启路由器后如果还不能上网，看一下 IP 地址是否自动获取，如果操作系统是 win7/win8，则：①打开控制面板；②网络和 Internet；③网络和共享中心；④更改适配器配置；⑤右键单击本地连接；⑥属性：Internet 协议版本 4（ICP/IPv4），在打开的 Internet 协议版本 4 的属性界面，选中自动获取 IP 地址前面的单选框，然后单击“确定”，返回到前一个界面也点击“确定”，即完成了 IP 地址的自动获取，查看一下网络是否正常。

3.6 无线 AP 及无线路由器的选购

3.6.1 选购无线 AP 的要点

无线 AP 是无线接入点，其主要作用有两个：一是作为无线局域网的中心点，供其他装有无线网卡的计算机通过它接入该无线局域网；二是通过对有线局域网络提供长距离无线连接，或小型无线局域网络提供长距离有线连接，从而达到扩大网络覆盖范围的目的。

选购无线 AP，主要考虑以下几个指标：

（1）无线 AP 的性能。AP 在无线网络中的作用与有线网络中交换机的作用相同，所以同时接入的最大用户数以及转发时延是重要的指标参数，质量较好的 AP 可以做到几乎可以忽略的时延以及 30 个以上用户的允许接入。

（2）功率大小。功率过小，无线网络的信号覆盖范围和稳定性较差，功率过大，会对人体产生不利的影响。国际标准综合考虑了在对人体无害基础上信号最强的功率为 100mW，即 20 个 dB，AP 的功率越接近这个数越好。

（3）通信协议标准。选购无线 AP，主要应采用基于 802.11g、802.11n 及兼容 802.11b、802.11g 和 802.11n 的标准网络设备。

（4）数据传输安全性保护能力。使用加密的手段是基本方法，但加密位数越多，对计算资源的消耗越大。目前使用“SSID 隐藏”这种简单高效的安全防范措施作为主流解决方案。还可以使用“MAC 地址过滤”的方法，该方法是小型网络常用的高效率安全解决方案。

（5）便携式无线 AP 选购。无线网络经常被应用于一些行业内人士的移动办公，使用便携式无线 AP 就能随时随地组建自己的无线网络。

目前许多厂商生产的便携式无线 AP 有较强的功能，不仅可以作为无线 AP 使用，还可以当作无线路由器和无线网卡来使用。通常这类产品都靠一个硬件开关来进行模式之间的切换，避免了软件操作的复杂性。

3.6.2　无线路由器的选购要点

无线路由器可以用来组建无线局域网，也可以用来组建有线和无线的混合网络。无线路由器选购要点：

（1）明确网络线路是 ADSL 宽带接入，还是以太网宽带接入或是其他种类的宽带接入，根据线路情况来选择不同的 WAN 的接口。

（2）选购处于主流应用的设备。选购基于 IEEE 802.11g、802.11n 及兼容 802.11b、802.11g 和 802.11n 的无线标准规格无线路由器。

（3）小型企业的应用，要对无线路由器的路由功能、安全性能、无线性能进行全面考虑。

3.7　无线局域网在酒店 Wi-Fi 覆盖工程中的应用

3.7.1　酒店无线覆盖的市场需求

随着技术的发展，尤其是智能手机、平板电脑等移动智能终端的高普及率，建筑物内的无线接入已经成为大众最基本的需求之一，酒店 Wi-Fi 覆盖已经作为必备服务功能，并成为酒店建设中不可或缺的基础设施。

由于技术的成熟与芯片的普及，相关设备成本也随之降低。近年来，802.11n 标准设备在酒店工程实际应用中已逐渐普及，越来越多的管理公司及建设单位均采纳将 802.11n 技术作为酒店无线网络覆盖的解决方案。酒店无线覆盖速度高达 300Mbit/s，稳定性和安全性得到很大提高，成本大幅下降甚至低于有线网络。

3.7.2　酒店 Wi-Fi 覆盖的技术需求

酒店的无线接入也叫 Wi-Fi 覆盖，Wi-Fi 覆盖的要求比许多应用场所，如家庭区域、办公楼内办公室等区域要高，表现为覆盖强度高、覆盖区域广、覆盖环境较为复杂，具体内容有以下几个方面：

1. 无线覆盖的量化标准

酒店的 Wi-Fi 覆盖必须能够高质量地为客人提供有保障地接入服务，高星级的酒店还对 Wi-Fi 覆盖强度有着量化要求，就是要保证酒店需要无线覆盖的区域，信号强度必须高于某个数值，作为具体高标准要求的体现。近年来，国际酒店管理集团提出了酒店 Wi-Fi 覆盖量化标准为－65dB。

2. Wi-Fi 覆盖实现方式

酒店的无线覆盖方式主要有 AP 直接覆盖与天馈覆盖两种形式。

3. 无线覆盖应用

（1）酒店客人采用笔记本电脑、平板电脑无线上网的需求。

（2）酒店客人用个人数字助理 PAD 控制客房通信、空气调节、照明、音视频设备等设备的需求。

（3）酒店客人使用 Wi-Fi 覆盖进行微信通信。

4. 无线覆盖区域

酒店无线覆盖主要区域有：

（1）客房区域。

（2）餐饮区域。

（3）会议及多功能厅区域。

（4）办公管理区域。

（5）酒店对 Wi-Fi 覆盖有要求的区域。

5. 酒店无线覆盖热点设置

结合不同酒店的具体 Wi-Fi 覆盖信号强度需求，结合不同的覆盖方式及项目现场情况，接下来要对酒店做针对性的布点设计，并考虑：

（1）影响无线信号覆盖的主要外界因素。设置热点之前，必须了解对无线信号影响最大的几种常见建筑材料、装修材料对 Wi-Fi 覆盖信号的衰减参数值。

（2）覆盖方式与覆盖区域的对应关系，即在不同的应用环境，在全 AP 覆盖、全天馈覆盖、AP＋天馈覆盖几种方式中选择适宜的覆盖方式。

（3）点位具体设置。为达到－65dB 的覆盖要求，不同区域设置 AP 或天馈的数量是不一致的，如各个区域的设点考虑：

1）空旷公共区域：设置无线 AP 的个数。

2）非空旷公共区域：每个客房设置 1 个全向天线。

3）客房区域：每间客房设置 1 个全向天线。

4）后勤区域：每间办公室设置 1 个全向天线。

5）室外区域：由于各个项目的室外现场情况几乎完全不一致，因此需要根据现场实际情况选择全向、定向天线进行覆盖。

6）室外区域设置无线 AP 时，务必要选择本身防水，接头防水、防潮性能较好的室外型 AP，否则极易出现受潮导致的信号时通时断的问题。同时，由于设备安装在室外，必须落实设备的防雷接地措施，否则极易出现雷击受损的情况。

6. AP 覆盖与天馈覆盖的关系

Wi-Fi 覆盖工程中，不同的应用场景须有适宜的覆盖方式，故出现 AP 与天馈两种覆盖方式，二者之间的关系并非简单地将 AP 的天线更换为全向天线。这里的天馈是指天馈系统，天馈系统包括天线和馈线两个部分。酒店 Wi-Fi 覆盖汇中常用的无线 AP，天馈系统中的吸顶天线如图 3-63 所示。

3.7.3 无线系统配置

无线 AP 和天馈系统均设置完毕后，需要进行相应的后续配置工作：

（1）为各个管理间设置的 AP 配置相应的有线网络接口。

（2）通过配置耦合器、功分器及吸顶天线架构天馈覆盖系统。

（3）为无线系统配置容量合理的无线

墙面式无线AP

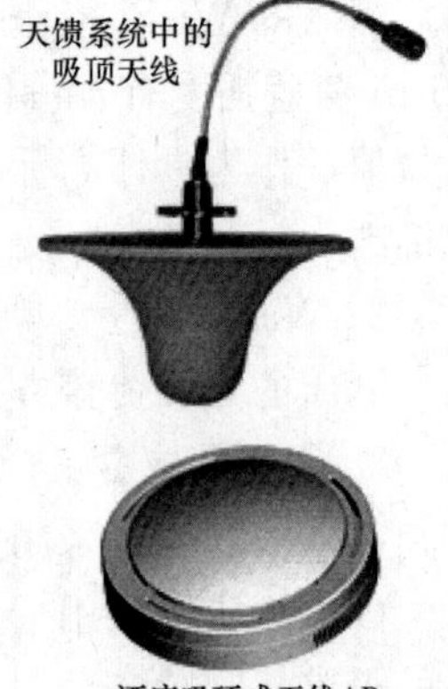

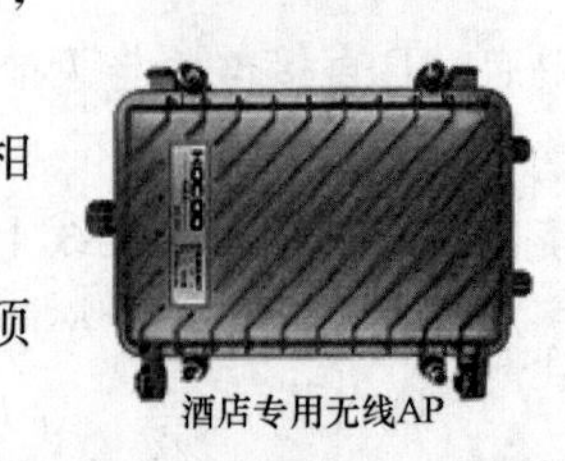

酒店吸顶式无线AP

图 3-63 酒店 Wi-Fi 覆盖汇中常用的无线 AP，吸顶天线

AC控制器。AC的容量不仅要满足目前AP配置的需要，还需要留有一定的余量，以满足日后的系统扩充需求。

(4) 为系统配置相应的管理软件。

3.7.4 酒店Wi-Fi覆盖系统设计

酒店Wi-Fi覆盖系统的设计包括设备性能的规划、工作模式的确定和具体的覆盖方式。目前，酒店主要放装式和分布式有两种Wi-Fi覆盖方式。

1. 放装式

放装式敷设是较早期常用的一种方式，即将放装式AP根据需求放置在指定点位，如图3-62所示。放装式敷设特点：施工简单，实施快捷，管理和分配比较方便，稳定性好，扩容较方便，缺点是造价较高。

在放装式覆盖方式中，为满足客房无线信号的强度需求，需要大量部署无线AP，先期投资较大。

放装式覆盖如图3-64所示。

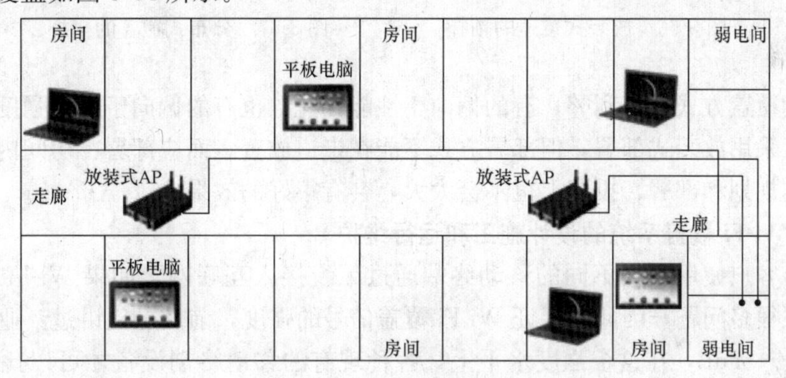

图3-64 放装式覆盖示意图

这里的笔记本电脑都配置有无线网卡就具有了无线接入功能。

2. 分布式（天馈系统）

在分布式覆盖方式中，将大功率的无线AP集中放置在某处，比如弱电间或电信间，使用天馈系统，将Wi-Fi信号发射至客房内，满足客房信号使用，如图3-65所示。这种方案，造价较低廉，信号强度满足需求。

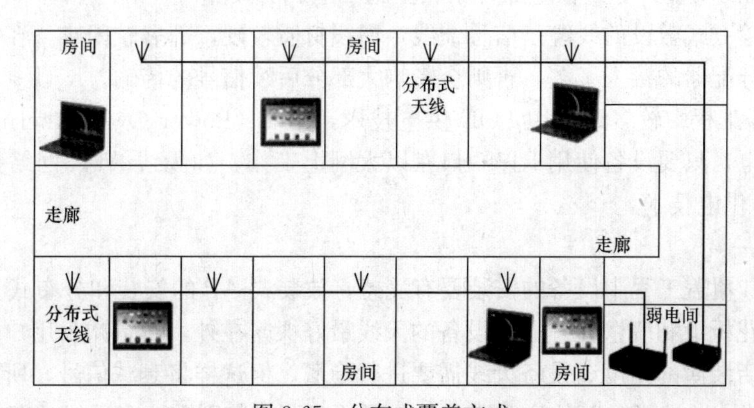

图3-65 分布式覆盖方式

在分布式覆盖方式下，无线 AP 采用广播方式工作，其信道和带宽仅能共享给服务对象，所以 AP 的负载量与接入的终端数量有关。

分布式覆盖施工工艺要求较高，施工难度也较大，对施工经验也有较高的要求。

放装式覆盖和分布式覆盖的拓扑分别如图 3-66 和图 3-67 所示。

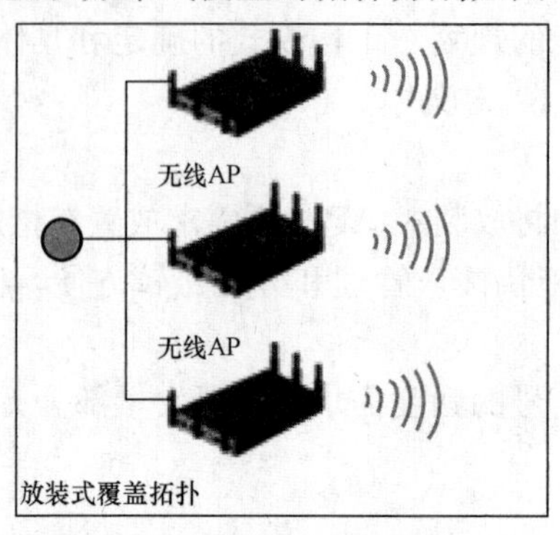

图 3-66　放装式覆盖的拓扑

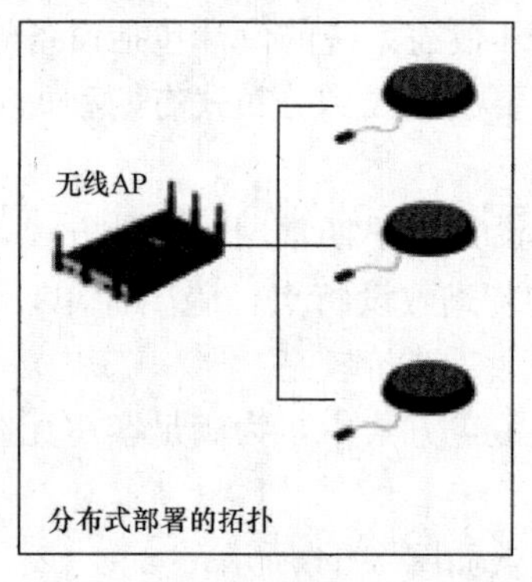

图 3-67　分布式覆盖的拓扑

以上两种覆盖方式各有利弊，有的偏向于性能优先，也有的偏向于信号强度优先。

高档酒店采用放装式部署，但部署方式不能在走道放置，而应部署在房间内，根据实际情况进行整体规划和部署，投资上也不会太大，会有很好的效果。

3.7.5　酒店 Wi-Fi 覆盖系统的设计施工和运行维护

由于酒店客户使用各种不同的移动终端通过无线接入互联网，如果 Wi-Fi 覆盖信号较弱，就会出现很多问题，因此要保证 Wi-Fi 覆盖信号的强度，前面已经讲过：业界提倡的信号强度数值是−65dB，在这个强度水平上，各种现有的移动终端设备才可以比较流畅地进行无线访问。

1. 酒店 Wi-Fi 覆盖工程的施工

酒店 Wi-Fi 覆盖工程的施工属于高难度施工，必须保证施工工艺和施工质量，要求少返工、多检测。

放装式覆盖方式所敷设的线缆，一般采用六类双绞线，多数情况下，需要对 AP 进行 POE 网线供电，线缆敷设完毕后，要进行测试，确保双绞线中的 8 针芯线安装无误，确保 Wi-Fi 覆盖工程的质量，尽量杜绝那种粗放型施工造成的故障。

分布式覆盖方式敷设的线缆是信号馈线，馈线材质较硬，部署较困难，在施工过程中特别要注意信号分配器的接入工艺，否则会影响大部分后续信号的传输。

Wi-Fi 覆盖工程中较多地使用 POE 供电技术，POE（Power Over Ethernet）是指以太网网络线缆供电，只要设备使用 RJ-45 口在以太网上工作，如无线 AP、网络摄像机等，都可以使用 POE 供电技术。

2. 设备的安装

酒店 Wi-Fi 覆盖工程中设备的安装要有美感，放装式 AP 的安装和分布式天线的安装最好是安装在天花板下和墙壁外，这些设备的天线最好裸露在外，尽量减少用户端至天线之间的隔离。从酒店装潢的角度，设备天线需要进行隐藏，但这样将衰减信号，所以尽量选择美观的 AP 或天线，并选择隐蔽的位置明装。如果要隐藏安装则需注意天线的靶向性，一般天

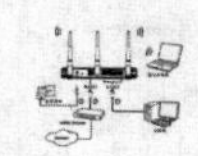

花板内安装天线需向下放置，对定向天线而言更具有靶向性，需要仔细地进行角度调整，直到信号最大为止。

3. 酒店 Wi-Fi 覆盖信号补偿

由于酒店采用的装修材料及装修工艺有自身的特点，如装修材质重叠，且无反射层，对无线通信高频信号穿透影响较大，使房间内各个不同区域的覆盖信号强度形成差异，达不到设计方案的标准。

采取适当的措施，防止出现：部署 Wi-Fi 覆盖系统后但是没有装修前，经过信号强度测试是合格的，但等装修完毕后，某些关键区域的覆盖信号强度大幅度地减弱，使用户无法在这些区域正常地无线接入。

增强覆盖信号强度的方案比较见表 3-6。

表 3-6　　增强信号强度的方案比较

	方案一	方案二	方案三	方案四	方案五
名称	完全增加 AP	增加面板 AP	增加桥接	增加天线	室外补偿
描述	在信号弱的套间内增加 AP	利用现有有线网络，从 POE 交换机总跳至现有有线墙面面板，更换原有有线面板为有线无线一体化面板	在施工不利的情况下，利用无线桥接的技术在 AP 数量不足的地方放置 AP	改装现有 AP，在其天线电路部分引出信号馈线，送至套房内部，并在末端安装天线	在宾馆的室外部署大功率 Wi-Fi 基站，利用定向天线和无线回传，对信号差的客房进行信号补偿
优点	单独的 AP 使信号增强最多，效果最好	改造较为简单	部署方便，改造较简单	节省资源，费用最低	施工方便，施工周期较短
缺点	1. 费用较高 2. 施工较烦琐	1. 费用较高（与单独 AP 相当） 2. 安装面板的有线无线不能从逻辑上区分	1. 受限于原来 AP 的功能 2. 调试较烦琐 3. 需要对新 AP 进行电源敷设，施工周期长	1. 受限于原来的 AP 功能 2. 馈线施工较烦琐	1. 受限于宾馆结构 2. 费用较高

4. 酒店 Wi-Fi 覆盖的运维

酒店 Wi-Fi 的运维主要体现在无线设备的常态检查，利用网管软件、定期巡检等多种手段进行维护以确保提前发现和解决问题。

3.8　无线局域网的安全

3.8.1　无线局域网的部分安全缺陷

WLAN 工作时，通过无线信道传输数据，由于无线信道裸露在开放的空间中，任何人通过有效的接收装置都可以截获数据，如果没有必要和有效的安全措施，WLAN 的数据安全、网络安全就会存在极大的隐患。还有无线站点在不友好的环境中漫游时缺乏相应的保护；网络拓扑结构和网络用户的经常性变动，对于数据的安全传输，非授权访问的防范带来了很大的困难。

WLAN中的安全缺陷主要有数据传输的安全缺陷、身份认证WEP的安全缺陷、“服务集标识符”SSID的安全缺陷、数据加密的安全缺陷、安全威胁。

1. 数据传输的安全缺陷

WLAN中的任何一对用户双向发送数据进行通信时，网络中的其他任何已注册的用户一样能够接收到这些数据信息，如果这些数据信息没有加密，或加密后被攻击者破译而利用，导致发生恶性的数据安全事件。

2. WEP安全机制的缺陷

WLAN的身份认证WEP（Wired Equivalent Privacy）是安全无线局域网支持的一项标准功能。WEP安全机制可以防止窃听和对无线传送的数据进行加密。

但WEP安全机制中使用的密钥是固定的，数据通信中密钥本身容易被截获，密码很容易被破解。

3. SSID的安全缺陷

服务集标识SSID（Service Set Identifier）技术将一个WLAN分为几个需要不同身份验证的子网络，每一个子网络都需要独立的身份验证，只有通过身份验证的用户才可以进入相应的子网络，防止非授权用户进入网络。前面讲过，SSID实际上就是无线子网的网络名称。

SSID身份验证方式非常脆弱，SSID很容易被窃取。

4. 数据加密的安全缺陷

数据加密的目的是保护文件、口令、控制信息和保护网上传输的数据。数据加密技术主要分为数据传输加密和数据存储加密。

数据加密方面存在固有的一些缺陷，也是一种安全缺陷。

3.8.2 无线局域网的部分安全威胁和网络安全的解决方案

1. 无线局域网的部分安全威胁

WLAN的主要安全威胁有：

（1）数据窃听。

（2）在通信信道上截获及修改传输数据。

（3）文件、资源的非法窃取性下载。

（4）无线AP在没有加密或在弱加密（如WEP）的条件下工作。

（5）非法连接。

2. 网络安全的部分解决方案

WLAN给用户带来便捷的同时，同时存在着较多的安全隐患，因此要提高安全意识，加强安全防范。为使网络安全工作运行，可采取的网络安全解决方案有：

（1）建立安全策略，内容包括对无线局域网功能、流量，以及访问的附加限制条件等。

（2）要配置安全网络访问，具体的举措有：

1）建立密码对网络进行保护。

2）控制无线网络的访问。

（3）无线接入身份认证。

（4）尽量使用中文SSID（无线局域网的名称）。

（5）设置好操作系统形成一个屏障：关闭系统管理员的远程能力；限制远程访问平台；修改操作系统的一些容易被非法入侵利用的默认值等。

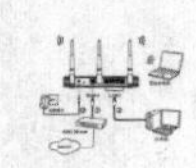

（6）对MAC地址绑定。通过设置允许访问AP的无线网卡的MAC地址，来禁止不在这个允许访问AP的MAC地址中的无线网卡访问网络。每块无线网卡都有一个唯一的MAC地址（物理地址）。

3.8.3　保护WLAN安全的注意事项

（1）不要使用未经授权的服务。

（2）不要广播发送服务集合标识符（SSID），即不要公告WLAN的网络名。

（3）不要让网络总处于连接状态：不使用网络的时候，最好断开网络连接。网络处在关闭状态的情况下安全性最高，恶意入侵着无法接入关闭的网络。

（4）不要越权访问。

（5）采取有效措施防范非法入侵者获得网络密钥，因此提高密码管理意识和电脑使用技巧很重要。

（6）对接入点进行有效的安全设置。对于无线路由器或无线AP这些接入点设置密码保护。

3.8.4　WLAN的电磁辐射及其环境干扰

1. WLAN的电磁辐射

常用无线网络产品及终端的电磁辐射情况见表3-7。

表3-7　常用无线网路产品及终端的电磁辐射

常用无线网路产品及终端	电磁辐射输出功率
室内WLAN设备	＜100mW
无线网卡	10～50mW
无线对讲机	＞5000mW
手机	＞200～1000mW

从以上的数据看，无线网络对人体的危害不会比手机危害大，理由是无线网络部件的工作电磁辐射功率很低，一般在50～100mW之间。而手机的电磁辐射功率在200～1000mW之间。

2. WLAN工作运行的干扰

无线局域网工作时会受到周围环境中其他一些无线装置和设备的干扰，如：

（1）工作在相同频段的其他设备会对WLAN设备的正常工作进行干扰。

（2）同一区域内的WLAN设备之间会产生干扰。

（3）其他无线工业设备对WLAN的干扰，如微波炉、蓝牙设备、无绳电话等。

第4章　蓝牙、UWB和NFC网络

4.1　蓝牙技术

4.1.1　什么是蓝牙技术

蓝牙技术是一种短距微功耗的无线通信技术，该技术能在建筑环境空间中提供高效能的数据传输和无线控制，数据传输速率达1Mbit/s。但工作距离较近，仅为10m左右，这个传输距离的发射功率大约为1mW，如果将发射功率增大到100mW，通信距离可达100m左右。使用加强型蓝牙设备，其工作距离可以拓展到几十米，使用蓝牙的通信安全性相对差一些。蓝牙使用2.4～2.483 5GHz的工业、科研和医疗（ISM）全球通用频段。蓝牙设备的外部无需使用物理线缆进行连接。

推广蓝牙技术的目的之一是取代现有的数字终端如计算机、传真机等设备上的有线接口。主要优点是：可以随时随地用无线接口来代替有线电缆连接，可应用于多种通信场合。

从某种意义上讲，蓝牙技术是从IEEE802.11无线LAN技术演化而来，采用扩频技术，传输速率为1Mbit/s，在无线电传输功率是0dBm时，通信范围约为10m。蓝牙设备工作在全球通用的2.4GHz ISM（工业、科学、医学）频段，理论上，2.4GHz ISM频段运行的无线技术可将30m内的设备实现可靠连接，传输速率能达到2Mbit/s，而实际上达不到这一指标。

蓝牙技术独立于不同的操作系统和通信协议，因此应用领域较为广泛。蓝牙力求与不同的操作系统和通信协议有良好的兼容性。蓝牙技术适用于任何数据、图像、声音等短距离通信的场所。

4.1.2　蓝牙设备的功能

蓝牙技术同时具备语音和数据通信能力，应用范围可覆盖多领域。

（1）实时传输语音及数据的能力。蓝牙设备可以实时地传输语音及数据资料，使用蓝牙设备的无线连接，可使用笔记本电脑或PDA（personal Digital Assistant：个人数字助理）通过无线连接，连入Internet，调用Internet信息资源以及收发电子邮件。

（2）可实现快捷低成本的网络连接。蓝牙技术作为一种无线数据与语音通信的开放性标准，它以低成本的近距离无线连接为基础，为固定与移动设备通信环境建立一个短距无线连接，既可以为固定设备之间提供这种便捷可靠的无线连接，也可以为固定设备和移动设备之间提供蓝牙短距连接。任何蓝牙设备一旦搜寻到另一个蓝牙技术设备，马上就可以建立连接，无需用户进行任何设置，是一种“即连即用”的便捷连接，在网络环境较为复杂的情况下，这是一种很有特色的优势。

两个蓝牙设备只要在工作距离内，经简单操作就可实现无线连接，通过快捷建立的无线信道传输数据信息，实现通信。其工作距离较红外连接（1.5m）大得多。内置蓝牙芯片的笔记本电脑、移动电话，可使用公用电话交换网（PSTN）、综合业务数字网（N-ISDN）或

(B-ISDN)、局域网（LAN)、XDSL（数字用户线）高速接入Internet。

移动电话通过IrDA红外或RS232提供的信道与计算机连接，使用蓝牙技术，方便快捷，资料传输的速度更高。

（3）图像图片的传输。具有蓝牙功能的数码摄像机在拍摄图像、图片后，可传至移动电话，并进而送到相距遥远的地方。

蓝牙的应用还可涉及许多领域。

4.1.3　蓝牙标准协议栈

蓝牙（Bluetooth）是一种短距离无线通信技术规范，这个技术规范是使用无线连接来替代已经广泛使用的有线连接。1999年12月1日，“蓝牙”标准的1.0b版发布。标准主要定义的是底层协议，同时为保证同其他协议的兼容性，也定义了一些高层协议和相关接口。“蓝牙”标准的协议栈组成如图4-1所示。图中的高层协议（又称选用协议）又包括串口通信协议（RF-COMM)、电话控制协议（TCS)、对象交换协议（OBBX)、控制命令（AT-Command)、VGard、Vcalender、点到点协议（PPP)、因特网相关协议（TCP/IP、UDP）以及WAP协议。就其工业实现而言，“蓝牙”标准可以分为硬件和软件两个部分：硬件部分包括射频/无线电协议、基带/链路控制器协议和链路管理器协议。

蓝牙作为一种短距离无线连接技术，能够在嵌入蓝牙通信芯片的设备间实现方便快捷、灵活安全、低成本、低功耗的数据和语音通信，是实现无线个域网的主流技术之一。

一款蓝牙芯片如图4-2所示。

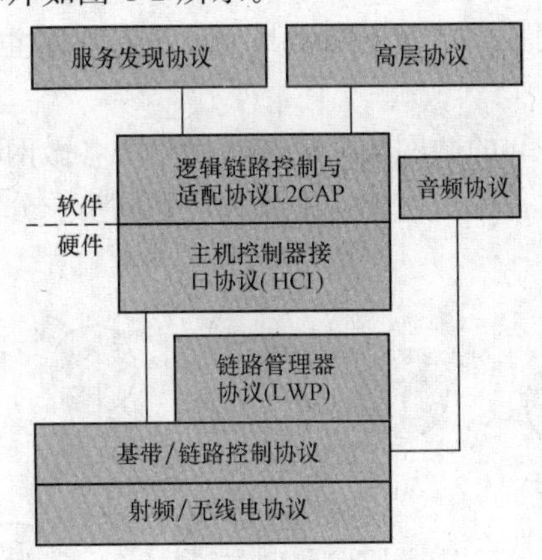

图4-1　蓝牙标准协议栈

图4-2　蓝牙芯片

4.1.4　蓝牙设备的部分关键技术及微网

1. 蓝牙设备的工作频段与跳频方案

蓝牙设备在2.4GHz附近的ISM（Industrial Science and Medicine）频段工作，该频率附近的频段对所有无线电系统都是开放的（世界范围内），其使用是免费的，无需特许。此频率附近又分区出若干频段，每个频段均间隔1MHz。无线电的发射功率分三个等级：100mW（20dBm)、2.5mW（4dBm）和1mW（0dBm)。对于蓝牙设备，功率为0dBm时，通信距离可达10m，功率提高到20dBm时，通信距离可增至100m。

由于工作在ISM频段，为了防止外界很多的干扰源，蓝牙技术特别设计了快速确认和跳频方案来保证链路稳定。跳频技术是Bluetooth的关键技术之一，它把频带分成若干个跳频信道，在一次连接中，收发器按特定的码序列连续地从一个信道跳到另一个信道，仅收端和发端同步地按这个规律通信，其他的干扰源则不能用这个规律进行干扰。单时隙分组的跳频速率是1600次/s，多时隙分组的跳频速率则略低。建立连接时，跳频速率可高达3200次/s，由于使用了如此高的跳频速率，使数据包更小。蓝牙设备有很强的抗干扰能力，比其他的系统工作更稳定。

2. TDMA数据系统

蓝牙采用时分多址（TDMA）技术。数据被打包，经由长度为625μs时隙发送，基带资料组传送速度为1Mbit/s。蓝牙支持两类链路，第一类是同步面向连接（Synchronous Connection-Oriented，SCO）、另一类是非同步非连接（Asynchronous Connection-Less，ACL）。ACL包可在任意时隙传输，传输的是数据包。SCO包要在预定时隙传送，主要用来传送语音。

3. 蓝牙微网（Bluetooth piconet）

蓝牙支持点对点和一点对多点的通信。蓝牙设备以特定方式组成的网络叫微微网（匹克网）。微微网的建立是由两台蓝牙设备的连接开始，最多容纳8台设备，且所有蓝牙设备都是对等的。一旦一个微网建立，就有一台蓝牙设备是主设备，其余设备是从设备，这种格局持续于这个微网存在的整个期间。

微网是一种以个人区域（办公区域）为应用环境的网络。它不能取代局域网，但能代替或简化个人区域中的有线电缆连接。

在微网中，如果某台设备的时钟和调频序列用于同步其他设备，则称主设备；从设备是受控同步的设备，接受主设备的控制。

几个相互独立、以特定方式互联在一起的微网构成分布式网络，各微网有不同于其他微网的跳频序列，一个特定的微网内所有设备均采用统一的跳频序列同步。分布式网络的拓扑如图4-3所示。

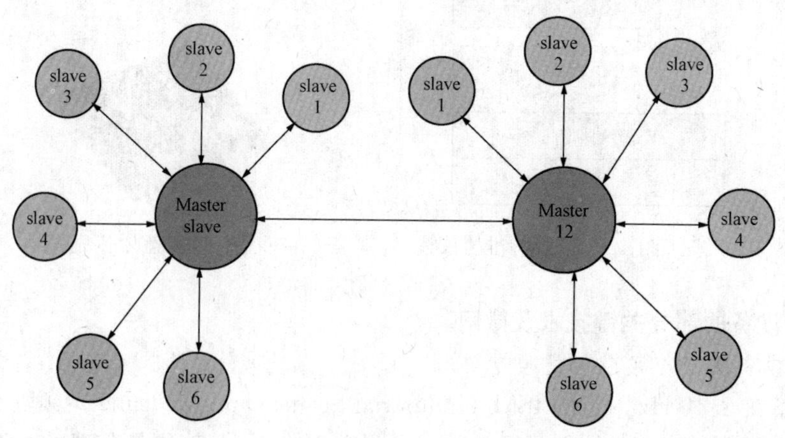

图4-3　分布式网络

为区分微网中的不同设备，用3比特的MAC地址（MAC address）标识设备地址。在微网中只参与同步而无MAC地址的设备叫休眠设备。在微网中不传输数据的设备转入了节能状态，从设备可要求转入低功耗的保持模式（Hold Mode），主设备也可将从设备设置为保持模式。设备从Hold Mode转出后，可立即恢复数据传输。监听模式也是微网中从设备

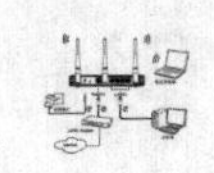

的低耗工作方式，在监听模式下，从设备监听网络的时间间隔由应用情况编程而定。

4. 蓝牙对于语音和数据的支持

蓝牙的基带协议是电路交换和数据交换的组合，可应用于多种场合，可同时进行语音传输和数据传输。蓝牙的面向连接（SCO）方式，主要用于语音传输；其无连接（ACL）方式，主要用于分组数据传输。

在蓝牙微网中，主从设备的连接可采用不同的方式。SCO和ACL两种连接方式都采用时分双工（TDD）通信。SCO的分组可以是语音同时也可以是数据。ACL是面向分组的连接，支持对称和不对称两种传输流量，其不对称的连接支持正向速率721kbit/s，反向应答速率57.6kbit/s，对称连接速率为432.6kbit/s。

4.2 蓝牙技术的应用

蓝牙技术开发的初衷是以取消各种电器之间的连线为目标，但随着技术的深入，蓝牙技术的应用领域扩展到很多行业，蓝牙的应用除了一些常规的方面以外，还和物联网、移动互联网、异构网络的互联互通紧密地联系起来。

4.2.1 取代有线连接

1. 台式计算机和外部设备的无线连接

台式计算机的外部设备很多，使办公室环境为繁杂的连接线缆所累，利用蓝牙技术的无线连接，将键盘、鼠标、耳机、音箱、打印机、扫描仪等外部设备连接起来，形成完整的应用系统，同时不再有较多的线缆累赘，如图4-4所示。图中的这些外部设备均嵌入了蓝牙芯片成为蓝牙化的外部设备，并具备了无线连接的功能。

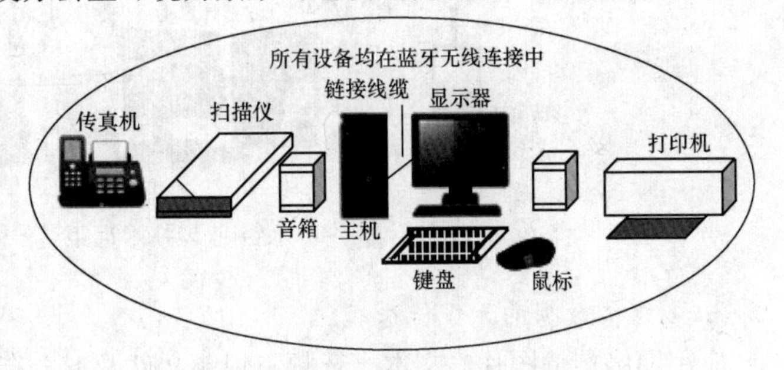

图4-4　计算机及外部设备的无线连接

2. 将计算机和许多其他终端设备实现无线连接

蓝牙设备通过短距离无线传输来传递数据信息和处理数据信息，使用频率放大器可使蓝牙设备的工作距离延长数倍。计算机、键盘、打印机、手机、传真机、电脑、电话等电气设备，若植入蓝牙芯片，具有蓝牙功能，则所有的设备都能彼此实现无线连接。

通过蓝牙无线连接，不仅仅能够将计算机和许多外部设备实现无线连接，而且还能将许多其他终端设备，如传真机、打印机、手机、PDA等蓝牙设备连接成系统，还可以通过蓝牙AP将蓝牙设备接入无线局域网内，如图4-5所示。这里要强调的是蓝牙设备指的是嵌入了蓝牙芯片并具有蓝牙连接功能的设备。

4.2.2 多媒体数据码流的无线传送

1. 利用蓝牙技术远距离传输图像

嵌入蓝牙芯片的数码相机拍照的相片，送给带蓝牙功能的手机，手机将相片数据通过基站传送给交换式电话网络，并进而通过互联网传送给台式计算机和笔记本电脑，台式计算机和笔记本电脑通过蓝牙连接将相片送给打印机打出，如图4-6所示。

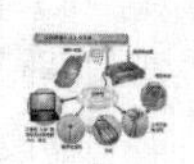

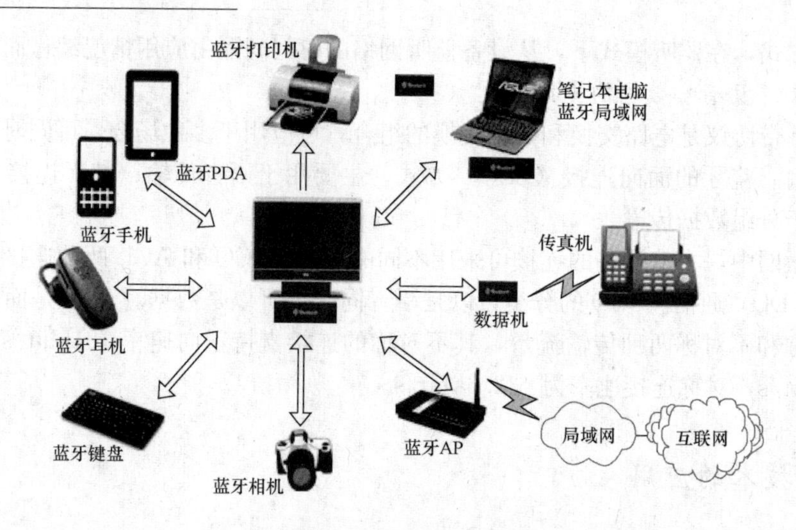

图 4-5　用蓝牙无线连接的系统

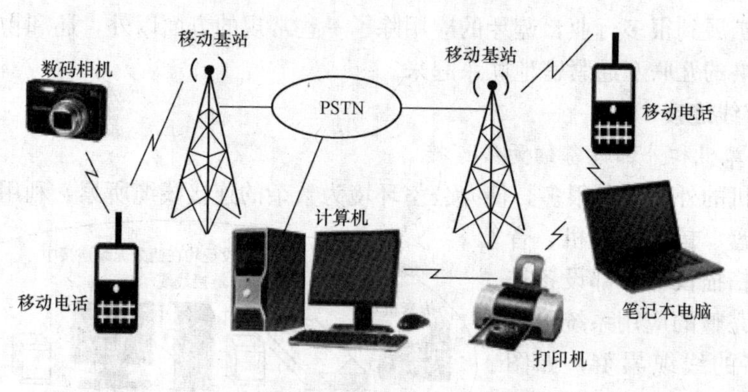

图 4-6　使用蓝牙技术远距离传输图片

2. 多媒体数据的无线传送

应用网络传输图片、文本、音频、视频文件及混合有文本、图像、视频和音频内容的多媒体文件都是将其完全转换为数字码元序列上线传输的，报文分组交换是先进的网络交换技术，互联网上传播的文件都是以报文分组交换方式进行远距离传送，一张图片、一首 MP3 歌曲、一小段视频都是一个个单独的数据块，上网传输前首先分割成许多规则的报文分组，并有相应的编号，这些报文分组灵活地选择合理的网络路由信源位置传送给远端的信宿节点，在信宿节点处，许多殊途同归的报文分组重新组装成原有的文件，如图片、一首 MP3 歌曲等。

蓝牙装置可以方便地被用来传输多媒体数字文件。但蓝牙目前的带宽还不足以传递动态视频信号，日本的公司利用蓝牙技术进行了动态视频图像传送试验。该试验的过程主要是将数码摄像机拍摄的图像输入到笔记本电脑上，经 MPEG4 技术进行压缩后通过蓝牙无线传输出去。

在各种学术会议上，演讲者使用自己的笔记本电脑接入一台多媒体数码投影机，许多不同的演讲者需要多次反复对不同笔记本电脑和数码投影机进行线缆拆接和连接，非常麻烦。利用蓝牙无线连接功能，不同演讲者的笔记本电脑可以自动与数码投影机相连，给演讲者和会议组织者带来了很大的便利。使用蓝牙连接实现了多个与会者共用一台数码投影机。

应用蓝牙无线连接，用户可以方便快捷地传送诸如 MP3 的音乐文件，可以一对一的传送，也可以一对多地传送。一个蓝牙音箱及控制器如图 4-7 所示。使用无线的线控器还可以控制蓝牙音箱的音量和开关。

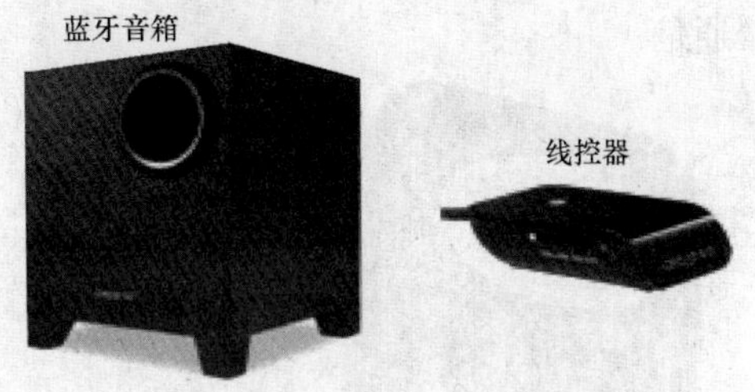

图 4-7　一个蓝牙音箱及控制器

蓝牙音箱的音质很优良，环绕音箱还可以提供宽广的最佳听音位置并使得聆听区域内声音指向更精确，享受自然纯净的声音，在保持音调准确的同时，让声音聚焦更佳。

台式计算机和蓝牙音箱或蓝牙耳机成功无线连接后，蓝牙耳机及音箱就可以播放 PC 机上的音乐了。

蓝牙无线访问访问直径为 10m，在加强型蓝牙装置中，无线访问访问直径可达 100m（无障碍传输）。为了保证数据安全，采用加密和授权来确保通信安全。

图 4-8　蓝牙发射音乐文件穿透墙壁的情况

使用蓝牙装置传送音乐文件时，注意避让障碍物，一个蓝牙发射装置向一个蓝牙耳机和蓝牙音箱传送音乐文件如图 4-8 所示，中间经过了一堵 25cm 的砖墙，传输距离为 10m，如果再多穿过一堵墙传输，信号就会中断。

在 PC 机上通过 2.5G 或 3G 的手机打电话，通过蓝牙连接轻松实现在 PC 机上，如图 4-9 所示。

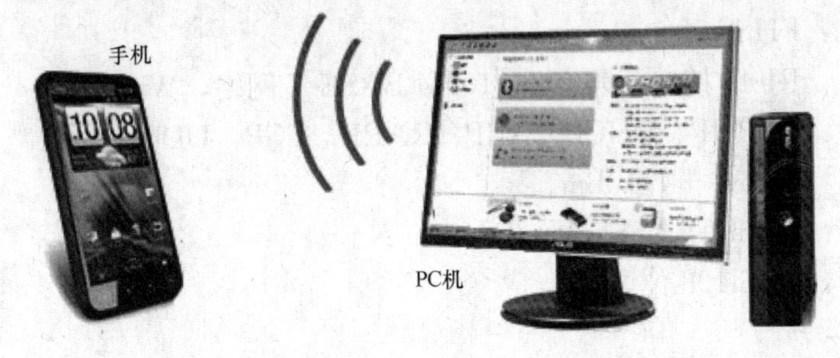

图 4-9　PC 机上通过手机打电话

4.2.3　蓝牙网关

1. 便携式蓝牙网关

一种用于使用不同通信协议的异构系统实现互联的便携式蓝牙网关如图 4-10 所示。

便携式蓝牙网关是为具有蓝牙接口的用户设备（如蓝牙打印机、蓝牙串口适配器、蓝牙手机等）提供接入 TCP/IP 网络服务的，其功能是将非 TCP/IP 网络的节点设备和使用 TCP/IP 协议的用户设备与局域网或互联网上的其他网络节点设备进行数据通信。蓝牙网关可以使用面向连接的 TCP 或不面向连接 UDP 协议和其他网络设备通信，如图 4-11 所示。

在如图 4-11 中，用户设备可以通过便携式蓝牙网关和局域网中 PC 通信或者和公网上的服务器通信。

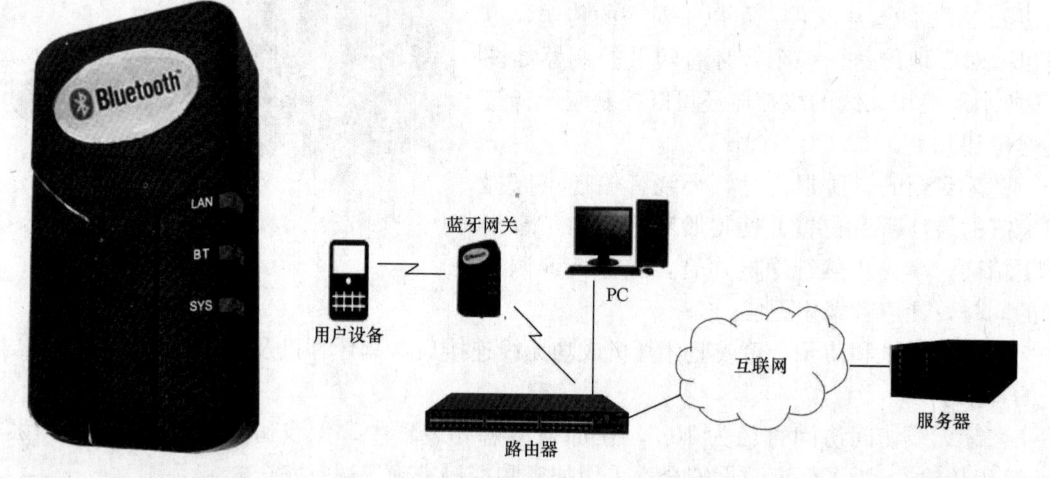

图 4-10　便携式蓝牙网关　　　图 4-11　用户设备通过蓝牙网关和 LAN 或公网中的站点通信

2. 部分主要特点和技术指标

（1）特点。

1）支持蓝牙 3.0，蓝牙 4.0BLE 等多种规范。

2）支持多个蓝牙设备接入网关。

3）网关可以做主设备也可以做从设备。

4）网络支持 RJ-45 有线网络连接和 Wi-Fi 接入。

5）用户可以通过网关自由控制网关周围蓝牙设备的连接和数据传输。

（2）主要技术指标。

1）扩频方式：FHSS。

2）网络接口：RJ-45 接口，兼容 10/100M BASE-T 网络，Wi-Fi。

3）网络支持：TCP/IP、DHCP、ARP、RARP，TCP，UDP。

4）发射功率：（−6～+4）dBm。

5）传输距离：100m CLASS1。

6）安全认证：AES 128 位。

3. 应用环境场所

（1）远程自动化设备运行监控。

（2）与蓝牙传感器组成远程监控网络。

（3）工业自动化领域远程控制。

（4）智能家居的远程监护。

（5）蓝牙扫描器读卡器远程上传。

（6）现场数据信息采集和参量控制系统。

4.2.4　家电的无线遥控

应用蓝牙技术可以方便地实现通过手机对家中各种电器设备的无线控制，如图 4-12 所示。有无线控制需求的家用电器数量较多，如 CD 唱机、录音机、功放、音箱等。生活中有很多家用电器分别有自己的遥控器，如电视遥控器、VCD 遥控器、空调遥控器、音响遥控器等，用户使用起来进行分辨常常会出错，如果这些电器装上了蓝牙，那么只需一部手机或 PDA 就可以轻松解决了。

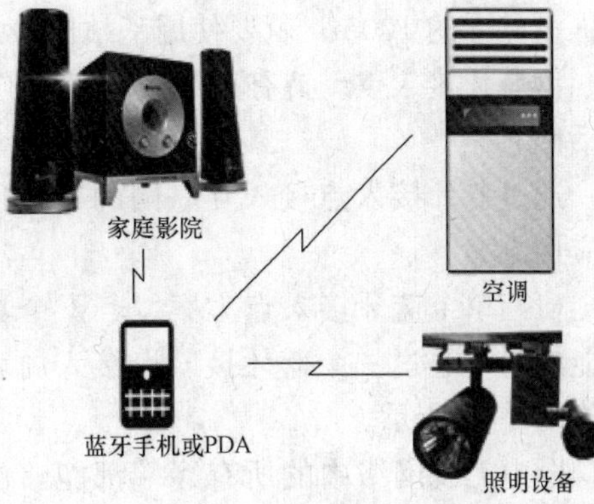

图 4-12　用无线遥控家用电器

4.2.5　使用蓝牙技术组建无线局域网

蓝牙微网的组建前面已经讨论过，这里仅介绍使用蓝牙技术将几台台式计算机用无线方式组建成局域网。

两台 PC 机通过蓝牙方式组成局域网并接入 Internet 的情况如图 4-13 所示。网络中的两天 PC 机，一台作为客户机，一台作为共享代理服务器，两台计算机都配置了蓝牙适配器具备了蓝牙无线连接功能，其中的一台计算机通过网卡连接 ADSL Modem 等接入设备访问互联网组成的局域网通过共享代理服务器接入互联网。还可以通过使用蓝牙接入点的方式组织局域网并接入互联网。

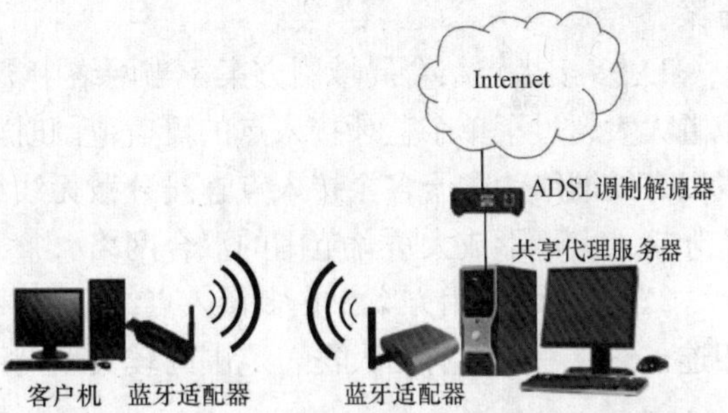

用蓝牙方式组建局域网时，现有的 WINDOWS 系列的操作系统均支持蓝牙设备的使用。

图 4-13　两台 PC 机通过蓝牙连接组成局域网

4.2.6　使用蓝牙接入互联网

1. 通过手机上网

无线网络将人从办公室的固定工位上解放出来，使他们可以随时随地获取信息。蜂窝移动无线网络、WLAN 和蓝牙网络都能满足移动用户的移动中通信要求。蜂窝移动无线网络是广域无线网络，WLAN 是无线局域网，而蓝牙网络是无线个域网，它们的覆盖方位不同，使用蜂窝移动无线网络是要交付流量费的，而 WLAN 和蓝牙网络中的节点工作站间的通信无需付费。因此通过 WLAN 接入和蓝牙接入互联网是经济的接入方式。计算机通过蓝牙手机做接入装置接入互联网的情况如图 4-14 所示。

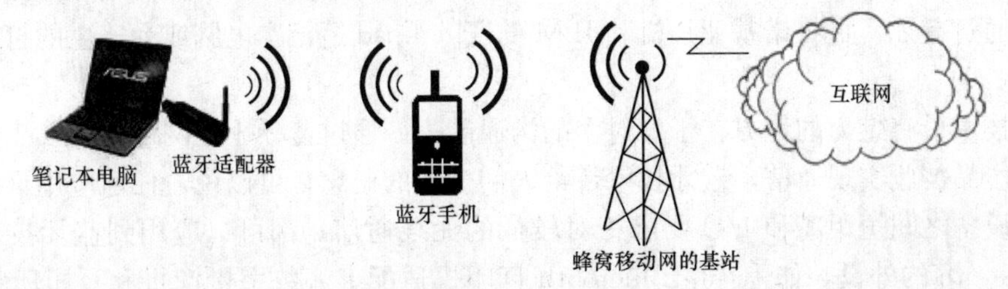

图 4-14　笔记本电脑通过蓝牙手机接入互联网

2. 通过蓝牙接入点上网

蓝牙微网由 1 台主设备和 7 台从设备组成，蓝牙微网内无需基站进行中继通信，蓝牙芯片通信覆盖范围是 10m，如果参与通信的设备超过微网的规模，通信覆盖范围超过 10m 或

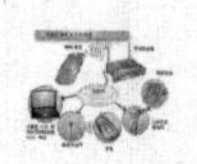

加强型蓝牙的100m，就要使用基站作为中继环节组成能接入互联网的网络，这样的基站通常叫做蓝牙接入点。持有蓝牙手机的用户，可以直接通过蓝牙接入点接入互联网或PSTN电话网。

通过蓝牙接入点接入互联网的方式还有不同的应用方案。

(1) 单个蓝牙接入点方案。若干个具有蓝牙功能的终端通过一个蓝牙接入点接入局域网的情况如图4-15所示。

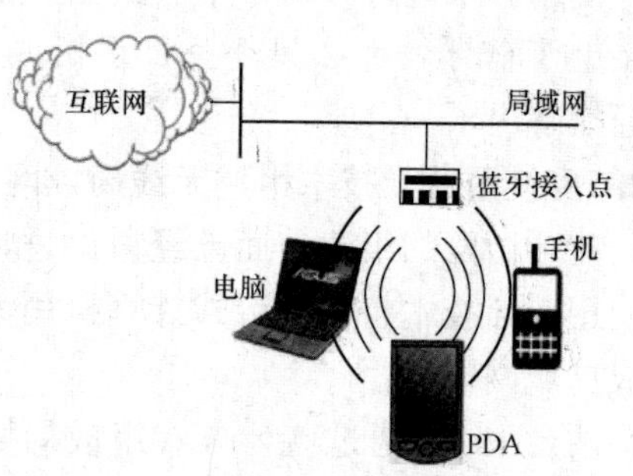

图4-15　若干具有蓝牙功能的终端接入局域网

图中无线网络中的所有终端都能够访问有线局域网的资源，并可通过路由器等广域网设备访问互联网。

(2) 多接入点结合局域网方案和广域网应用方案。

1) 多接入点结合局域网方案。当网络中节点数量多，网络规模大，网络节点设备分布位置大大超过了单个蓝牙接入点的覆盖范围时，设置一个服务器并连接多个蓝牙接入点，形成以有线网络为主干多个接入点连接分散无线终端的较大型网络。所有无线终端接入最近的蓝牙接入点，形成大覆盖范围的混合网络。

2) 广域网应用方案。在多接入点结合局域网方案的基础上，将多个服务器通过路由器相连，形成一个具有更大覆盖范围的较大型网络。

4.3　蓝牙在通信系统中的应用

4.3.1　蓝牙在通信系统中的应用

蓝牙产品的目标是全球通用、价格低廉、结构紧凑，蓝牙技术在通信系统中应用的基本形式是将小巧、廉价、结构紧凑和功能强大的蓝牙芯片嵌入到通信系统中去。蓝牙芯片集成了无线、基带和链路管理层的功能，可以嵌入到大量的数据终端中去，使嵌入蓝牙技术的数字系统具有蓝牙通信的功能。

无线传输只是蓝牙最基本的功能。事实上，蓝牙技术被赋予了“统一电子产品沟通”的使命，如通过蓝牙，可将诺基亚手机和IBM的Thinkpad笔记本电脑或爱普生的打印机实现相互沟通。

蓝牙技术最有魅力的地方在于一对多的沟通能力。通过蓝牙小型网络，可以支持多种不同的电子产品彼此实现通信，蓝牙技术带给人们全新的概念。可以说，任何应用只要涉及两个或多个设备之间短距离和I/O要求相对较低的无线通信，都可以应用到蓝牙技术。许多支持Bluetooth的外设，如爱普生Bluetooth打印机适配卡、数字摄像机和耳机听筒都已投入市场，其他更多的蓝牙应用产品也将陆续投放市场。

蓝牙技术从实质上讲是一种无线网络技术。遵循蓝牙协议的各类数据及语音设备使用微波无线传输媒质构成的无线信道来取代有线网络中布设复杂的线缆，可方便地实现快速连接，实现灵活、安全、低功耗、费用低廉的数据和语音通信，包括多媒体数据信息的通信。

蓝牙计划主要面向网络中各类数据及语音设备、台式电脑、拨号网络、笔记本电脑、打

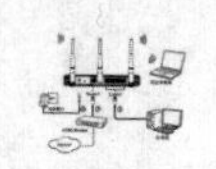

印机、传真机、数码相机、移动电话、高品质耳机等，旨在通过无线的方式将上述产品连成一个小网（piconet），而多个piconet之间也可以互联形成scatternet，从而方便快速地实现各类设备之间的通信。凡遵循蓝牙协议的设备将能够用微波取代传统网络中错综复杂的电缆，实现简便易用的安装和操作，达到高效的安全机制和完全的互操作性，从而实现随时随地的通信这一目标。

人们早就完成了使用蓝牙设备将微网网段接入Internet，具体的方法是组建一个蓝牙无线网络，使用服务器作为接入系统，应用了蓝牙技术的短距无线通信，将服务器接入Internet，网络中的PC机、WAP电话均有蓝牙功能。服务器可向蓝牙设备发送E-mail及web信息。

无论是手机、计算机、PDA、打印机、数码相机、MP3播放器等都可以利用蓝牙技术互传语音、文字、图像、文件等。

笔记本电脑安装上USB接口的蓝牙适配器后，便能够与支持蓝牙技术的设备如PDA、手机、打印机和PC机等组成一个蓝牙微网。蓝牙适配器驱动程序在PC机上的安装过程简单。

应用蓝牙技术还可以使现今流行的手机短信发送的速度大幅提高。用户在使用手机写短信、管理电话簿时，经常会抱怨手机小键盘带来的不便。在手机与PC机实现蓝牙短距连接后，就可以利用PC机的全尺寸大键盘，像使用PC机进行录入一样在手机上录入文字信息。使用发送短信的软件，使用电脑的全尺寸键盘、灵活的鼠标以及宽阔的屏幕界面，用电脑发送手机短信，将发送短信和编辑整理手机电话簿内容的工作变得高效而直观。

在办公通信方面，使用蓝牙技术可以将各类数据终端及语音终端如PC机、笔记本电脑、台式计算机、传真机、打印机、数码相机等使用无线微波连接成一个蓝牙微微网；多个微微网又可以进行互联，形成一个分布式网络，实现网络内的各无线终端的通信。在办公自动化系统中，有越来越多的数字终端加入到办公设备的行列中来，办公室和办公桌有限的空间被许多外接线缆所累，而且诸办公设备之间无法进行互通信更谈不上互操作。使用蓝牙微微网及蓝牙分布式网络，将办公设备方便地连入网中，就可以实现彼此之间的互通信及互操作，办公设备群可以高效协调地工作，办公设备的空间位置不再受布线结构及位置限制，可较大幅度地提高办公效率。

4.3.2 应用中出现的问题

1. 蓝牙设备的抗干扰

索尼在日本无线展览会的现场进行了蓝牙和IEEE 802.11b与微波炉之间的相互干扰实验。结果表明，在无干扰的情况下，数据传送速度为500～600kbit/s。一旦使用微波炉，由于干扰的出现，数据传送速度降至300kbit/s，此时再使用对应IEEE 802. 11b规格的无线LAN，由于干扰的加大，数据传送速度下降至100～299kbit/s。未来的蓝牙产品应用环境包括扩频设备、跳频设备、无线LAN、微波炉等。根据SIG英特尔公司在北京的一次会议上谈到，国际SIG在各种环境中做过实验，低功率蓝牙产品对其他同类产品的干扰微乎其微，相反，其他产品对蓝牙产品的干扰可通过软件或硬件方法解决。

2. 安全问题

安全问题包括信息安全和生态安全。信息安全问题更多是在软件协议栈中加以强调。生态安全问题是指当蓝牙设备靠近人体时是否带来危害，对此人们非常关心。蜂窝电话多年来一直在这个问题上进行讨论，但是到目前为止一直不能证明是否真正有危害，也不能给出造成危害的根据。不可避免地，蓝牙产品的主要问题是由于蓝牙产品使用和微波炉一样的频率范围，这是否会带来不良后果，目前也尚无定论。一些组织认为蓝牙产品输出功率很小（只有1mW），是微波炉使用功率的百万分之一，是移动电话的一小部分。而在这些输出中，仅有一小部分被物体吸收，根本检测不到温度的增加。

3. 制约蓝牙技术发展的因素

制约蓝牙技术应用的一个重要因素是蓝牙芯片的价格。蓝牙芯片可用于移动电话、笔记本电脑、台式计算机和打印机，还可应用于多种无线设备。目前蓝牙芯片价格还没有达到能够大面积普及应用的程度，加上技术市场原因，蓝牙技术设备成本较高，不能广泛应用低端电子产品。

蓝牙和WLAN技术的内容即有交叉也各有侧重点。无线局域网适用于远距离LAN，蓝牙适用于近距离的个人微网，可将蓝牙芯片嵌入到手机、手表、耳机等许多电子产品中，使用范围和应用领域较广。蓝牙产品工作于免费频段，是否易受到来自于微波设备和医疗设备的干扰呢？实际上蓝牙产品的抗干扰能力远远大于同处在2.4GHz频段的无线产品。

4. 应用蓝牙技术的注意事项

在现代建筑和办公及生活场所应用蓝牙技术设备过程中应注意以下几点：

(1) 应当与具有系统及经验，并能与提供应用帮助和开发工具的供应商合作。

(2) 根据应用所需的数据传输速率、距离和相互操作要求，选择适当的连接模式。

(3) 与周边网络通信设备协调使用。

4.4 超宽频技术（UWB）

4.4.1 超宽频技术及超宽带技术体系

1. 超宽频技术

超宽频技术（Ultra Wideband，UWB）的发展模式类似Wi-Fi，有很长一段时间被归类为军事技术，超宽频技术最初主要应用于高精度雷达和隐密通信领域。UWB技术是一种在宽频带基础上，通过脉冲信号高速传输数据的无线通信技术，同时是一种短距低发射功率与低成本的技术。

商用化UWB是一种短距离、高传输速率与低发射功率的无线通信技术，目标领域为无线个人网路(WPAN)，潜在应用为取代个人网路(PAN)之有线网路，以无线高速方式传输资料。

UWB能在10m左右的范围内实现数百Mbit/s至数Gbit/s的数据传输速率。抗干扰性能强，传输速率高，系统容量大，发送功率非常小。UWB系统发射功率非常小，通信设备可以用小于1mW的发射功率就能实现通信。低发射功率大大延长系统电源工作时间。而且，发射功率小，其电磁波辐射对人体的影响也会很小，应用面就广。超宽频系统复杂度低、能提供数厘米的定位精度等优点。

UWB技术主要应用于室内通信、高速无线LAN、家庭网络、安全检测、位置测定、雷达等领域。

UWB技术主要指标：

频率范围：3.1～10.6GHz。

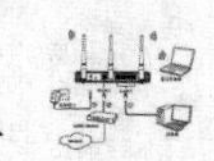

系统功耗：1～4mW。

脉冲宽度：0.2～1.5ns。

重复周期：25ns～1ms。

发射功率：<－41.3dBm/MHz。

数据速率：几十到几百 Mbit/s。

分解多路径时延：≤1ns。

多径衰落：≤5dB。

系统容量：大大高于 3G 系统。

空间容量：1000KB/m²。

2. UWB 技术的超宽带和低功耗

不管是有线信道还是无线信道，单位时间内信道传输的最大数据量就是信道的容量 C，有香农信道容量公式

$$C = B\log_2\left(1+\frac{S}{N}\right)\ (\text{bit/s})$$

式中：C 为信道的容量（物理意义是：信道最大数据传输速率），bit/s；B 为信道带宽，Hz；$\frac{S}{N}$ 为信噪比。

网络中信道的带宽限制了数据传输的速率，可以从提高改善信噪比提高容量；而 UWB 技术则是通过增加带宽来提高数据传输速率。

图 4-16 给出了窄带、宽带和超宽带信号与单位频带发射功率之间的关系，由图可知，超宽带信号的发射功率比窄带和宽带信号的发射功率小得多。

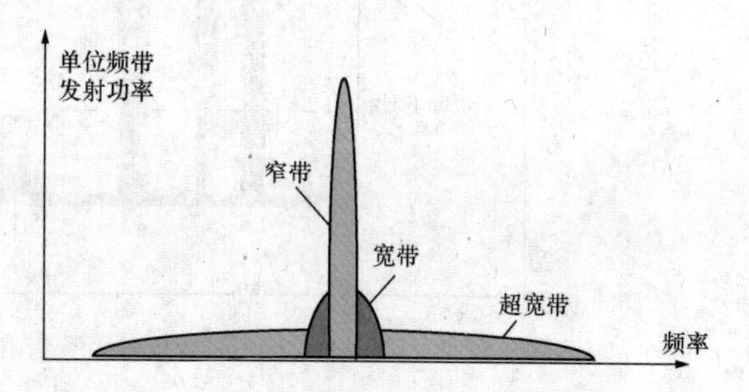

图 4-16　超宽带信号的发射功率大幅度降低

和蓝牙技术和 WLAN 的 IEEE 802.11b 相比，UWB 技术的速率最高功耗最低，如图 4-17所示。

要对 UWB 信号进行定义，要先从带宽讲起，带宽有绝对带宽和相对带宽。绝对带宽是指信号功率谱最大值两侧某滚降点对应的上截止频率 f_H 与下截止频率 f_L 之差，其意义如图 4-18 所示。图中的纵坐标 PSD 是信号功率谱密度。

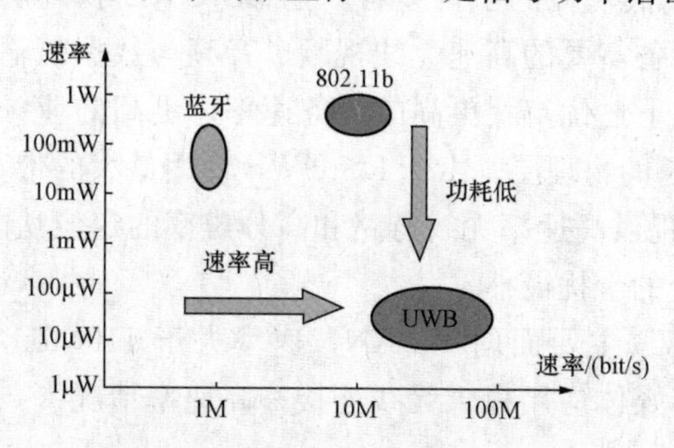

图 4-17　UWB 技术速率高功耗低

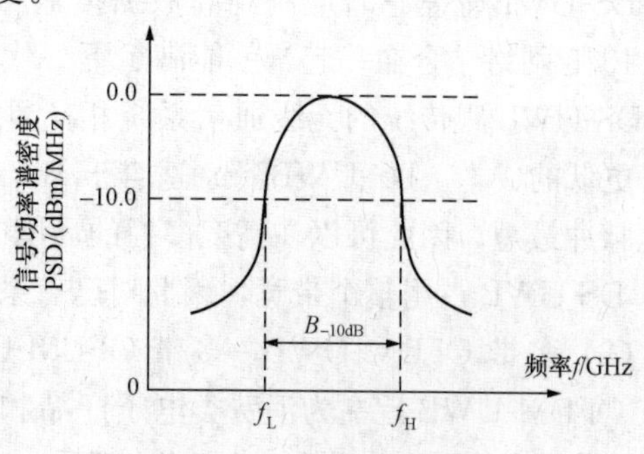

图 4-18　绝对带宽的意义

$$绝对带宽\ B_{-10dB} = f_H - f_L$$

相对带宽（Fractional Band Width，FBW）是绝对带宽与中心频率之比。由于超宽带系统经常采用无正弦载波调制的窄脉冲信号承载信息，中心频率并非通常意义上的载波频率，而是上、下截止频率的均值。

以－10dB 绝对带宽计算的相对带宽 FBW 为

$$FBW = B_{-10dB}/[(f_H - f_L)2]$$

式中，$(f_H - f_L)2$ 是中心频率。

FCC（Federal Communications Commission，美国联邦通信委员会）规定的 UWB 信号为－10dB 绝对带宽大于 500MHz 或相对带宽大于 20％的无线电信号。

FCC 对 UWB 系统所使用的频谱范围规定为 3.1～10.6GHz，发射机的信号最高功率谱密度为－41.3dBm/MHz，如图 4-19 所示。

UWB 系统使用高达 500MHz～7.5GHz 的带宽，根据香农信道容量公式，即使发射功率很低，也可以在短距离上实现很高的传输速率。

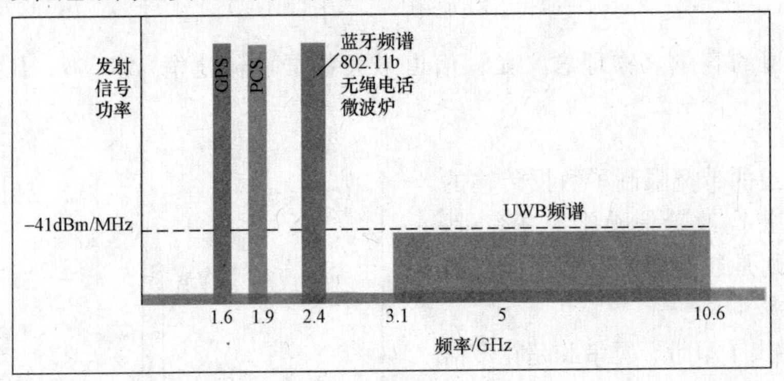

图 4-19　UWB 占用频带和信号发射功率的关系

3. 超宽带技术体系

超宽带（UWB）技术体系中主要包括有两种 UWB 体制：DS-UWB 和多带 OFDM-UWB。

（1）DS-UWB。传统的无线通信系统采用窄带已调载波发送数据，而 DS-UWB 采用非常高速率的窄脉冲来传送数据信息，窄脉冲的速率超过 1Gbit/s，因此信息速率可以到 28Mbit/s、55Mbit/s、110Mbit/s、220Mbit/s、500Mbit/s、660Mbit/s 和 1320Mbit/s。

DS-UWB 非常适合应用到高数据传输率或低功耗的手持设备。把 DS-UWB 物理层与 802.15.3 网络结合在一起，就能满足下一代设备需要的高速无线视频、音频与数据传输要求。DS-UWB 跟传统的无线通信系统相比具有下述优点：更高的业务速率；更高的业务质量；更低的成本。DS-UWB 特别适合于 WPAN 的物理层。由于 DS-UWB 使用最大的带宽，因此脉冲最短，因此可以在高度多径的环境中提供高速率无线链路和高分辨率的定位功能。由于 DS-UWB 占用整个带宽，因此对已有系统的干扰最小。

（2）多带 OFDM-UWB。多带 OFDM-UWB 主要面向 WPAN，速率大于 110Mbit/s。多带 OFDM-UWB 旨在为消费类电子产品和多媒体应用提供无线连接；高速率情况下，也可以用作无线 USB 和无线 1394 的物理层。

已有基于多带 OFDM-UWB 技术的物理层规范。工作距离为 10m 时速率为 110Mbit/s，

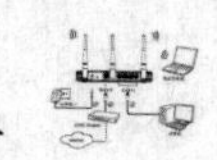

工作距离短时速率可以更高。该类系统可以与其他系统工作在同一个频段上，如可以与802.11a共享频谱。物理层的主要技术指标为：10m范围的速率为110Mbit/s，4m范围的速率为200Mbit/s，2m范围的速率为480Mbit/s。

4.4.2　UWB标准及Wimedia UWB平台

1. UWB标准

2005年1月21～27日，在美国加州举行了IEEE 802.15无线个人区域网络（WPAN）的中期会议期间，在802.15.3a WPAN（高速率）标准化会议的几轮投票中，DS-UWB一度被选为802.15.3a WPAN标准提案的唯一候选，但由于未获得75%的支持率，标准化的僵局仍在持续。

经过若干年的争论，UWB标准之争转向市场。是DS-UWB保持领先并最终胜出，还是多带OFDM-UWB后来居上，现在还没有一个定论。不管最终哪种方案被采用，UWB技术都为人们带来了一种全新的通信理念，对无线频谱资源的利用将从窄带有牌照分配转向宽带无牌照共享方式。

UWB是无线个域网家庭的成员，关于无线个域网的标准部分列出如下：

IEEE 802.15.1-Bluetooth1.0/15.1a-BT1.2

IEEE 802.15.2-Wlan& Wpan-coexist

IEEE 802.15.3-Higher date rate

IEEE 802.15.3a-UWB-high rate

IEEE 802.15.4-ZigBee-Low rate

IEEE 802.15.4a-Alt low rate PHY-UWB

IEEE 802.15.5-Mesh Network

2. Wimedia UWB平台

为了推进UWB技术和产业的深入发展，许多大型企业共同制定了一个叫做Wimedia的标准，现在该标准已经被业界大部分公司所接受。UWB背后的工业集团是Wimedia联盟，该联盟构建了“Wimedia UWB平台”。Wimedia UWB平台被设计为允许大量不同的协议和设备可以共享频带，而不用担心干扰。

在物理层上，Wimedia UWB使用了一种叫做多波段OFDM（正交频分复用）的技术。UWB可用的频谱可以被拆分为很多波段，每个波段宽度是528MHz，在使用中，一个Wimedia信号需要在一秒钟内使用三个这种波段进行跳频共三百万次。通过选择不同范围的波段，或者选择波段之间不同频率进行跳频，多个Wimedia信号可以共存，并将干扰降到最低。

图4-20　Wimedia UWB平台

Wimedia UWB平台的示意如图4-20所示。

4.4.3　超宽频技术应用领域和高速UWB技术的应用

1. 超宽频技术应用领域

超宽带（UWB）技术是一种新颖无线传输技术，适用于短距离无线个域网应用，大体上可分为高速和中低速两类应用领域。高速 UWB 的传输速率目前可达 100Mbit/s～1Gbit/s，传输距离可达 10～30m，属于高速短距离传输；中低速 UWB 传输速率一般在 2Mbit/s 以下，最高不超过 30Mbit/s，传输距离可达 100m 以上，甚至几千米，属于中低速中短距离传输。

超宽带的典型应用领域有：高速无线短距离连接，替代有线电缆和蓝牙等无线技术；高速无线多媒体通信；在智能家庭环境和智能楼宇中与无线局域网技术互补；超宽带（UWB）技术还是第四代移动通信技术（4G）的关键技术；超宽带技术源于在军事、国防中的应用，所以在该领域内的应用一直处于极为活跃的状态。超宽带（UWB）技术在消防、安全防范系统的通信中，在雷达技术、定位技术、成像技术、跟踪、智能交通系统中都有越来越深入的应用；在短距离雷达（例如汽车传感器、防撞系统、智能型高速公路感测系统、液态物体水位侦测系统）、穿地雷达技术中的应用也较为深入。据报道，一些厂商已开发出 UWB 收发器，用于制造能够穿透墙壁、距地表较浅地面的雷达和图像装置，这种装置可以用来检查道路、桥梁及其他混凝土和沥青结构建筑中的缺陷，可用于地下管线、电缆和建筑结构的定位。

根据美国联邦通信委员会（FCC）2002 年 2 月通过 UWB 商用化的规范，UWB 技术应用主要分成影像系统、通信量测系统与车用雷达系统共三大应用领域。在通信量测系统中，工作频带为 3.1～10.6GHz，发射功率上限为－41dBm/MHz，传输距离约为 10m。

在此规范下，Motorola、Intel 与 TI 等各家厂商推出了 UWB 芯片样品，传输速度最高可达 480Mbit/s。NEC、Samsung 在其 HDTV 系统产品整合 UWB 传输界面，提供无线视讯传输功能。UWB 作为一种短距高速与低发射功率的无线通信技术，目标领域为无线个人网络（WPAN），潜在应用为取代有线个人网络（PAN），以无线高速方式传输数据。

UWB 最具特色的应用将是视频消费娱乐方面的无线个人局域网（PAN）。考察现有的无线通信方式，支持 54Mbit/s 速率基于 IEEE802.11G 技术的应用系统可以处理视频数据，但费用昂贵；而 UWB 有可能在 10m 范围内，支持高达 110Mbit/s 的数据传输率，不需要压缩数据，可以快速、简单、经济地完成视频数据处理。而 IEEE 802.11b 标准和蓝牙的速率太慢，不适合传输视频数据。

UWB 具备高传输速率与低发射功率特性，适合作为短距高速数据传输，而目前短距数据及资料传输是采用 USB 2.0 与 1394 界面与传输线，USB 2.0 传输速度为 480Mbit/s，IEEE 1394 传输速度为 400Mbit/s，IEEE 1394 主要是应用在消费性电子产品，USB 则被大量应用在 PC 与周边产品。

2. 高速 UWB 技术的应用和发展情况

（1）高速 UWB 技术的应用。适用于短距离、大数据量的高速无线接入系统（移动互联网），如用户密集的公共热点场所；数字家庭影视网络的搭建，适合传输高清晰影视内容等多路流媒体信息；代替有线电缆实现各种短距离高速无线连接。在家庭和办公室中，各种计算机、外设和数字多媒体设备根据需要，利用超宽带无线技术，在小范围内便捷地组成分布式自组织（Ad Hoc）网络，相互连接，传送高速多媒体数据，通过宽带网关，接入高速互联网或其他宽带网络。

高速 UWB 技术还可以应用在智能交通系统中。超宽带系统同时具有无线通信和定位的功能，可为车辆防撞、智能收费、测速、监视、分布式信息站等提供高性能、低成本的解决方案。

在军事、公安、消防、医疗、救援、测量、勘探和科研等领域，用作隐秘安全通信、救援应急通信、精确测距、定位与搜索、透地探测雷达、墙内和穿墙成像、监视和入侵检测、医用成像、贮藏罐内容探测等。结合各类智能传感器对各种对象（人和物）进行检测、识别、控制和通信等。

(2) 高速 UWB 技术发展情况。高速 UWB 应用系统的通信接口以无线 USB 最为看好。USB 是目前应用最广泛、最成功的宽带有线接口。WiMedia UWB 标准也被 1394 组织采纳实现其无线化。有线 1394 接口在消费类电子产品中应用广泛，应用 UWB 技术后，成为无线 1394 接口 W1394。

WiMedia UWB 标准也被蓝牙特别利益组（Bluetooth SIG）采纳，用于开发新一代 UWB 高速蓝牙标准（蓝牙 3.0）。USB、1394 和蓝牙是在计算机、消费电子和移动通信三大领域中广泛应用的连接接口技术。基于 WiMedia 标准的 UWB 技术提供一个公共无线平台，在该平台上可开发各种应用软件系统，满足计算机网络、移动通信网络和个域网中不同客户的不同需求。

当前高清视频正引领新一轮消费电子革命。高清广播，高清终端 高清显示已经得到很好的普及和应用。高清 H.264 编码芯片和高清 HDMI 接口标准的发布，将促进高清 IPTV 的发展；用户使用计算机、家庭网络和宽屏高清电视机在家里移动、存储和重新播放高清晰视频节目和文件，在数字家庭网络中采用高速 UWB 的无线 HDMI 接口传输高清节目和内容，将成为数字家庭网络的重要功能。

一些厂商开发了 UWB 家庭覆盖多媒体网络，UWB 有线（同轴电缆，电力线）骨干网和 UWB 无线短距网络相结合，实现家庭区域的全覆盖下的多媒体内容连接和共享。

高速 UWB 技术在发展中将面临其他技术和标准的挑战，如：来自新的 802.11n 标准的挑战。UWB 技术和 802.11n 技术应该是互补的。UWB 可达到更高传输速率，而在同样速率下功率、功耗和成本要低得多，802.11n 则可覆盖更大范围。

我国 UWB 频谱规范有关部门正在讨论审批中，我国还成立了 WPAN 技术标准的工作组，正积极开展工作。

4.4.4　UWB 技术的应用实例

1. 搭载式雷达生命探测仪

一种用于进行生命探测的超宽带雷达如图 4-21 所示，其主要技术性能指标如下：

图 4-21　用于进行生命探测的超宽带雷达

(1) 天线类型：增强型介质耦合超宽带天线。

(2) 工作频率：3.1～5.3GHz。

(3) 隔障探测距离：实体穿透模式，≥15m（砖混墙体厚度 24cm）；雾化穿透模式，≥40m（穿透烟雾、尘雾、水雾、火焰等）。

(4) 穿透材质：实体介质，如煤层、土壤、混凝土、砖墙、木门板、玻璃、衣物等非金属、低含水量物质；雾化介质，如烟雾、尘雾、水雾、火焰等。

(5) 探测张角及探测范围：≥±60°。

(6) 定位精度：±10cm。

(7) 探测模式：一维测距。

(8) 操作系统：嵌入式操作系统。

(9) 控制和视图：嵌入式手持生命搜索软件显控平台。

(10) 应用领域：专业应用于煤矿等特殊行业的紧急救援任务。

2. 便携式穿墙雷达

一款既可以用于军事目的又可以用于民用救灾探险的便携式穿墙雷达如图 4-22 所示。该产品的主要功能是：在用其他方法无法了解情况的环境下，为警察、特别部队和紧急服务提供准确的有关人的位置和移动的情报。

图 4-22　便携式穿墙雷达

使用便携式穿墙雷达，可以通过砖、石和混凝土墙壁及门，在 20m 的距离内，看到另一侧封闭空间内的情况。它可被用于快速评价室内情况，也可以被用于详细的情报收集。

该装置能够在复杂环境中针对移动人和物体的信号进行处理的能力；尤其可以应用于不安全和有生命危险的环境下，在没有侵入式传感器的环境下，它能给操作者提供可靠信息。借助于软件分析，该设备可以过滤掉墙壁或门后面的非移动物体。

该设备在笔记本电脑的屏幕上显示信息。设备可以被现场操作者，也可以被指挥人员使用，可以提高系统操作的适应性。

使用范围：建筑物内监视（穿透墙体/地板/天花板）、侦测个体位置；辨识被隐藏的活体目标；搜索及救难；可以探测到 20m 以内的人及物体；显示 640×480 分辨率的二维和三维彩色图像；能够穿透墙体材料砖、石块墙及许多其他介质的遮蔽材料；频率范围 1.7～2.2GHz；分辨率为 30cm。

3. 组网技术

与其他无线技术 WLAN、蓝牙相比，UWB 较适合家庭数据的无线传输与组网，例如取代 USB 作为外设的接口、把 DVD 机播放的视频流传输到隔壁房间的电视或 PC 机上、在小型公司内部进行数据传输等。

海尔、三星等公司采用 UWB 芯片构成的模块在手持摄像机与等离子电视之间实现无线视频流传输。国外的一些公司及研究机构早就成功地进行了高速率的数据流传输。

网络中的通信主要是数据通信，因此使用 USB 技术组网，来实现网络内数据的高速无线传输。

使用 UWB 技术组建 Ad Hoc 网络：网络中包括若干终端节点，这些终端节点可以是个人设备，如手机、平板电脑、PDA、便携式 PC 等。它们既是终端，又是网络节点。作为终端，它们可以和网络中的其他终端建立连接，进行通信；作为节点，他们可以转发目的地址不是自己的数据帧，就像一个路由器。同时每一个节点都可以作为超宽带网络与其他网络进行通信的转接节点。

一个能够接入广域网的 UWB Ad Hoc 网络组成如图 4-23 所示。

超宽带网络因其物理层特性而与其他网络不同，需要对传输层以下各层进行充分研究，特别是媒体接入控制子层和网络层中的动态路由算法。

超宽带网络的媒体接入控制协议，必须适应超宽带系统的特点和应用，兼顾能耗、安全

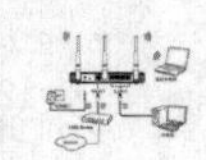

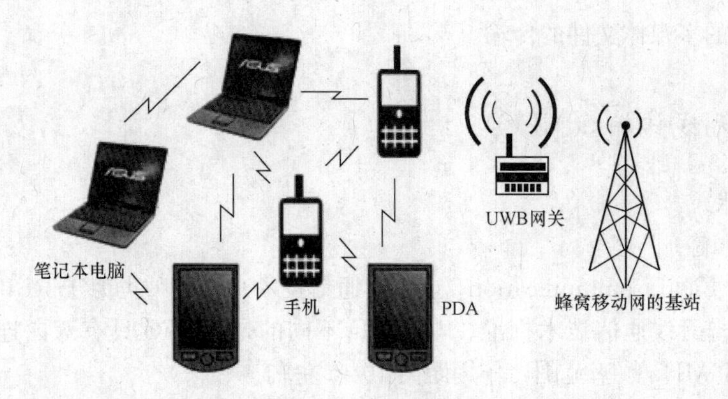

图 4-23　一个能够接入广域网的 UWB Ad Hoc 网络

性、兼容性等因素。可以充分利用超宽带的精确定位信息对整个网络进行规划，以提高系统吞吐量。

UWB 超宽带与 WLAN 技术的比较，由图可见距离在 20m 以内和 85m 以外，采用相应合适的超宽带技术在速度、容量、功耗和成本上可优于无线局域网，而距离在 20～85m 之间，WLAN 具有优势。

UWB 组网的有效范围小，10m 左右；在传输速度为 100Mbit/s 时，其有效范围勉强达到 20m 左右。

4. PC、电子白板和投影机的 UWB 无线连接

将 PC 的信号或数据流零延时无线传输到投影机、电子白板，实现笔记本/PC 与投影机、电子白板、液晶交互平板的无线连接，支持所有电脑内容零延时播放，如图 4-24 所示。

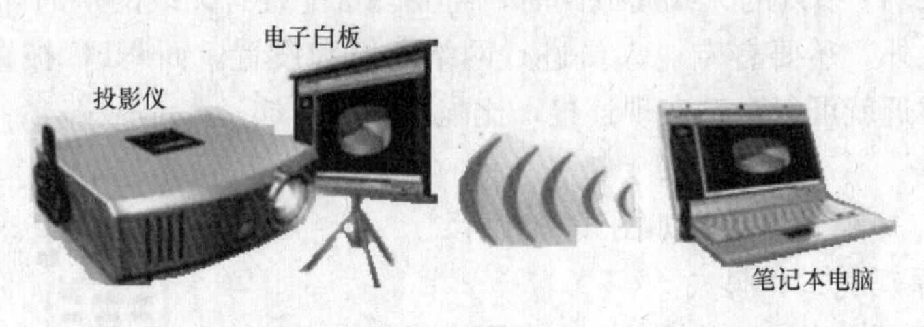

图 4-24　PC 机、电子白板和投影机的 UWB 无线连接

5. 将 PC 数据流或高清视频无线传输到投影仪的 UWB 系统

某厂家开发的 HAT-WI505 交互无线精灵能够将 PC 机、笔记本电脑中的数据流或高清视频无线传输到投影、电子白板、触摸屏、电视机。随着最新的超宽带（UWB）无线 USB 技术的运用，无线多媒体流更稳定，抗干扰能力强。该装置如图4-25 所示。

图 4-25　将高清视频无线传输到投影仪的 UWB 交互式无线传输模块

省去线缆的繁琐，将计算机无线连接到电视机，显示器或投影机传输速率高达 480Mbit/s，非

常适合大数据量的多媒体文件的传输。

4.5 近短距无线传输（NFC）

4.5.1 NFC 技术

1. NFC 技术简介

NFC（Near Field Communication，近距离通信技术）是一种类似于 RFID（非接触式射频识别）的短距离无线通信技术标准。与 RFID 不同的是，NFC 具有双向连接和识别的特点，工作于 13.56MHz 频率范围，作用距离 10cm 左右。

NFC 由非接触式射频识别（RFID）及互联互通技术整合演变而来，在单一芯片上结合感应式读卡器、感应式卡片和点对点的功能，能在短距离内与兼容设备进行识别和数据交换。NFC 芯片装在手机上，手机就可以实现小额电子支付和读取其他 NFC 设备或标签的信息。NFC 的短距离数据双向传输使电子设备间互相访问更直接、更安全和更清楚。通过 NFC，电脑、数码相机、手机、PDA 等多个设备之间可以很方便快捷地进行无线连接，进而实现数据交换和服务。

NFC 技术能快速自组织地建立无线网络，为蜂窝设备、蓝牙设备、Wi-Fi 设备提供一个“虚拟连接”，使电子设备可以在短距离范围进行通信。NFC 的短距离交互大大简化了整个认证识别过程，使电子设备间互联互通变得简洁了。NFC 技术通过在单一设备上组合所有的身份识别应用和服务，能够同时记忆多种应用设置的密码，并保证数据的安全传输。用 NFC 技术以创建快速安全的连接，多种不同的数据终端，如数码相机、PDA、机顶盒、计算机、手机等之间的无线互连、彼此交换数据或服务都将有可能实现。

构建 IEEE802.11 系列的无线局域网时，需要多台配置有无线网卡的计算机、打印机和其他设备。除此之外，还要有专业人员进行网络组织和设置。而 NFC 被置入接入点之后，只要将其中两个靠近就可以自动实现连接，比配置 Wi-Fi 连接容易得多。

NFC 两个节点短距通信示意如图 4-26 所示。

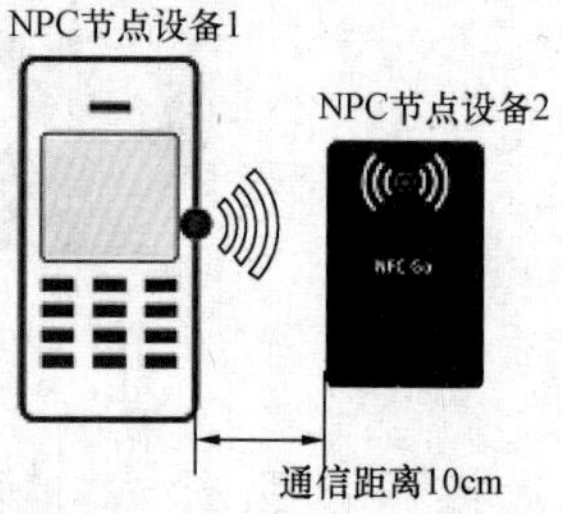

NPC节点设备1
NPC节点设备2
通信距离10cm

图 4-26 NFC 两个节点短距通信

2. NFC 技术原理和工作模式

NFC 是一种短距 Ad hOC 网络技术，NFC 节点设备之间的通信的过程就是节点设备在 NFC 网络中进行数据传输、交换、处理的过程。

NFC 网络通信中，节点设备使用主动与被动模式交换数据。

（1）主动模式。主动模式下，每台节点设备要向另一台节点设备发送数据时，都必须产生自己的射频场，发起设备和目标设备都要产生自己的射频场，以便进行数据通信。主动模式数据交换的 NFC 网络是对等网络，NFC 设备之间可以获得非常快速的连接。

主动模式数据交换的 NFC 网络节点间通信过程如图 4-27 所示，主动模式数据交换状态下的射频场交叠情况如图 4-28 所示。

（2）被动模式。NFC 网络在被动数据交换模式下工作时，启动 NFC 通信的设备，也称为 NFC 发起设备（主设备），在整个通信过程中提供射频场。它可以选择 106kbit/s、212kbit/s 或 424kbit/s 其中一种传输速度，将数据发送给其他设备。

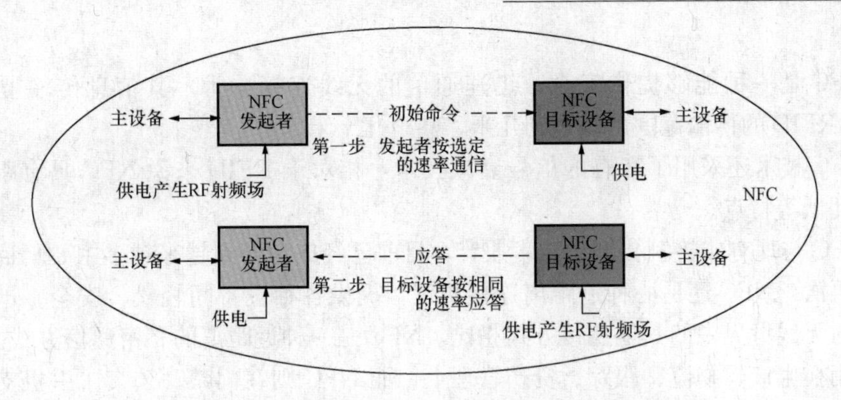

图 4-27　主动模式 NFC 网络节点间通信过程

从主设备接收数据的另一台设备称为 NFC 目标设备（从设备），不需要产生射频场，并使用负载调制技术，以相同的速率将数据传回发起设备。

被动模式数据交换的 NFC 节点设备通信如图 4-29 所示。

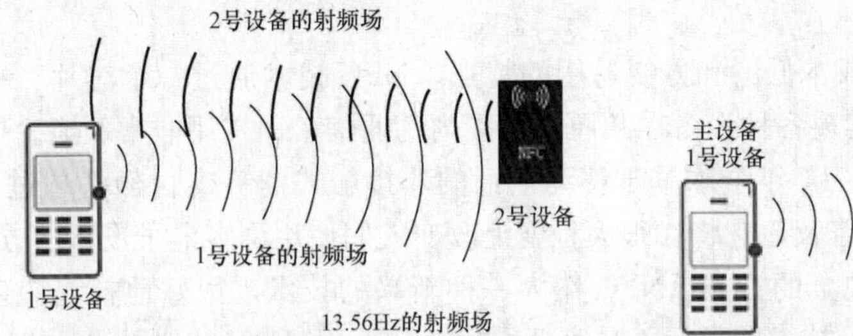

图 4-28　主动模式的射频场交叠

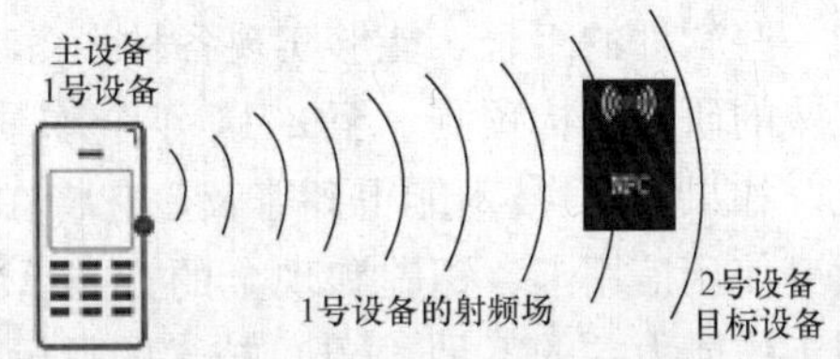

图 4-29　被动模式数据交换的 NFC 节点设备通信

3. NFC 工作模式

NFC 的工作模式如图 4-30 所示。

卡模式：该模式相当于一张采用 RFID 射频识别技术的 IC 卡。

点对点模式：该模式采用点对点方式进行数据交换，传输距离较短，传输速度快。将两个 NFC 设备在通信域内进行数据点对点传输，如下载音乐、交换图片等。点对点模式下，多个设备如数码相机、PDA、计算机和手机之间都可以交换文件资料或提供服务。

非接触读卡器模式：可以从电子标签上读取相关信息。

工作模式

卡模式
· 类似IC卡，保存了ID
· 需要刷卡，验票场合
· 通过读卡器供电
· 手机没电不影响

点对点
· 和蓝牙、红外类似
· 数据交换、短距离
· 速度快、功耗低
· 不同种类设备间交换
· 声音、图片、视频

读卡器
· 一台标准的读卡器
· 读取其他NFC标签
· 写入其他NFC设备

图 4-30　NFC 的工作模式

4.5.2　NFC 的技术优势和发展前景

1. 技术优势

(1) 与 RFID 的重要区别。与非接触式射频识别一样，NFC 信息也是通过频谱中无线频率部分的电磁感应耦合方式传递，但 NFC 技术与前者还是存在很大的区别，主要区别如下：

1）NFC是一种能够提供安全、迅速通信的无线连接技术，其信息传输覆盖范围比RFID小，RFID的传输范围可以达到几米，甚至几十米。

2）NFC技术还采用了特有的信号衰减技术，相对于RFID来说NFC具有距离近、带宽高、能耗低等特点。

3）NFC与现有非接触智能卡技术兼容，目前已经成为得到越来越多主要厂商支持的正式标准。再次，NFC还是一种近距离连接协议，提供各种设备间轻松、安全、迅速而自动的通信。与无线世界中的其他连接方式相比，NFC是一种近距离的私密通信方式。RFID更多的被应用在生产、物流、跟踪、资产管理上，而NFC则在门禁、公交、手机支付等领域内发挥着巨大的作用。

（2）与红外连接和蓝牙连接的不同。NFC连接比红外连接更快、更可靠，而且简单得多。与蓝牙连接相比，NFC面向近距离数据交互，适用于交换隐秘或敏感的个人信息等重要数据；蓝牙能够弥补NFC通信距离不足的缺点，适用于较长距离数据通信。因此，NFC和蓝牙互为补充，共同存在。

2. 发展前景

NFC技术和应用系统具有成本低廉和方便易用的特点，NFC技术通过一个芯片、一根天线和一些软件的组合，能够实现各种设备在几厘米范围内的通信，而费用非常低廉。据国际较权威的研究机构预测，至2011年全球基于移动电话的非接触式商务支付额将超过360亿美元。如果NFC技术能得到普及，它将在很大程度上改变人们使用许多电子设备的方式，甚至改变使用信用卡、钥匙和现金的方式。NFC作为一种新兴的技术，很好地补充蓝牙技术协同工作能力差的不足。NFC技术的目标不是完全取代蓝牙、Wi-Fi等其他无线技术，而是在不同的场合、不同的领域起到相互补充的作用。因为NFC的数据传输速率较低，仅为212kbit/s，不适合诸如音视频流等需要数据传输速率较高的应用。

4.5.3 NFC技术的应用

NFC技术的应用领域很多，NFC网络在物联网中发挥着重要作用，因为数厘米级的短距近场无线通信只有NFC是性能最为优良的通信技术。

1. 移动支付

随着3G、4G时代的到来，移动终端身份识别SIM卡的发展方向有：安全性很高的身份识别；非接触移动支付平台。在移动互联网融入社会生活的情况下，SIM卡捆绑NFC功能实现非接触移动支付是一个必然的趋势。

具有NFC功能手机

图4-31　移动支付

目前很多采用安卓系统的智能手机已具备NFC功能，苹果的加入将进一步推进NFC支付的发展。移动支付如图4-31所示。

除了NFC以外，蓝牙也能实现近场支付，但基于NFC的近场支付优势明显，并将占据主导地位。NFC近场通信过程的建立时间很短，尤其适合地铁、公交等快速通过类应用场景。尽管NFC工作距离仅为10cm，而蓝牙工作传输距离在数十米，NFC精度较高，在近场支付中独具优势。NFC卡或终端内置安全芯片，通过密钥认证使NFC通信更安全。因此，NFC 是近场移动支付的主流技术。

由于移动终端的移动支付需求，大量的手机包括智能手机都配置有 NFC 功能。

2. 门禁系统中的应用

在建筑物的重要通道及各种需确保安全的空间出入口处，设置门禁系统保护业主、用户的财产及人身安全。具有 NFC 功能的门禁系统安全可靠，使用便捷，尤其是在较大规模的门禁系统中，NFC 功能的门禁系统具有很大的优势。

使用 NFC 功能的装置进行门禁开启情况如图 4-32 所示。

3. NFC 网络作为移动互联网和物联网终端测的接入网络

NFC 的主要功能之一就是架构近场短距 Ad hoc 网络，在 NFC 网络中，网络内所有节点设备都能够在通信距离内彼此传送文件和其他数据；还能够共享文件。更重要的是，NFC 网络可以作为移动互联网和物联网靠近用户终端测的接入网络，如图 4-33 所示。

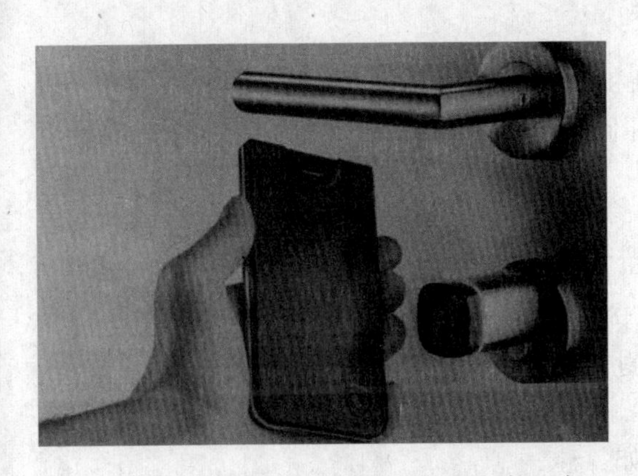

图 4-32　使用 NFC 功能的装置进行门禁开启

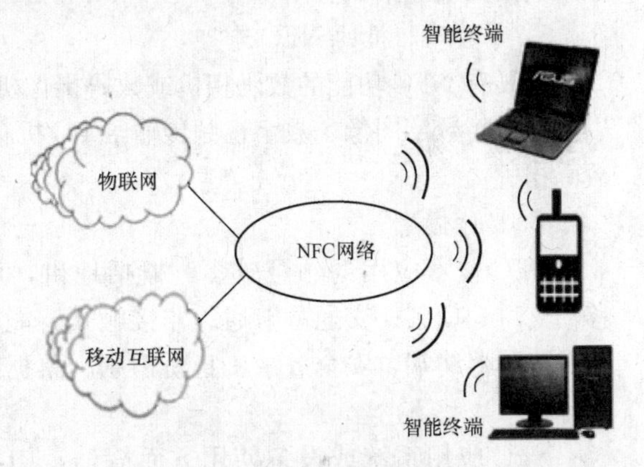

图 4-33　NFC 网络作为移动互联网和物联网终端测的接入网络

这里要说明的是图中的智能终端也是 NFC 终端。

4. 和 NFC 功能和蓝牙功能的组合

NFC 和蓝牙都是短距低功耗的近程无线网络，和蓝牙网络不同的是 NFC 设置程序要简化得多，因此可以将两者功能进行组合，使用 NFC 简化蓝牙连接。

一个通过 NFC 接触实现蓝牙音箱融入 NFC 功能的情况如图 4-34 所示。

NFC 网络中两个节点设备互连的设备自动识别过程非常快捷，无线人工设置。尽管 NFC 的最大数据传输速率为 424kbit/s，远小于蓝牙的 1Mbit/s，但抗干扰能力好。

NFC 的目标并非是取代蓝牙等其他无线技术，而是在不同的场合、不同的领域起到相互补充的作用。

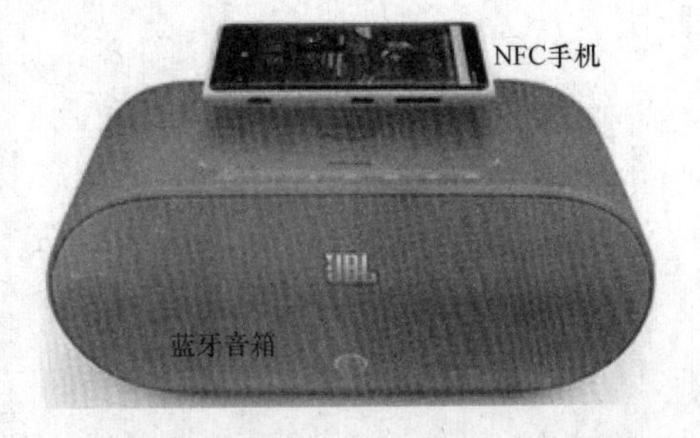

图 4-34　一个通过 NFC 接触实现蓝牙音箱融入 NFC 功能的情况

下面是蓝牙网络和 NFC 网络的主要性能比较，见表 4-1。

表 4-1　　蓝牙网络和 NFC 网络主要性能比较

	NFC	蓝牙
网络类型	点对点	单点对多点
使用距离	≤0.1m	≤10m
速率	106kbit/s，212kbit/s，424kbit/s，规划速率可达 868kbit/s	1Mbit/s
建立时间	<0.1s	6s
安全性	具备，硬件实现	具备，软件实现
通信模式	主动-主动/被动	主动-主动
成本	低	中

NFC 通过一个芯片、一根天线和一些软件的组合，能够实现 NFC 网络内各种设备在几厘米范围内的通信，费用低廉。

5. 与数码相机的 NFC 连接

将具有 NFC 功能的数码相机或数码摄像机和其他具有 NFC 功能的 PC 机无线连接，可以快捷地将数字图像、数字视频传输给 PC 机存储和播放。图 4-35 所示为具有 NFC 功能的数码相机。

6. 其他应用

NFC 技术应用的领域较多，概括地讲，可应用于移动支付、门禁、交通一卡通、非接触式智能卡、智能卡的读写器终端、安全登录、身份识别、票据处理、物流等。

图 4-35　具有 NFC 功能的数码相机

NFC 应用系统或设备使用方面简洁，例如：碰一下就能读取智能卡卡内信息；碰一下就能进行移动支付；碰一下就能交换数据等。

第 5 章　移动智能终端与无线网络

根据最新数据，2015 年全球智能手机用户达到 19.1 亿；2014 年中国智能手机用户首次超过 5 亿人，成为智能手机用户最多的国家。智能手机已经成为全球使用量最大的移动智能终端之一。移动智能终端必须在无线网络环境下才能使用。本章将介绍分析有关移动智能终端、无线网络和一些使用的技能性知识。

5.1　移动智能终端

5.1.1　什么是移动智能终端

智能终端指使用一定的操作系统，拥有接入互联网能力，可根据用户需求定制各种功能的用户终端。常见的智能终端包括移动智能终端、车载智能终端、PDA、平板电脑和智能电视等。如果智能终端具有移动属性，能够方便地在移动中使用并具有各种必备的功能，则称为移动智能终端。移动智能终端现已成为媒体终端、工作终端、交流终端和全新的生活工作平台。

5.1.2　移动智能终端的分类

1. 智能手机

智能手机是指"像个人电脑一样，具有独立的操作系统，可以由用户自行安装软件及其他第三方服务商提供的程序，通过此类程序来不断对手机的功能进行扩充和配置，并可以通过移动无线网络来实现网络接入手机的总称"。

2. 笔记本电脑

笔记本电脑又被称为"便携式电脑"，其最大的特点就是机身小巧，相比 PC 机携带方便。在日常常规性操作和基本商务、娱乐操作中，笔记本电脑完全可以胜任。

3. 平板电脑

平板电脑是一种小型、方便携带的个人电脑，以触摸屏作为基本的输入设备。它拥有的触摸屏允许用户通过触控笔而不是传统的键盘或鼠标。用户可以通过内建的手写识别、屏幕上的软键盘、语音识别或者外挂键盘。

4. PDA 智能终端

PDA 智能终端也叫掌上电脑，可以在移动中工作、学习、娱乐等。按使用来分类，分为工业级 PDA 和消费品 PDA。工业级 PDA 主要应用在工业领域，常见的有条码扫描器、RFID 读写器、POS 机等。

常见的移动智能终端如图 5-1 所示。

5. 车载智能终端

车载智能终端，具备 GPS 定位、车辆导航、采集和诊断故障信息等功能，在新一代汽车行业中得到了大量应用，能对车辆进行现代化管理，车载智能终端将在智能交通中发挥更

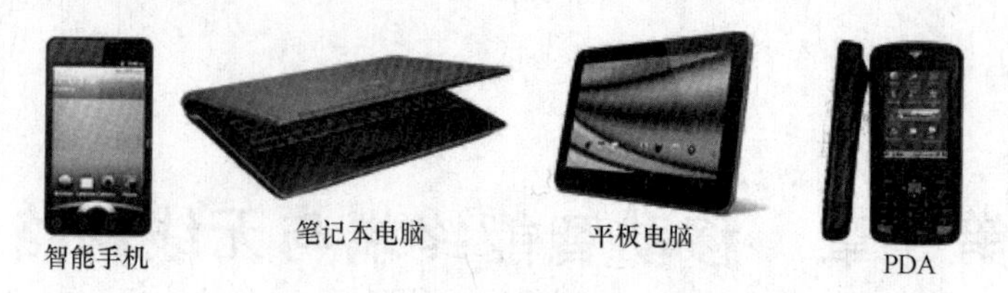

图 5-1 常见的移动智能终端

大的作用。

5.1.3 移动智能终端的操作系统

1. 什么是移动智能终端操作系统

移动智能终端操作系统是管理和控制移动智能终端硬件与软件资源的程序，是直接运行在“裸机”上的最基本的系统软件，任何其他移动智能终端软件都必须在操作系统的支持下才能运行。但移动智能终端操作系统在人机界面、电源管理、性能、用户定位、功能定位和软硬件生态系统等方面都与传统的 PC 机的操作系统有着很大的差异。

移动智能终端操作系统主要包括内核、框架和基础应用，其中内核负责内存管理、进程管理、网络协议栈和硬件驱动等功能，框架主要为上层应用提供编程接口和各种系统服务，基础应用是面向用户的基本应用功能，例如拨号、短信、通讯录等，第三方应用是应用软件和互联网厂商开发的可装卸的应用软件，如地图、导航、微博等。移动智能终端操作系统的基本架构如图 5-2 所示。

基础应用 | 第三方应用
框架
内核

图 5-2 移动智能终端操作系统的基本架构

2. Android、Windows Phone 和 iOS 操作系统

目前市场上主要移动智能终端操作系统有：

(1) Android。该操作系统是基于 Linux 内核的移动智能终端操作系统，作为市场占有率第一位的移动操作系统。

(2) Windows Phone。该系统是由微软研发的一款智能手机操作系统。采用该系统的厂家主要有诺基亚、三星、HTC 和华为等。

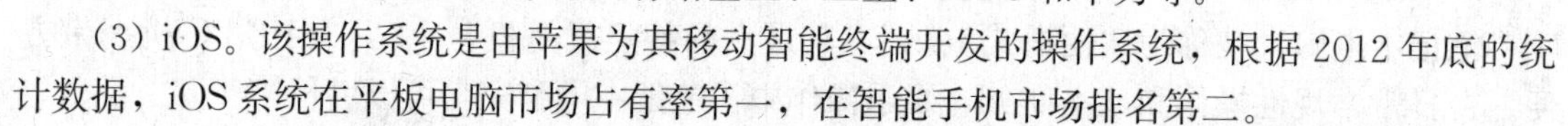

(3) iOS。该操作系统是由苹果为其移动智能终端开发的操作系统，根据 2012 年底的统计数据，iOS 系统在平板电脑市场占有率第一，在智能手机市场排名第二。

还有 Firefox OS、BlackBerry OS 和 Symbian 操作系统，其中 Symbian 操作系统曾经雄踞全球智能手机市场第一的位置。由于不能适应新型智能手机对操作系统的要求以及缺乏完备的生态环境，Symbian 系统的市场应用急剧地萎缩了。

5.2 智能手机的演进

智能手机已成为生活中不可或缺的角色，无论在工作或者是休闲娱乐，都已经成为我们不能远离的亲密伙伴。

5.2.1 PDA 和较早期的智能手机

1. 智能手机之前的 PDA

20 世纪 90 年代，智能手机兴起前，移动终端除广泛地使用 2G 手机之外，还有另外一种个人随身装置兴起：PDA（Personal Digital Assistant，个人数字助理）。一款 PDA 和较

早期诺基亚智能手机外观如图 5-3 所示。

2. 较早期智能手机

（1）使用 Symbian 操作系统的 Nokia 智能手机。较早的 Nokia N70 智能手机系统，使用了移动终端操作系统 Symbian，开启智能手机的新局面。

（2）iOS、Android 新世代智能手机。2007 年正式推出第一代苹果 iPhone 智能手机，苹果 iPhone 操作容易，加上新颖的触控设计。苹果 iPhone 智能手机使用 iOS 操作系统。

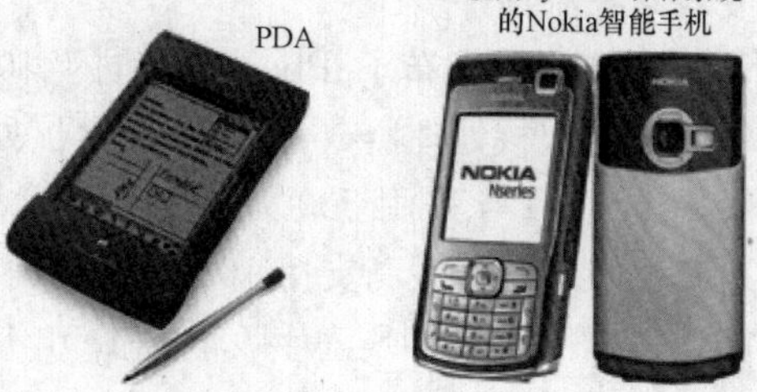

PDA
使用Symbian操作系统的Nokia智能手机

图 5-3 一款 PDA 和较早期诺基亚智能手机外观图

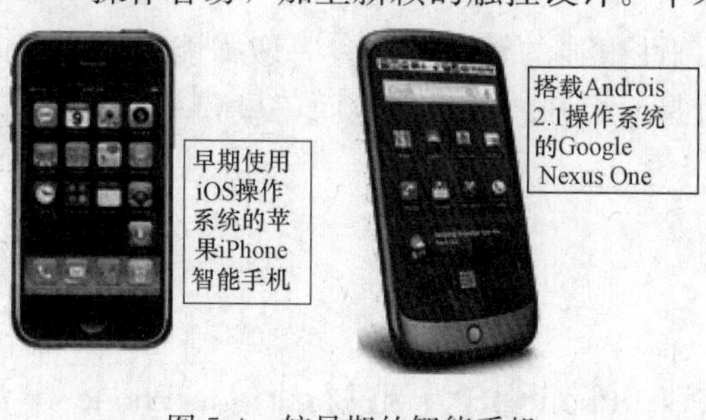

图 5-4 较早期的智能手机

第一代 iPhone 拥有滑动解锁界面设计以及整面的触控荧幕苹果 iPhone 外观如图 5-4 所示。

再后来，Google 收购了安卓 Android 系统。2010 年 1 月 Google 推出第一款旗下的智能手机 Google Nexus One，没有实体键盘，而是使用全触控荧幕（触屏）操作，使用 Androis 2.1 操作系统。

3. 性能更加优良的智能手机

2011 年 6 月韩国三星推出双核心旗舰机 Galaxy S2，搭载了 Androis 操作系统，使用了 4.27in 的大荧幕，以及 800 万像素相机与 200 万像素视讯镜头。

2012 年 HTC One X、三星 Galaxy S3 以及 iPhone 4S 等三大品牌的旗舰机相继推出，这一年智能手机从双核心跃上四核心，触控面板也开始向大尺寸迈进。其中 HTC One X 智能手机，搭载的是 Android 4.0 操作系统，使用了 4.7in 触控荧幕。iPhone 4S 使用了 3.5in 触控荧幕。

2011 年和 2012 年推出到的几款智能手机如图 5-5 所示。

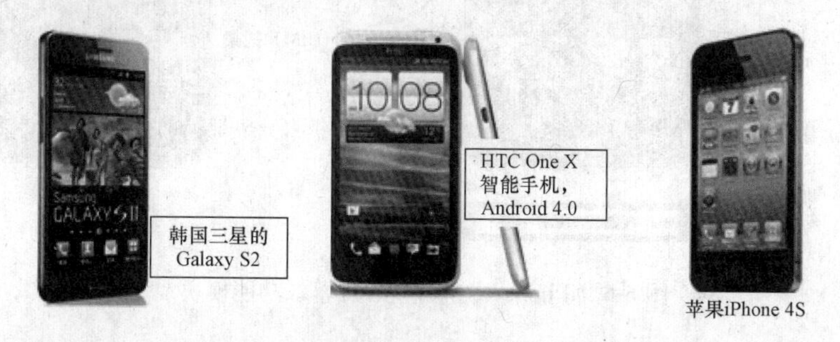

图 5-5 2011 年和 2012 年推出到的几款智能手机

5.2.2 苹果 iPhone 智能手机和部分品牌机

1. 苹果 iPhone 智能手机

苹果 iPhone 智能手机已经推出了一个系列，这里仅介绍较新的几款。苹果 iPhone 使用 iOS 手机操作系统，iOS 系统也有不方便的地方，但它优化得很好，就是说同样的硬件，会

比安卓系统流畅许多。

2010 年 6 月发布了 iPhone 4；同年 10 月发布了 iPhone 4S。Iphone 4 和 4S 的主要区别：4S 采用 A5 双核处理器，4 采用 A4 单核处理器；4S 采用 800 万像素+5 镜片摄像头，支持全景拍摄模式；4 采用 500 万像素+4 镜片摄像头，不支持全景拍摄模式；4S 支持 Siri 功能，4 不支持；4S 最高支持 1080P 全高清摄像，4 最高支持 720P 高清摄像；4S 具备视频防抖功能，4 不具备；4S 蓝牙版本为 4.0，4 蓝牙版本为 2.1。

2012 年 9 月推出 iPhone5，2013 年 9 月推出 iPhone5s，5S 支持 4G。

iPhone 6 于 2014 年 10 月 17 日上市。iPhone 6 的系统为 iOS 8。

2. 苹果手机和普通智能手机的区别

苹果 iPhone 使用 iOS 操作系统，有自己特色性很强的管理模式。一般智能手机使用的操作系统是安卓 Android 系统。因为安卓系统就是一个开放的系统。而三星和 HTC 也采用过 wp7.5 wp8 的系统。

5.3 智能手机的无线网络配置

在讲智能手机的无线网络配置时，主要以苹果 iPhone 4S 为例进行讲解，iPhone 4S 的外观、屏幕、功能模块如图 5-6 所示。

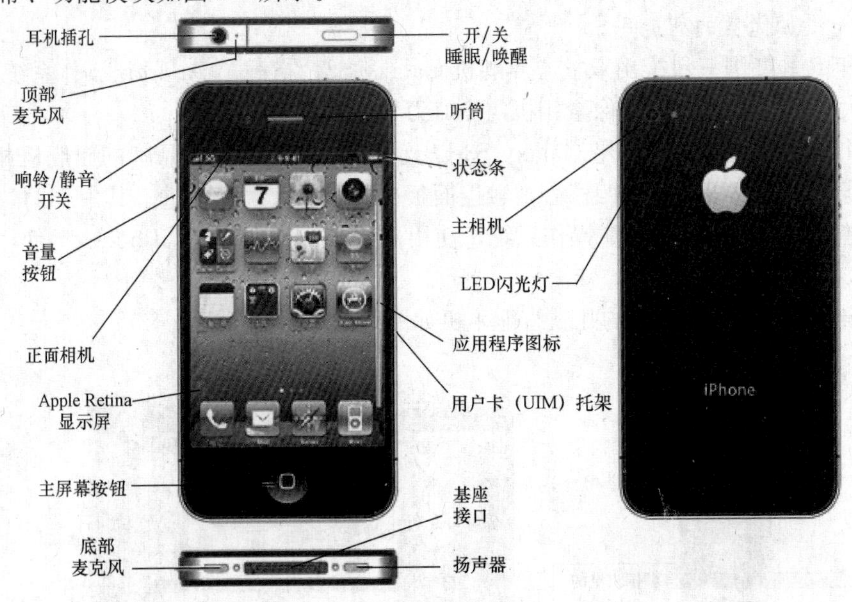

图 5-6　iPhone 4S 的外观、屏幕、功能模块

iPhone 4S 主界面分为状态条、程序区（每个程序图标 有程序名）和任务栏三个部分。

5.3.1 配置网络服务

Wi-Fi 是一种可以将个人电脑和手持设备（智能手机）等终端以无线方式互相连接的技术，而 3G（第三代移动通信技术）是指支持高速数据传输的蜂窝移动通信技术。

Wi-Fi 和 3G 都支持高速无线上网。Wi-Fi 能实现 54Mbit/s（理论上）以上的传输速度，由于 Wi-Fi 的室内覆盖距离仅为几十米，所以支持距离较短，被限制在覆盖范围内。如接入无线路由器的移动终端，如智能手机、平板电脑或PDA等，就只能被限制在该无线路由器的十几米最多二十来米的覆盖范围内使用。而使用3G的设备则没有这个限制，因为3G网络是广域网，覆盖范围非常广阔，前提条件是用户的手持设备需要支持3G，并按3G网络运营商的付费标准支付3G通信流量费用。

对于iPhone 4S用户来讲，应该辨别清楚自己当前使用的是Wi-Fi还是3G网络。在未设置的情况下，iPhone 4S默认使用3G，下面介绍iPhone 4S的上网设置。

打开iPhone 4S进入激活前的配置界面如图5-7所示。

5.3.2　Wi-Fi上网设置

图5-7　iPhone 4S激活前的配置界面

使用iPhone 4S进行Wi-Fi上网设置的过程如下：

（1）在iPhone 4S的主界面点击“设置”→“通用”→“网络”→“无线局域网络”，打开“无线局域网络”窗口。在“无线局域网络”窗口中，单击“无线局域网”右侧的按钮，iPhone 4S开启了无线搜索功能。

（2）iPhone 4S自动搜索周围环境中的无线网络，并显示在“无线局域网络”窗口中。

（3）从“无线局域网络”窗口中的“选取网络…”的无线网络表列中，选择一个需要连接的网络。

iPhone 4S手机桌面和无线局域网选取的窗口如图5-8所示。

iPhone 4S手机桌面

无线局域网选取

图5-8　iPhone 4S手机桌面和无线局域网选取

（4）要说明的是：如果选择的接入无线网络是加密网络，则需要输入密码才能接入，如果选择的网络不是加密网络，没有设置登录密码，就不需要输入密码，直接接入。如果是加密网络，输入网络密码后，单击“加入”按钮，就可以接入无线局域网了。

（5）iPhone 4S连网后，状态栏显示图标。

5.3.3 中国联通的3G上网设置

中国联通是欧洲WCDMA制式3G网络的营运商，iPhone 4S中国联通的WCDMA 3G网络接入设置较为简单，设置过程如下：

（1）在iPhone 4S的主界面点击“设置”→“通用”→“网络”。

设置“网络”如图5-9所示。

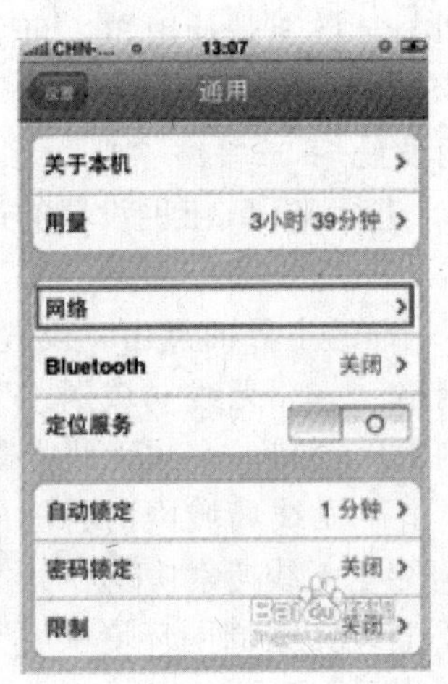

图5-9 设置网络

（2）滑动“启用3G”右边的按钮。

（3）点击“蜂窝数据网络”，如图5-10所示。

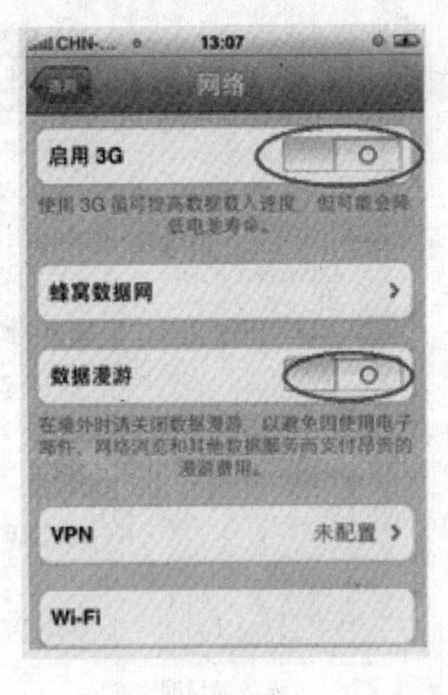

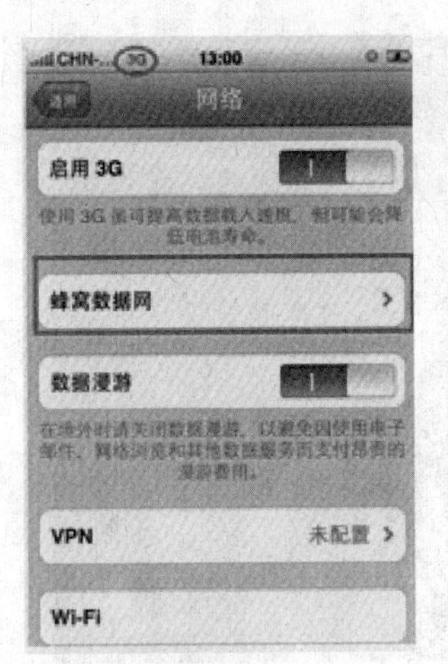

图5-10 “启用3G”和设置3G

（4）在“蜂窝数据”页面中，将APN设置为“3gnet”，即可通过3G网络上网。对于不支持3G的联通卡来说，则需要设置蜂窝数据网，设置方法如下：

1）依次进入“设置”→“通用”→“网络”，将“蜂窝数据”选项打开。

2）点击“蜂窝数据网络”。

3）在“蜂窝数据”页面中，将APN设置为3gnet或3gwap或者uninet即可，并保持用户名和密码为空。

5.3.4 中国移动上网设置

中国移动上网的设置与中国联通的上网设置类同，但是中国移动不支持 WCDMA 3G 网络，所以 iPhone 4S 的中国移动要通过 GPRS 蜂窝数据上网，GPRS 网络属于 2.5G 网络。

设置中国移动上网之前，要先确认 iPhone 4S 持有者的 GPRS 套餐是否同时包括 CMNET 和 CMWAP。

如果支持 CMNET 设置方法如下：

依次进入“设置”→“通用”→“网络”→“蜂窝数据”，在“蜂窝数据”页面中，将 APN 设置为“cmnet”即可，其他的设置都为空。如果只能使用 CMWAP，则将 APN 设置为“cmwap”。

5.3.5 上网流量

和苹果 iPhone 智能手机一样，现有各个不同厂家生产的不同型号智能手机的许多功能都需要上网才能实现，因此就有所谓上网流量的问题。这里的上网流量是指：如果使用 3G 网络，则指 3G 流量，如果使用 2.5G 的 GPRS，则指 GPRS 流量，对于 4G 网络也是如此。实际上智能手机要随时随地上网，会受无线上网流量的限制，控制使用无线上网流量，才能减少流量费用。

在 iPhone 4S 上查看手机 GPRS 流量的操作：

在 iPhone 4S 的桌面上，选择“设置”→“通用”→“用量”→“蜂窝数据用量”，进入“蜂窝数据用量”窗口，就可以浏览到“蜂窝网络数据”信息。

对于型号更新的 iPhone 智能手机，以及其他不同品牌的智能手机，查看流量的操作是类似的。

5.3.6 VoIP 通信

VoIP（Voice over Internet Protocol）是利用 IP 网络实现语音通信的一种先进通信手段，是一种完全基于 IP 网络的语音传输技术，也称为网络电话。使用 iPhone 版的 Skype 可以进行方便的网络语音视频交流，Skype 是网络即时语音沟通软件，具备视频聊天、多人聊天、多人语音会议、传送图像及多媒体文件，进行文字聊天，使用 Skype 用户可以和其他用户进行高清晰地语音对话，并且没有流量费用。要使用 Skype，首先要在 iPhone 4S 上安装 Skype 软件。iPhone 4S 安装了 Skype 后，就可以进行使用设置了：

（1）进入 Skype 窗口后，输入 Skype 用户名和密码。

（2）点击“登录”。

说明：如果没有 Skype 账号，就要首先建立账户，根据引导操作就可以申请注册账号了。

（3）新注册的账号第一次进入 Skype 会看到一个好友，拨通它可以用来测试语音通话效果。

（4）点击右上角的“+”按钮，可以导入 Skype 好友和通讯录上的联系人。

（5）点击左上角的“分组”。

（6）在“分组”界面中，可以用字母筛选联系人，或者依据不同的类别进行分组，点击“所有联系人”。

（7）选择联系人后可以看到好友的个人页面，可以选择给好友打电话或短信聊天。

5.3.7 Safari浏览器和FaceTime

1. Safari浏览器

Safari是智能手机的浏览器，使用Safari可登录网站浏览网页。在智能手机浏览器Safari的设置中，可以选择使用哪个搜索引擎，默认的搜索引擎是“Google”，也可以选择其他的一些浏览器。

与微软的IE浏览器类似，在Safari中也可以对以下一些内容进行设置：是否接受Cookie；清除Safari中的Cookie（清除历史记录）；启用或停用“JavaScript”等。这里的Cookie是指用户终端在线与远端的服务器、站点的通信记录，其中包含了具体站点、服务器、通信对象、登录账户等重要信息。JavaScript则是一种嵌入到W文件中的脚本语言程序的编程语言，JavaScript脚本编程语言编写脚本程序，并嵌入到W源程序代码中。

使用Safari可以浏览网页并打开多个网页；可以复制网页文本、图像，可以拷贝选定的图像等。

2. FaceTime

FaceTime是基于WLAN的视频通话软件，使用FaceTime的环境是接入了Wi-Fi网络，而且通话对方使用iPhone、iPad2等，要求通话的对方也接入了Wi-Fi网络。使用FaceTime进行视频通话的流量是走宽带接入的流量，费用很低。

5.3.8 QQ、MSN聊天和其他功能

使用iPhone 4S可以下载WEB文件即浏览网页，还可以使用QQ、MSN进行即时通信聊天。QQ和MSN等聊天软件都可以在App Store（Alicatio Store，应用程序商店）中免费获得。

1. QQ聊天

QQ是国内最时尚的聊天类软件，使用它可以随时随地与网络好友聊天，即使远在地球的另一边也能享受近在咫尺的感觉。国内用户广为使用的智能手机上的微信就是QQ从PC机引申到智能手机的，从固定的在线终端引申到移动终端。

2. MSN聊天

MSN是微软公司推出的即时消息软件，可以与亲人、朋友、工作伙伴进行文字聊天、语音对话、视频会议、技术交流等。MSN和Skype在国外被广泛地使用。

3. 部分其他功能

iPhone 4S是结合照相手机、个人数码助理、媒体播放器及无线通信的掌上设备。iPhone 4S有800万像素的摄像头，能够拍摄30帧/s的高清视频，并可以编辑视频。

iPhone 4S上的iCloud可以存放用户照片、用户软件、电子邮件、文档，并以无线方式将它们送到用户的所有移动智能终端设备上。

iPhone 4S可以收发短信（包括彩信）；iMessage是一个应用于Wi-Fi或3G环境中的即时通信软件，可以在不同的移动智能终端之间发送、传送文字、图片、视频、位置信息，支持多人聊天。

Wi-Fi或3G是iPhone 4S支持的两种入网方式。

5.4 微信

微信是支持发送语音短信、视频、图片和文字，可以群聊，仅消耗少量流量，适合大部

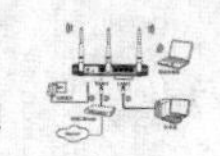

分智能手机的软件，截至2013年11月注册用户量已经突破6亿，是亚洲地区最大用户群体的移动即时通信软件。

5.4.1 微信的推出和版本

1. 微信的推出

微信是腾讯公司于2011年1月推出的一个为智能终端提供即时通信服务的免费应用程序，微信服务跨不同的通信运营商平台，如中国移动的2.5G的GPRS移动无线网络、中国联通的3G移动无线网络等；跨操作系统平台，如安卓系统、iOS系统等。通过互联网（Wi-Fi作为接入网络）快速发送免费语音短信、视频、图片和文字，严格地讲，微信的使用是需要消耗少量网络流量费用的，因为微信是腾讯公司的软件产品，要在线使用必须接入互联网，也可以通过移动无线网来走微信通信产生的数据流，这就需要向互联网网络服务供应商ISP和微信移动网的运营商支付少量的流量费用和渠道使用费用。

微信可以使用通过共享流媒体内容的资料和基于位置的社交插件“摇一摇”“漂流瓶”“朋友圈”“公众平台”“语音记事本”等服务插件。

用户可以将摄制到的图片、视频及多媒体作品通过微信分享给好友及好友圈，同时还能将其他朋友发送的精彩内容分享到微信朋友圈。

尤其是，大量由微信用户原创短小精悍的知识型、智慧型、经验型、幽默型的短文、多媒体作品、微视频、充满美感的图片群、充满积极向上的微型交流作品、旋律优美的音乐作品通过微信使大量的微信受众获益匪浅，从中吸取知识营养、吸取积极向上的阳光精神、吸取快乐、吸取提高素质水平的知识技能，大量交流关于健康的经验知识。微信带给大量用户、带给社会发展的那种正面推动和影响作用已经非常明显地显现出来了。

2. 微信的版本

微信的发展经历了一个功能不断增强，版本不断更新的过程，微信的版本发布时间演进如图5-11所示。

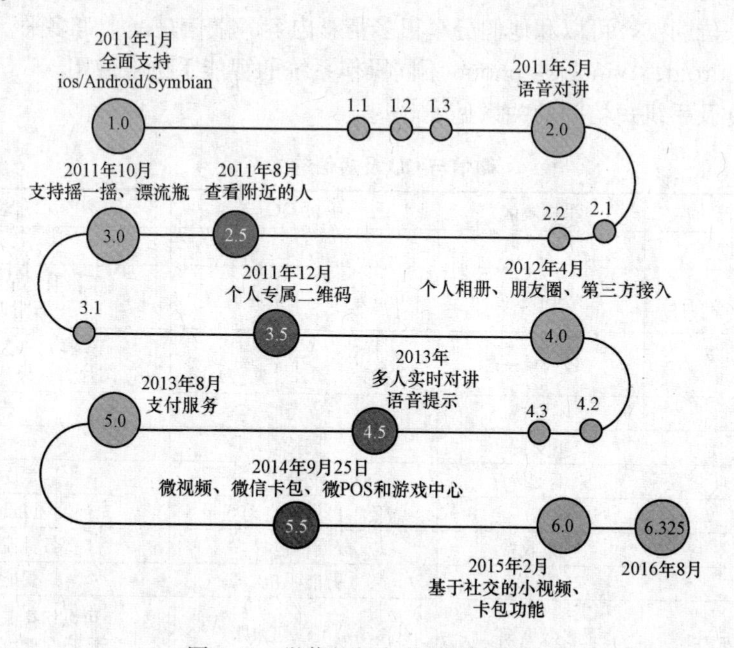

图5-11 微信的版本发布时间演进

5.4.2 短信、微信与 QQ 的关系

1. 短信与微信的关系

手机短信形式单一，信息容量小，使用手机虚拟键盘输入字符和数字，速度慢并且输入麻烦。尽管短信可以使用群发同时向许多用户发送，但操作速度还是不快，不管是逐条发送短信还是群发短信，走的都是 2G、2.5G 和 3G 的移动无线网络，要向这些运营商支付流量信息费。使用短信还无法实现同步实时性的多边群体交流。

而微信情况就不一样了。微信形式内容多样化，既可以发送短信息，同时能够发送语音、视频、多媒体文件等大数据码流文件，信息容量大，可以是文字、声音、图片、视频、第三方应用，可以从电脑端输入文字，拥有朋友圈快速分享模式，微信不像手机短信信息直接耗费移动无线网的流量费，而仅仅消耗很少量的流量费。

手机微信不是为了取代短信而设计的，也不是为了取代 QQ 而设计的，但是微信将手机短信的优势和 QQ 的优势都结合到了一起，这样一来大量使用手机短信的用户同时又接受了微信，大量使用 QQ 的用户同时也接受了微信，这样一来，微信确实取得了很大的成功，这可以从很多不使用新媒体的中老年人使用智能手机和较多地使用微信的情况得到证明。

2. 微信与 QQ 的关系

微信实际上将腾讯公司的 QQ 从 PC 延伸到智能手机终端，同时功能与 QQ 相比，增加了新的功能，如微视频、多人实时语音对讲、支付服务等。

我们知道，QQ 支持实时语音聊天、实时视频聊天；手机则直接使用实时语音通话，微信的语音聊天也在取代一部分实时语音通话，不仅能进行实时语音、视频聊天，还能实现多人的实时视频、语音聊天。而且微信语音对讲模式不需要立即响应，可以存储微语音文件和信息。相当于起到了电话留言信箱的作用，这对于不方便接电话和实时语音沟通的情境和人群很适用。

微信可用 QQ 号直接登录，可以接收、回复 QQ 离线消息。只要有网络，使用微信就可以联系上任何一位朋友，可以和他们分享很多精彩内容。微信是一个跨多平台的软件，可以在使用 Ios、Android、Windows phone 不同操作系统的智能手机上使用。

微信与 QQ 及手机短信间的关系见表 5-1。

表 5-1　微信与 QQ 及短信的关系

性能特征比较	手机短信	手机 QQ	微信
信息包含的数据量	小	大	大
好友群来源	通信录	QQ 好友、手机通信录	手机通信录、QQ 好友、查看附近的人等
信息形式及种类	较为单一	多样化（文字、声音、视频、图片、文件）	多样化（文字、声音、图片、视频、第三方应用）
朋友圈支持	不支持	支持	支持
群聊模式	不支持	支持	支持
视频通话	不支持	支持	支持
登录	否	需要，可设置自动登录	需要，可设置自动登录
费用	按条收费	按流量包月	各种流量套餐
手机限制	无	智能手机	智能手机
手机绑定账户	最多双卡模式	移动端可以切换账户	可以切换账户，但一个账户只能绑定一个手机

5.4.3　微信的聊天功能

微信是一款基于移动互联网的手机终端应用软件，微信支持QQ号、微信号、手机号三种方式登录。

1. 微信聊天

微信的聊天功能内容很丰富，功能强大。微信聊天可以采用：短信聊、语音聊、文字聊、视频聊；单独聊、一起聊（一个群里聊天可对面视频）；同步聊、异步聊。

微信的语音对讲和群聊成为移动互联网的两项特色服务。微信通信费用小，1MB的网络流量费用（这里是指互联网的流量，而不是移动无线网的流量），可发大约1000条文字信息，近20min的语音信息，约1min的视频信息。几十MB的包月流量，费用非常低廉，但发送的微信条数可达几千条，如果这几千条微信换为电话语音通话，则费用不菲，因此使用微信节约电话通信费用。

微信聊天的时候，可以分享的内容很丰富，可以插入视频、图片、地理位置、音乐和第三方信息。

2. 多种输入方式

微信为用户输入信息提供了多种方式，如文字、表情、图片、视频、位置、名片、语音、实时对讲、视频通话输入等，其中语音对讲又可以分为同步和异步方式。

5.4.4　微信的流量费用

1. 为什么微信有流量费

说起微信有很少的流量费，先要从中国的三大运行商中国移动、中国电信、中国联通的运行情况说起。2009～2012年三大运营商的每户用户付费变化表见图5-12。

运营商的信道分为控制信道和业务信道。信令走控制信道，流量、语音走业务信道。微信的业务机制要求其频繁发出信令、好友状态更新、群消息、多人通话、重置链接等，会占用大量信令资源，同时也会消耗大量网络资源。当微信用户数还比较少时，对移动网络并没有造成太大影响，但是当用户达到一定数量级，就会造成运营商的控制信道拥堵。

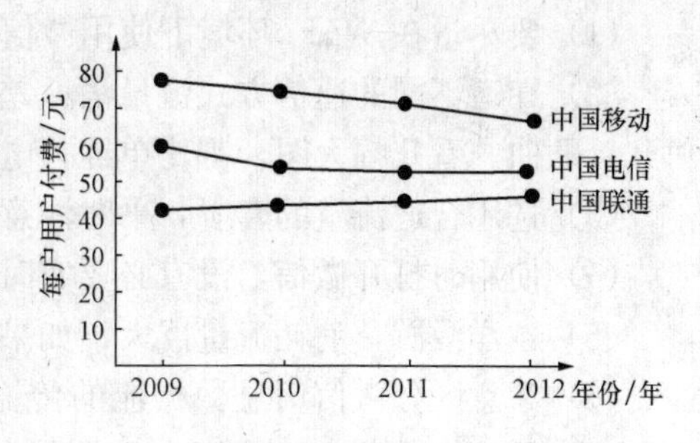

图5-12　三大运营商的每户用户付费变化

微信应用虽然只占用了不到10%的移动网络流量，但是却消耗了60%的信令资源。

“微信收费”不是指运营商向微信用户收费，而是运营商对微信所占用的网络资源进行收费，收费的对象是提供微信服务的服务商而不是用户。腾讯的微信，以免费方式运行的同时，还在占用传统电信业务如手机短信、语音通话的市场；还消耗大量的移动通信资源。现有微信业务对运营商基础网络造成资源大量占用的成本就会由运营商和微信服务商分担。

如果说对微信收费，那是指运营商向腾讯公司收费，而不是向用户收费，属企业间的合作成本分担与利益再分配。腾讯公司可将成本转嫁给广告商，用户仍可以免费使用手机微信。

无论从技术手段，还是从目前运营商内部讨论来看，所谓收费无外乎三种方案：一是向用户收费；二是向提供微信服务的企业收费；三是采用分成的模式进行分成收费。

2. 实际的微信收费情况

使用微信的任何功能都是不收取费用的，但占用移动无线网的信令信道产生的流量费是收取的，所以使用微信应该配合流量套餐使用。30MB 的套餐可以支持 150min 的通话，因此微信走上网流量的费用比通过电信线路通话的费用低很多。

由于用户购买了限定数据流量的套餐，即已经付费，三大运行商就不能再对微信用户重复收费，而腾讯公司一直没有对用户收费，为微信付费的实际情况就是两种：

（1）运营商向腾讯公司直接收费。使用微信的用户，需要总是处于在线的环境中，这样一来微信用户会消耗运营商大量的信令和分组数据，于是网络运行商要对微信收取费用，由于很多宽带用户的月接入费用是固定的，无法再收费，所以通过一定的流量套餐就不再需要另外收费了。

（2）运营商与腾讯公司做流量经营并分成利润。运营商针对不同的流量设定不同的控制策略和计费规则，如按应用计费，按 URL 计费、按时段计费、按内容类型计费等，这就是流量经营。

3. 微信用户怎样节省费用

微信已经成为移动互联网的基本功能之一，是将 PC 机上许多功能转移到移动智能终端上来，因此微信就成为移动互联网的一个入口。要注意的是，微信的主要数据流量走的是互联网，这一部分无需付费，因为用户已经为宽带接入付过费了，而微信的另一部分信息走信令信道，这部分的信息流量是要收费的。

为减少微信的少量流量费用，同时还要有较高性能的使用微信，用户需要注意以下几个方面（使用移动无线网和 Wi-Fi，都要消耗流量）：

（1）要尽量在 Wi-Fi 环境下使用微信，尤其是上传或下载图片、视频文件的时候。

（2）知道不同的通信方式流量消耗差别很大，如来一次视频通话、搞几次语音互动、提供几首歌曲、看几幅大图，都比单纯打电话耗用的流量大得多。

（3）选用合适流量的套餐，平时注意查看流量，限制使用流量。

（4）使用时打开微信，没有必要实时在线。

（5）越洋漫游，消耗流量巨大，如果是和国外的微信用户交流，应使用国际漫游。

（6）注意区分微信信息数据流的传输路径：非信令的数据流量走的路径是智能手机→WLAN（Wi-Fi 网络）→ADSL→互联网；而控制信令走移动无线网运营商和宽带接入网络服务供应商的部分信令信道假定用户使用 ADSL 上网。

（7）为防止流量过大，在非 Wi-Fi 环境下，避免使用微信进行视、音频通话，如果双方都在 Wi-Fi 有效的覆盖环境中，使用视频聊天消耗流量不大（指走信令信道的流量）。

5.4.5 合理使用微信的环境要求

要合理地使用微信，就要密切关注智能手机是否在 Wi-Fi 有效覆盖的环境中。下面介绍怎样经常关注 Wi-Fi 覆盖的情况：

微信用户进行视频对话时，如果对话双方都已经接入 Wi-Fi 网络，此时进行视频对话是最通畅的；若一方接入 Wi-Fi 网络，另一方没有接入 Wi-Fi 网络，也可以进行视频通话，但速率要低很多，而且使用 3G 通信的一方话费的 3G 流量费就较高；如果双方都没有接入 Wi-Fi 网络，而且都使用 3G 手机，则通信的两方都耗费 3G 流量，视频通话的效果比接入 Wi-Fi 环境要差，因为 3G 网络的静态传输速率是 2Mbit/s，而 802.11g 制式下的 Wi-Fi，理

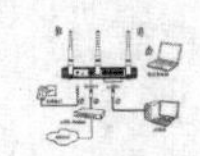

论通信速率可以达到 54Mbit/s。

以天语智能手机为例，监控 Wi-Fi 覆盖的操作如下：

（1）打开智能手机的桌面后，触及“设置”按钮，打开“设置”窗口，在“设置”窗口中看到“WLAN”的功能条，如图 5-13 所示。

图 5-13　查看 Wi-Fi 覆盖

（2）点击“设置”窗口中的“WLAN”的功能条，打开“WLAN”设置窗口，看到智能手机处于网络名为“zhangsj”的无线局域网有效覆盖中，如图 5-14 所示。

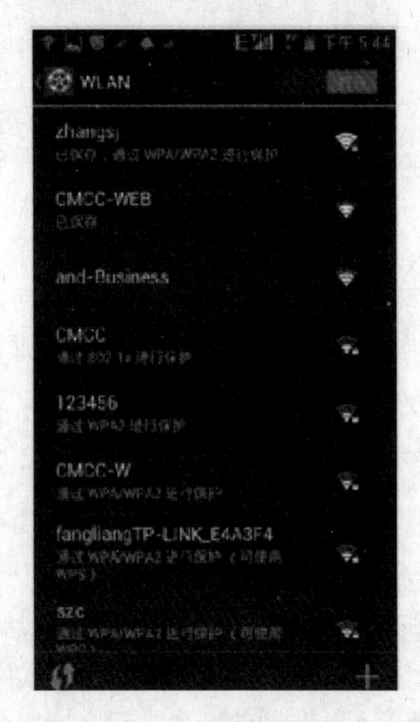

图 5-14　查看 Wi-Fi 覆盖的情况

从图 5-14 看到，用户的智能手机已经接入 Wi-Fi，如果此时这个 Wi-Fi 网络连接到了互联网，则用户实际就已经接入了互联网。从图中还看到，网络名为“zhangsj”的无线局域网的信号强度是“强”，使用了安全密码保护，只有知道“zhangsj”无线局域网登录密码的用户才能登录接入该网络。

有些读者会问为什么很多宾馆、高校或公交车上有免费的 Wi-Fi 覆盖，那是因为这些地方敷设了无线局域网，即进行了 Wi-Fi 覆盖，没有采用安全登录举措，任何用户都可以登录的无线局域网，不需要密码就可以登录。

5.5 使用微信的无线网络环境

5.5.1 三大运营商提供的移动无线网络环境

1. 三大运营商的用户数量

中国移动、中国联通和中国电信这三家国内三大运营商占有的用户总数情况如图 5-15 所示。

三大运营商的运营网络中都包括 3G 网络，各自拥有的 3G 用户数量比例如图 5-16 所示。

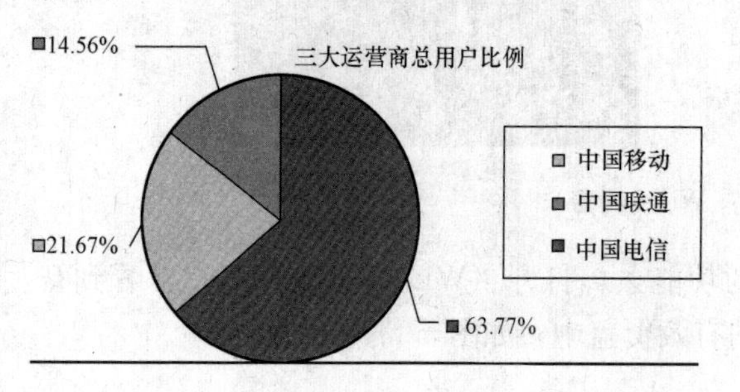

图 5-15 三大运营商占有的用户总数情况

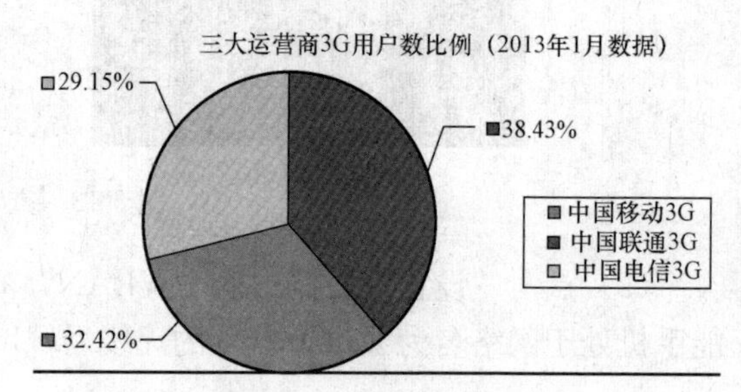

图 5-16 3G 用户数量比例

2. 运营网络的情况

中国移动、中国联通和中国电信三大运营商的网络经营情况如图 5-17 所示。

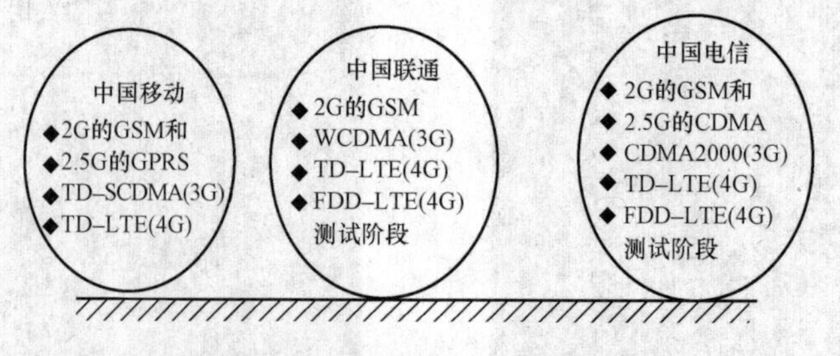

图 5-17 三大运营商的网络经营情况

5.5.2 2G、3G、4G 和 Wi-Fi 网络的数据传输速率

微信通信的数据流量主要走互联网信道，但微信用户使用的移动智能终端必须接入 GPRS、CDMA、3G、4G 等移动无线网络，即微信用户还必须要使用移动无线网络的信令信道传送信令和分组。Wi-Fi 网络仅仅是用户手机接入互联网的一个入口，同时是互联网信

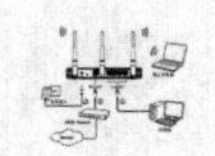

道的一部分。下面将微信用户使用的移动无线网络及 Wi-Fi 网络的主要性能参数介绍如下：

1. 2.5G 的 GPRS 网络（GPRS 是 GSM 网络的升级）

GPRS 的理论速率可以达到 171.2kbit/s。

2. 2.5G CDMA 网络（码分多址：Code Division Multiple Access）

与 GSM 相同，CDMA 也有 2 代、2.5 代和 3 代技术；2.5G CDMA 的速率是 153.6kbit/s。

3. 3 种制式 3G 网络的理论速率

CDMA2000：下行 2.4Mbit/s，上行 156kbit/s。

WCDMA：支持 384kbit/s 到 2Mbit/s 不等的数据传输速率，在高速移动的状态，可提供 384kbit/s 的传输速率，在低速或室内环境下，可提供高达 2Mbit/s 的传输速率。

TD-SCDMA：和其他两种 3G 制式相比，该制式的 3G 速率是最慢的。

4. 4G 网络（包括 TD-LTE 和 FDD-LTE 两种制式）

4G 是集 3G 与 WLAN 于一体，并能够快速传输数据、高质量、音频、视频和图像等。4G 能够以 100Mbit/s 以上的速度下载。

5. WLAN（Wi-Fi）网络

802.11g：54Mbit/s。

802.11n：540Mbit/s。

这里要说明的是，以上所讲的各种制式的移动无线网络技术及 WLAN 网络的数据传输速率均为理论速率，工程实际中使用的速率和理论速率差距还是很大的，如使用一台三星智能手机，配置了一台理论速率为 150Mbit/s 的 802.11n 无线路由器，接入 Wi-Fi 后，实际速率仅为 72Mbit/s，如图 5-18 所示。

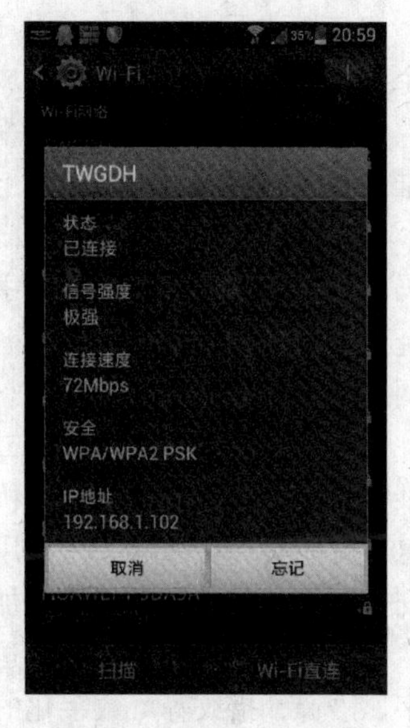

图 5-18　测试 Wi-Fi 的实际速率

5.6　微视频、微信语音和微信二维码

微信作为国内移动互联网的一个应用，已经吸纳了大量的用户，对使用微信用户的生活、工作产生了巨大的影响，对整个社会生活的影响十分巨大。其中微视频、微信语音和微信二维码在微信交流中大量地使用。

5.6.1　微视频

微视频是指短则 7s，长则不超过 20min 的短小视频。微视频内容丰富、形态多样，具体形式有小电影、纪录短片、DV 短片、视频剪辑、视频广告等。微视频可通过 PC 机、智能手机、摄像头、DV（数码摄像机）、DC（数码相机）和 MP4 播放器（既能播出语音同时也能播放视频的设备）等多钟视频终端摄录和播放。微信中也大量地使用了微视频。

微视频对用户的冲击力度比图片、文字威力更大，一个好的微视频可以给企业带来大量的客户，一段使人影响深刻的微视频，在吸引用户目光的同时，还可以为厂家的品牌产品带来一个好口碑。

5.6.2 微信语音

微信移动社交平台支持发送语音短信进行用户交流的功能，如果用户厌倦手机键盘或手写输入发送短信，可以采用语音这种很受欢迎的微信交流方式。腾讯在微信 5.0 的版本中就已经加入了能够进行语音、文字转换的功能，即使用了语音识别技术。用户使用这种功能可以直接在聊天中进行语音输入。如果用户不想手动文字输入，而与之交流的用户可能由于一些特定的原因不方便接听语音信息的时候，可以利用上述的语音识别技术将语音转化为文字信息发出。

5.6.3 微信二维码

在移动互联网时代，用户通过扫描二维码进行手机上网、购物、会议签到和实现个体与企业的交流等，二维码已经成为电商平台连接线上线下的重要路径。

二维码是按一定规律在平面上分布的黑白相间，记录数据信息的特定几何平面图形。二维码在横向和纵向两个维度上存储及记录信息。

二维码生成后需要有专门的解码器进行解码。采用红外探头抓取图像，智能手机使用解码软件进行解码，只要智能手机安装了识别软件，用摄像头对准二维码摄入，就能立即获得企业、产品的信息，附加一个连接目标 URL 地址的链接，可直接打开存储 Web 文件的网站。

许多现代企业充分利用二维码本身携带营销及链接信息进行二维码营销，如用户扫描了某种品牌商品的二维码，手机内就会出现一个在线购买的窗口界面，用户输入简单的一些信息后就能实现在线购买。使用二维码基本上是较安全的，使用二维码微信移动支付既快捷又安全，因为二维码中可引入加密措施和保密防伪。

二维码载入的信息量可达到 1000 多个字节，应用范围广，编码范围广，可将图片、文字、语音、指纹等可数字化的信息编码。

第6章　无线传感器网络

无线传感器网络技术在21世纪中能够对信息技术、经济和社会进步发挥重要作用。该技术的发展有巨大的潜力，其成果的应用将会对人类未来的生活产生重要的影响。

无线传感器网络技术的应用领域十分广泛，如建筑环境中对部分物理量进行监测控制、环境监测、军事国防、交通安全管理、矿山安全监测等领域。

无线传感网技术还是物联网的支撑性技术之一。

6.1　无线传感器网络基础知识

6.1.1　无线传感器网络的结构和工作原理

1. 结构

无线传感器网络由4个基本部分组成，包括无线传感器节点、网关节点（Sink节点）、传输网络和远程监控中心，其组成结构如图6-1所示。

2. 工作原理

无线传感器节点分布在需要监测的区域，监测特定的信息、物理参量等；网关节点将监测现场中的许多传感器节点获得的被监测量数据收集汇聚后，通过传输网络传送到远端的监控中心。

传输网络为传感器之间、传感器与监控中心之间提供通畅的通信，用于在传感器与监控终端之间建立通信路径。

无线传感器网络中的部分节点可以移动，甚至网络中的全部节点都可以移动，但网络节点发生较大范围内的移动，势必会使网络拓扑结构也会随着节点的移动而不断地动态变化。节点间以Ad Hoc的自组网方式进行通信，网络中每个节点都可以充当路由器的作用：本身能够对现场环境进行特定物理量的监测，还能够接收从其他方向传感器送来的监测信息数据并通过一定的路由选择算法和规则将信息数据转发给下一个接力节点。网络中每个节点还具备动态搜索、定位和恢复连接的能力。

6.1.2　无线传感器网络的特点和网络体系结构

1. 特点

无线传感器网络是一门融合多种新科技并具有鲜明跨学科特点的新技术。无线传感器网络特点如图6-2所示。

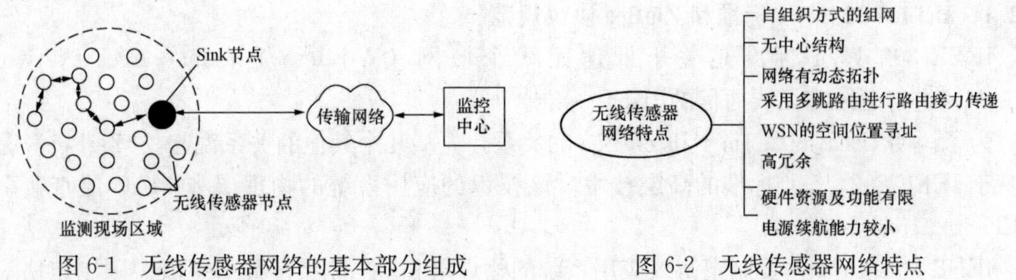

图6-1　无线传感器网络的基本部分组成

图6-2　无线传感器网络特点

2. 网络体系结构

无线传感器网络体系有多种典型结构，组网方式因使用环境和具体应用要求的不同而不同，多种典型结构如图 6-3 所示。

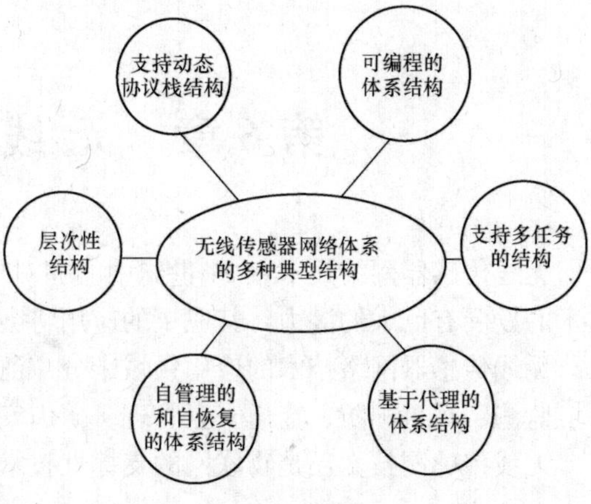

在进行无线传感器网络体系结构设计时，不管是哪种体系结构，都要着重考虑以下一些方面的内容：

（1）对节点资源高效率的利用。

（2）支持网内数据处理。

（3）支持协议跨层设计。

（4）支持多协议。

（5）支持多种有效的资源发现机制。

（6）支持可靠的低延时通信。

（7）支持容忍延时的非面向连接通信。

（8）具有良好的开放性。

（9）使网络具有较好的安全性。

支持动态协议栈结构
可编程的体系结构
层次性结构
无线传感器网络体系的多种典型结构
支持多任务的结构
自管理的和自恢复的体系结构
基于代理的体系结构

图 6-3　多种网络体系典型结构

6.1.3　传感器节点的体系结构

在不同的应用环境中，无线传感器网络的组成是基本相同的，但各部分的实现形式可以多种多样，如传输网络部分、网关节点部分和无线传感器节点等。无线传感器节点一般由数据采集、数据处理、数据传输和电源组成。传感器节点的组成如图 6-4 所示。

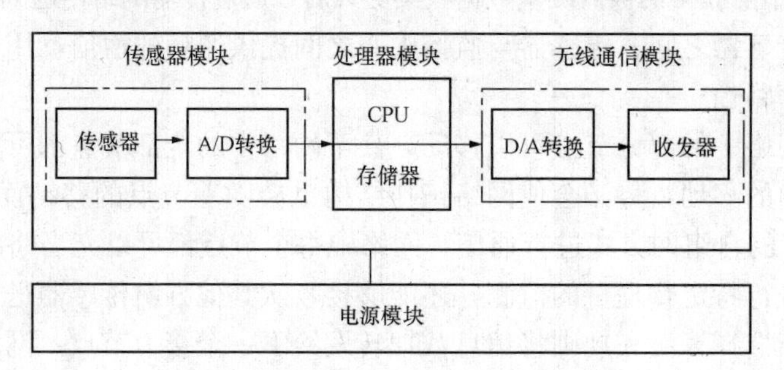

图 6-4　传感器网络节点的组成

6.2　IEEE 802.15.4 标准、ZigBee 协议规范和网络拓扑

6.2.1　IEEE 802.15.4 标准和 ZigBee 协议规范

IEEE 802.15.4 标准是关于低速无线个域网（Wireless Personal Area Network，WPAN）进行短距离无线通信的 IEEE 标准。

为了说明 IEEE 802.15.4 和 ZigBee 的关系，先从几个其他的关系说起。“ZigBee”是一种基于 IEEE 802.15.4 标准的高层技术，该技术的应用系统的物理层和 MAC 层直接引用 IEEE 802.15.4。

IEEE 802.15.4 主要制定协议应用系统的物理层和 MAC 层；ZigBee 联盟则制定协议应

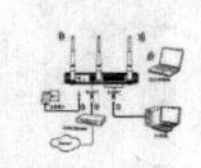

用系统中的网络层和应用层，主要负责实现组网、安全服务等功能以及一系列实际应用的解决方案，负责提供兼容性认证，市场运作以及协议的发展延伸。通过兼容性认证，就保证了消费者从不同供应商处买到的 ZigBee 设备可以一起互联互通地进行工作。

ZigBee 技术基于 IEEE 802. 15. 4 标准，ZigBee 联盟对网络层协议和应用编程接口 API 进行了标准化。ZigBee 协议栈架构仅定义了与其应用相关的几个层；IEEE 802. 15. 4 标准定义了物理层和 MAC 子层，ZigBee 标准在这个基础之上扩展了网络层和应用层框架，如图 6-5所示。

ZigBee 协议栈体系结构由应用层、应用汇聚层、网络层、数据链路层和物理层组成，如图 6-6 所示。

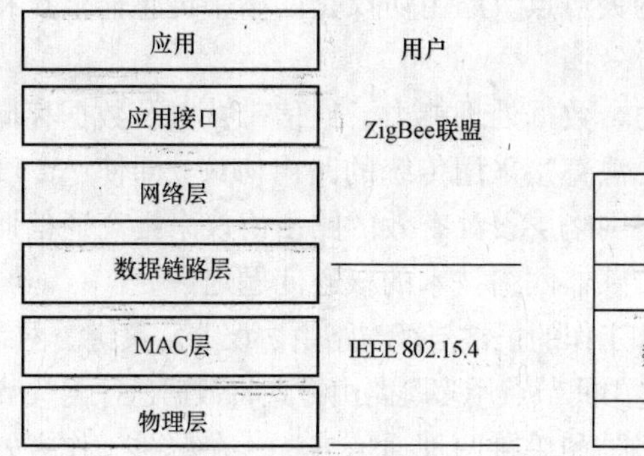

图 6-5　ZigBee 协议栈模型

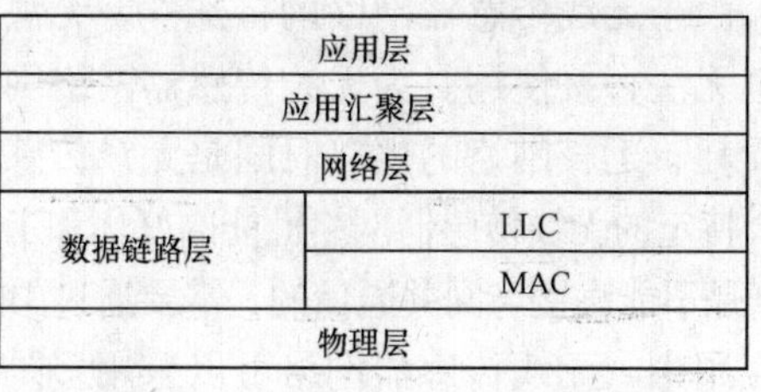

图 6-6　ZigBee 协议栈体系的层级结构

应用层定义了各种类型的应用业务，是协议栈的最上层用户。应用汇聚层负责把不同的应用映射到 ZigBee 网络层上，包括安全与鉴权、多个业务数据流的汇聚、设备发现和业务发现。网络层的功能包括拓扑管理、MAC 管理、路由管理和安全管理。

6. 2. 2　ZigBee 网络拓扑

ZigBee 网络组网可以灵活地采用多种拓扑结构，可以采用星形、网状和混合状拓扑等，如图 6-7 所示。

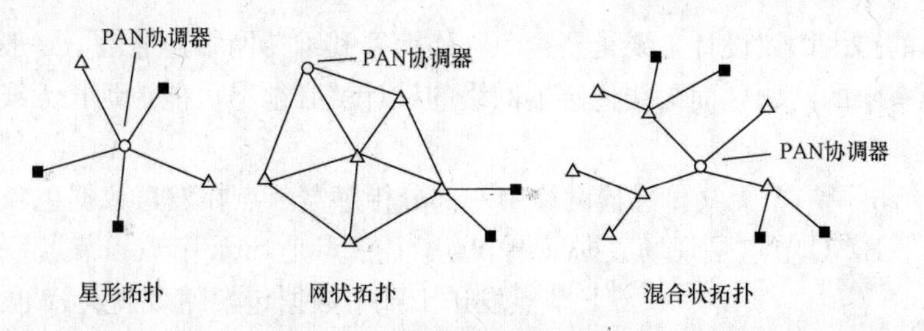

图 6-7　ZigBee 网络拓扑结构

△—全功能器件；■—精简功能器件

星形拓扑组网简单、成本低，但网络覆盖范围小，一旦中心节点发生故障，所有与中心节点连接的传感器节点与网络中心的通信都将中断。星形拓扑组网时，电池使用寿命较长；网状拓扑组网可靠性高、覆盖范围大，但电池使用寿命短、管理复杂；混合状拓扑综合了以上两种拓扑的特点，使 ZigBee 网络更灵活、高效。

6.3 无线传感器网络的路由协议

6.3.1 为什么需要路由设计

在无线传感器网络技术的研究和应用中，路由协议这部分内容占有很重要的位置。由于无线传感器网络是一个多跳路径传输数据、动态的自组织网络，其中的节点位置分布在很多情况下都是随机的，节点间通过多跳路径来进行数据转发和数据交换；随着电源的耗尽，部分传感器节点会退出网络，同时部分新的节点也可能会随时加入网络中，这些情况都将导致网络拓扑结构的动态变化。面对动态的网络拓扑，就有相应的路由协议进行动态的数据分组转发，将传感节点的数据分组信息传送到网关节点。路由协议是网络中传感器节点相互通信的基础，同时也是网络层的主要功能。

无线传感器网络中节点的电源续航能力、数据处理能力、通信带宽以及数据存储能力都很有限，由于无线传感器网络的特殊性，无法直接采用传统的路由协议，即使 Ad Hoc 的路由协议也无法直接使用。为无线传感器网络网络层设计有效的路由协议来提高通信质量、降低能量损耗、延长网络的生存时间是无线传感器网络技术的核心问题之一。

一个特定的无线传感器网络性能的好坏和工作的正常与否与路由协议非常关键。网络中的大多数节点是不能直接与网关通信的，需要通过中间节点用多跳路由方式将数据送往网关节点。

在应用中，无线传感器网络可以采用多跳和单跳两种通信方法。在单跳工作方式下，无线传感节点直接与其他无线传感节点或外部基站联系，而在多跳工作方式下，两个无线传感节点间的通信可能包含了一条传送链内的多次跳跃式传输序列。单跳通信通常发生在基站和无线传感节点间，如直接将传感器采集上的数据送给监控终端就是一种单跳方式；一般情况下的无线传感器网络节点间的通信是采用多跳方式工作的。

6.3.2 优化能量消耗和均衡能量消耗

无线传感器网络的有效性和整体性能在很大程度上取决于网络的路由技术。路由设计技术中包含优化能量消耗及均衡能量消耗的内容。

1. 优化能量消耗

传统网络的路由协议设计主要是要避免网络拥塞和维持网络连通性，一般无需考虑网络设备驱动能源有限的问题，而无线传感器网络的设计就必须尽可能地延长无线传感器网络的生命周期。

如图 6-8 给出了一个无线传感器网络中一部分传感器节点在发送数据包和接收数据包的情况。图中 A、B、C 节点是现场数据采集节点，F 节点是 Sink 节点。节点 C 和 B 开始各向 F 节点发送 100 个数据包，随后节点 A 也向 F 节点发送 200 个数据包。假设不进行能量管理，仅从负载平衡方面考虑，理想的传输路径分别是 CEF、BEF 和 ADF；但是要实施能量管理时，如果限定每个节点最多可以向下一个接力节点发送 200 个数据包，以上的理想路径就变得不理想了。

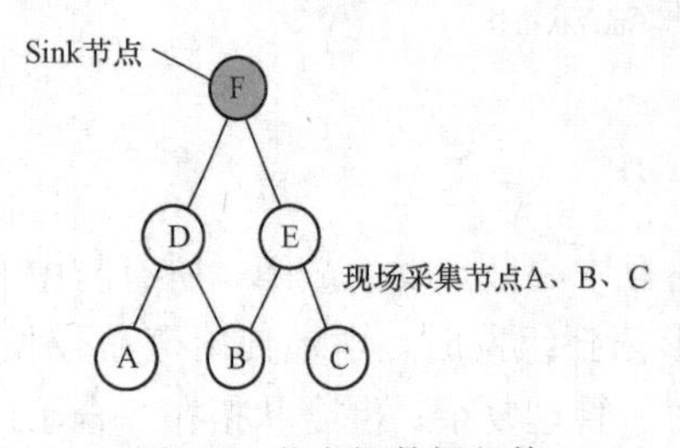

图 6-8　节点间数据包传送路由的举例

节点 E 在将节点 A 的 200 个数据包转发给节点 F 之前，已经消耗了自身 50%的能量用来将节点 C 的 100 个数据包转发给节点 F。所以在进行能量管理的情况小，理想的路径应当为 CEF、BEF 和 ADF。

从该例看到，可以通过路由设计来达到减少节点间数据包传送时的能量消耗。

2. 均衡能量消耗

设计网络路由协议时，还需要同时考虑均衡能量消耗。尽量使节点的使用率均衡，避免因频繁使用某条路径或者某几个节点，而使这些节点的能量很快耗尽，从而造成网络覆盖的残缺，获得的监测数据不完整。由于不能够进行均衡能量消耗，导致网络的生命周期降低。

3. 传输路径的优化选择

传输路径的优化选择具体体现在多跳路径的合理选择和优化传输路径上。

无线传感器网络是短距低功耗的数据网络，由于每个节点的通信的距离短，必须要依靠节点间的接力来传递数据，即采用多跳的传输方式同时实现节省能量的目的。采用多跳路由的传输方式来节省能量，降低信号的空间损耗，但是在数据传输过程中数据包接力次数（跳数）也要适宜，路径上的多跳节点需要合理地选择才能实现以较少的能量消耗完成将数据从采集节点向网关节点的传送。

6.3.3　网络分层路由

网络分层路由的基本思想是：将无线传感器网络中的传感器节点分成多个簇，每个簇都由一个簇首和若干个簇成员组成，所有的簇首再形成高一级的网络；在高一级的网络中，继续分出簇头和簇成员，再由本级网络中大的簇头组成更高一级的网络，最后达到网络的汇聚节点。在这种网络分层中，簇首节点负责对该簇内所有簇成员采集的数据进行收集和处理，这种处理包括对大量冗余信息的处理，还负责不同簇之间数据的转发。通过这种网络分层路由来减少传输的数据量，将经过融合处理的数据送给网关节点。分层路由的实现如图 6-9 所示。

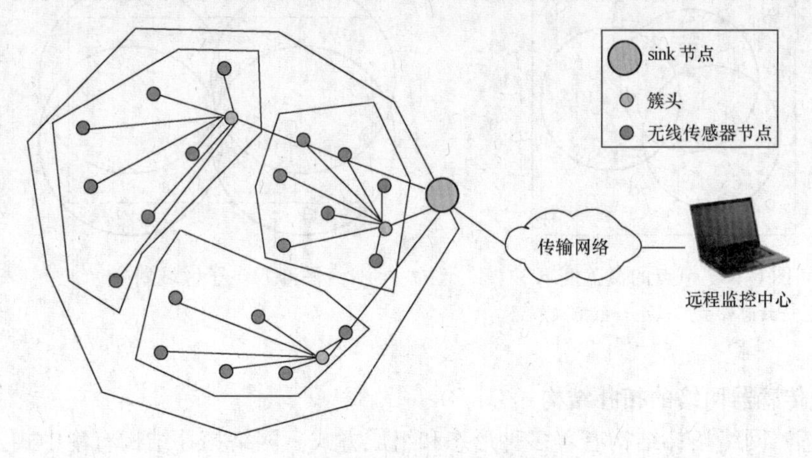

图 6-9　分层路由的实现

网络分层路由典型的路由协议还有 LEACH（Low Energy Adaptive Clustering Hierarchy）协议等。

6.4　区域覆盖控制和拓扑控制技术

6.4.1　区域覆盖

许多应用场所的无线传感器网络布置具有随机性，传感器节点的布置也是随机的，在这种情况下，存在大量的冗余节点，这就必然带来大量的数据冗余，形成对网络软硬件资源的浪费，并使网络生存时间大为缩短。

为了使传感器节点群整体以及无线传感器网络整体工作在经济运行及节能状态，将全部传感器划分为若干个互不相交的节点集合，每个节点集合必须完全覆盖监测区域。在任意特定时刻，仅有一个节点集合处于激活状态及工作状态，而其他节点集合则处于低能耗的休眠状态，通过一定的算法控制调节不同的节点集合有序交替激活工作，实现网络资源包括硬件资源、软件资源以及各传感器节点携载能源的消耗最小。通过这种有效的划分，划分出的节点集合数量越多，网络携载能源消耗速度越慢，同时又不影响传感器网络的正常运行工作，增加了无线传感器网络的生存时间。

下面使用传感器节点的二元感知模型来分析覆盖控制中的传感器节点集合的感知范围。在被监测区域中的某一点，如果有 K 个传感器节点中心与该点的欧式距离小于各自的感知半径，则该点的覆盖度叫 K，如图 6-10 所示。

对于被监测点 A 来讲，在被监测区域中有 3 个传感器节点，距 A 点的距离小于其感知半径，所以 A 点的覆盖度是 3。

使用下面的方法将进行子区域划分：根据各点的覆盖度和覆盖点的集合数将被监测区域划分为若干个不同的子区域；同一个子区域内的各点的覆盖节点集是相同的。划分情况如图 6-11 所示，图中被监测区域中撒布了 4 个传感器节点，4 个圆分别是各传感器节点的覆盖范围。区域 1 是左上节点与右上节点共同覆盖的区域，即区域 1 中各点覆盖的节点集是两个。

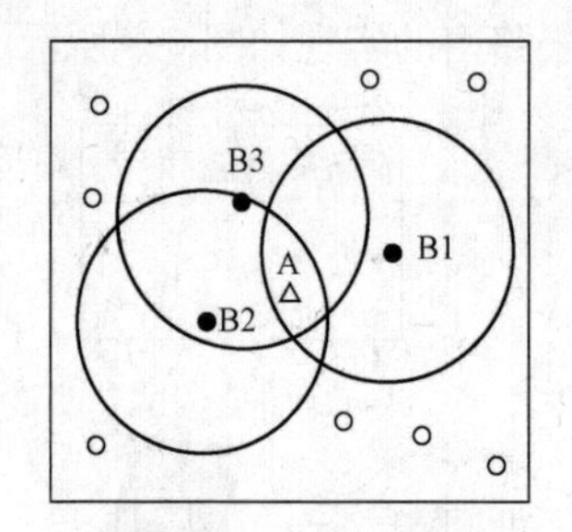

图 6-10　节点的覆盖度 K

○—传感器节点；△—被考察节点

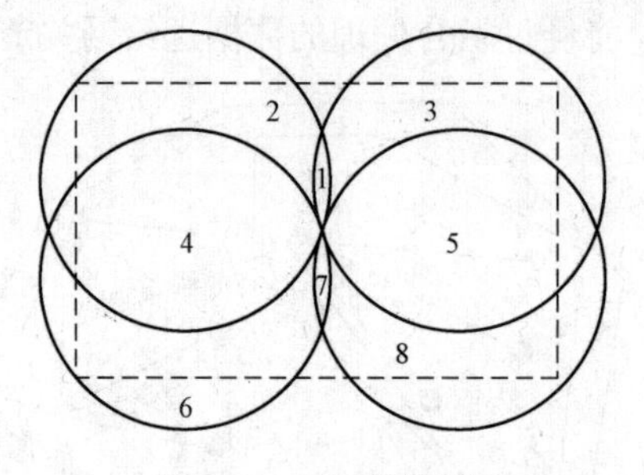

图 6-11　子区域划分

6.4.2　无线传感器网络的拓扑结构

无线传感器网络拓扑结构有着多种形态和组成方式。网络拓扑结构有集中式、分布式和混合式。按照节点功能及结构层次来看又可分为平面网络结构、分级网络结构、混合网络结构以及 Mesh 网络结构。网络的拓扑结构对于无线传感器网络通信协议（如 MAC 协议和路由协议）设计的复杂度和性能影响很大。

1. 平面网络结构

平面网络结构是无线传感器网络中最简单的一种拓扑结构，所有节点为对等结构，具有完全一致的功能特性，也就是说每个节点均包含相同的 MAC、路由、管理和安全等协议。这种网络拓扑结构简单，易维护，具有较好的健壮性，事实上就是一种 Ad Hoc 网络结构形式。由于没有中心管理节点，故采用自组织协同算法形成网络，其组网算法比较复杂。

2. 层次网络结构

层次网络结构也叫分级网络结构。层次网络结构是无线传感器网络中平面网络结构的一种扩展拓扑结构，如图 6-12 所示。网络分为上层和下层两个部分：上层为骨干节点互连形成的子网拓扑；下层为一般传感器节点互连形成的子网拓扑。具有汇聚功能的骨干节点和一般传感器节点之间采用的是层次网络结构。所有骨干节点互连形成的子网拓扑为对等结构，骨干节点和一般传感器节点有不同的功能特性，骨干节点均包含相同的 MAC、路由、管理和安全等功能协议，而一般传感器节点可能没有路由、管理及汇聚处理等功能。这种层次网络通常以簇的形式存在，按功能分为簇首（具有汇聚功能的骨干节点）和成员节点（一般传感器节点）。

3. 混合网络结构

混合网络结构是无线传感器网络中平面网络结构和分级网络结构的一种混合拓扑结构，如图 6-13 所示。

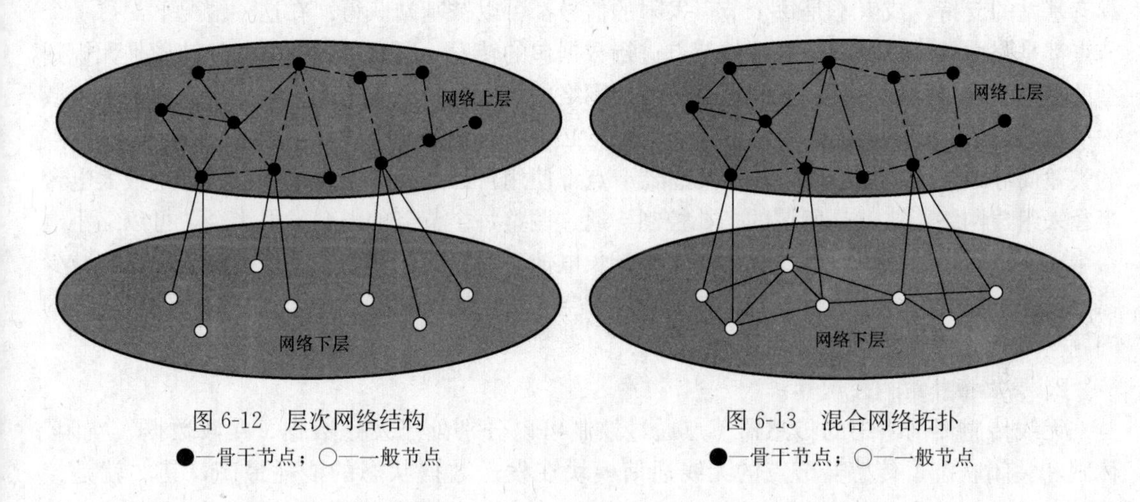

图 6-12　层次网络结构
●—骨干节点；○—一般节点

图 6-13　混合网络拓扑
●—骨干节点；○—一般节点

网络骨干节点之间及一般传感器节点之间都采用平面网络结构，而网络骨干节点和一般传感器节点之间采用分级网络结构。这种网络拓扑结构和分级网络结构不同的是一般传感器节点之间可以直接通信，可不需要通过汇聚骨干节点来转发数据。这种结构同分级网络结构相比较，支持的功能更加强大，但所需硬件成本更高。

4. Mesh 网络结构

Mesh 网络结构是规则分布的网络，网络内部的节点一般都是相同的，因此 Mesh 网络也称为对等网。由于通常 Mesh 网络结构节点之间存在多条路由路径，网络对于单点或单个链路故障具有较强的容错能力和鲁棒性。Mesh 网络结构最大的优点就是尽管所有节点都是对等的地位，且具有相同的计算和通信传输功能，但某个节点可被指定为簇首节点，而且可执行额外的功能。一旦簇首节点失效，另外一个节点可以立刻补充并接管原簇首和执行那些额外的功能。

6.4.3　拓扑控制技术的内容和控制算法举例

1. 拓扑控制技术的内容

无线传感器网络中的传感器节点属于嵌入式设备，由于应用的特点，体积一般小型化和微型化了。节点本身所携载的供电电池续航能力有限，导致传感器节点的通信能力和计算能力都十分有限，因此在组织无线传感器网络时，自始至终地在各个环节的设计中都要体现经济节能地使用传感器节点能源和减小整个网络的资源耗用的思想。所以在MAC协议、路由协议和应用层协议的设计和采用方面，要设计和采用能量高效的MAC协议、路由协议和应用层协议。除此之外，由于无线传感器网络有着动态的拓扑结构，他的拓扑控制技术对网络的整体性能影响也很大，优良的网络拓扑控制技术可以协助提高MAC协议和路由协议的效能，为数据融合、时间同步和目标定位等关键技术提供一个良好的基础。在无线传感器网络的设计、规划中，需要一种优化和高效的拓扑控制机制，同其他关键技术的优化设计和采用协调一致，实现延长网络生存期的目的。因此，网络的拓扑控制是无线传感器网络技术中的一个支撑性和基础性的技术。

无线传感器网络中的许多传感器节点需要把数据传送到监控中心，一个好的网络结构就是保证感知数据传递的关键。对于位置灵活性很大的传感器节点，无法保证其所工作的区域具有基站的支持，或者不是每个节点发射的信号都可以被基站获得。在这种情况下，每一个节点都是路由器，都有义务为别的节点进行数据包的转发，所表现的网络拓扑结构是无规则型的多跳转发结构，所有节点都有义务参与网络的路由寻找和维护。另外，工作在某个区域内的传感器节点状态是无法预测的，所以网络必须具有很好的抗毁性，即不能由于某个节点的失效而导致整个网络瘫痪。每个传感器节点都使用自己选择的电台半径，而不是最大电台半径来组建网络，这就是所谓的拓扑控制。通过调整每个节点的电台发射半径，可以缩小电台半径，节省发射功率，节省通信能量，延长电池寿命，简化网络拓扑，减少邻居数，减少信道碰撞，提高网络吞吐量、网络传输容量和空间重用性。这些都是拓扑控制中要解决好的问题。

2. 层次拓扑结构控制算法

无线传感器网络中的传感器节点通过控制可以分别处于发送数据、接收数据、空闲、休眠和关闭状态。传感器节点的无线通信模块在发送数据状态的能耗最高，其次就是接收状态和空闲状态，休眠状态功耗相对于前几种状态大幅度地减少。如果传感器节点处于关闭状态则处于一个微功耗状态。如某种传感器节点的无线通信模块在几种不同状态下的功耗情况：

在发送数据的状态下：60mW。

在接收数据的状态下：12mW。

在空闲的状态下：12mW。

在休眠的状态下：0.03mW。

在传感器网络工作时，通过网络拓扑结构的控制，将传感器节点分为骨干节点和普通节点，使用骨干节点组织数据传输的连通网络，同时骨干节点对普通节点进行管理控制普通节点状态的转换，通过算法调节骨干节点的轮换工作，可以起到很好的节能效果。这种机制使用的算法一般叫“分簇算法”，骨干节点是簇头节点，普通节点是簇内节点。簇头节点负责簇内节点协调工作的管理，负责簇内数据的转发和数据融合，因此簇头节点的能耗是最高的。要通过算法调节簇头节点的轮换以及簇头节点和簇内节点角色的转换，才能使传感器节点和整个网络保持均衡运行。层次拓扑结构中的传感器节点主要以簇的形式存在，具有汇聚功能的簇首担负数据融合的任务，这就大幅度地减少了网络的数据通信量；分簇式的拓扑结

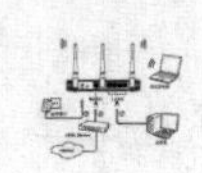

构适合于分布式算法的应用，能很好地应用于规模较大的传感器网络中，由于网络内的许多传感器节点大部分时间内其通信模块都处于关闭状态，所以能显著地延长网络生存时间。一个简单的分簇结构的网络拓扑示意图如图 6-14 所示。

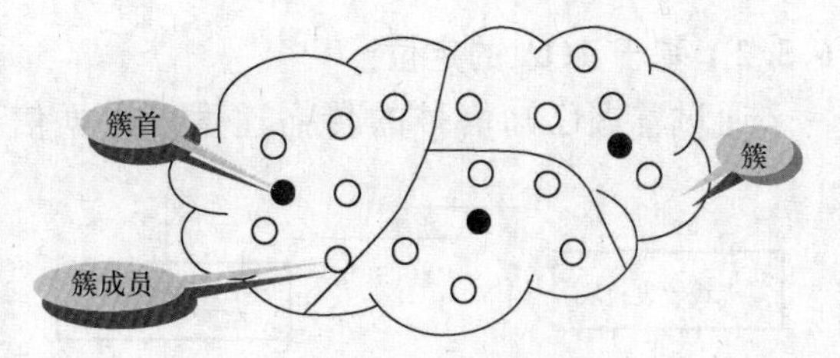

图 6-14　一个简单的分簇结构的网络拓扑

6.5　节点定位技术

6.5.1　为什么要进行节点定位

网络中节点定位是无线传感器网络应用的基础，传感器节点须明确自身位置才能为用户提供有用的信息，实现对目标的定位和追踪。另外，了解传感器节点位置信息还能提高路由效率，为网络提供命名空间，向部署者报告网络的覆盖质量，实现网络的负载均衡以及网络拓扑的自配置。无线传感器网络中位置信息的获取对传感器网络的监测活动至关重要。事件发生的位置信息和采集事件信息数据的传感器节点位置信息都是传感器网络工作时不能离开的重要基本内容。在一些应用场合，传感器节点被随机地撒布在特定的区域，事前无法知晓这些传感器节点的地理位置，部署后还要通过定位技术才能较为准确地获取其位置信息。

无线传感器网络的定位机制作为无线传感器网络中的主要技术之一，在应用中有着非常重要的作用。无线传感器网络中的定位机制包括节点自身定位和外部目标定位两部分内容。

节点定位算法又是无线传感器网络定位机制的核心内容。本章主要分析介绍无线传感器网络节点的工作环境、节点定位算法的意义和评价指标等内容。

通过少数已知节点的位置信息来确定节点自身的位置，是传感器节点的自身定位，这也是提供监测事件位置信息的基础。

在目标跟踪、预测目标的行动轨迹，协助路由，为路由协议的实现提供基础信息，为网络拓扑控制及各种算法的实现提供基础信息，为网络覆盖及覆盖控制各种算法的实现提供基础信息，网络的有效管理等方面，都要以传感器节点的定位为基础。

传感器网络的定位算法一般要具备以下特点：

(1) 自组织性。在大量应用场合中，无线网络传感器节点的部署是随机的，因此不能通过依靠全局性的基础设施来实施定位，只能通过自组织的方式获取定位信息。

(2) 容错性好。由于传感器节点及网络整体的能量耗用是传感器网络设计、组织中主要考虑的问题，而在此情况下，通信及位置的测量必然会产生一定的误差，定位技术必须能够很好地与之适应。

(3) 只能采用分布式计算的结构。最大限度地节约能量要求在定位机制中只能采用分布式计算的结构，而不是将监测区域中各节点采集的信息全部送到某一个节点集中统一处理。

(4) 必须遵循“能量高效”的原则。

6.5.2 基于TOA的定位

通过掌握已知信号的传播速度，根据信号的传播时间来计算传感器节点间的距离，对未知节点进行定位的算法叫“基于TOA（time of arrival）的定位算法”。测距、利用节点之间的几何关系实现传感器网络中未知节点自定位的算法。该方法计算量小、算法简单且定位精度高。一个使用声波射束的发送和接收来进行测距定位的装置，如图6-15所示。

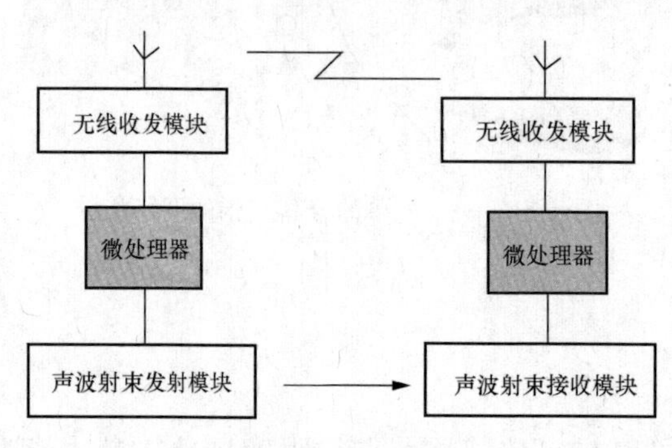

图6-15 一个使用声波发送和接收进行测距定位的装置

节点1通过声波射束发射模块发出声波射束，节点2接收到声波射束，已知声波射束的传输速度和从发射到接受所用时间，即声波射束的传播时间，两个节点间的距离就可以测出。该装置中，无线收发模块进行信号发送的同步，目的是为声波射束的发送和接收提供计时的起始和终止时间。

节点在计算出相邻的多个信标节点和自己的距离后，通过几何关系就可以对自身进行定位。

6.5.3 基于RSSI的定位算法

基于RSSI（Received Signal Strength Indiction：接收信号强度指示）的定位算法，是一种基于接收信号强度指示测距的定位算法。该算法通过测量发送功率与接收功率，计算传播损耗。利用理论和经验模型，将传播损耗转化为发送器与接收器的距离。该方法易于实现，无需在节点上安装辅助定位设备。当遇到非均匀传播环境，有障碍物造成多径反射或信号传播模型过于粗糙时，RSSI测距精度和可靠性降低，一般将RSSI和其他测量方法综合运用来进行定位。

国外学者Paramvir等人开发的RADAR系统就是一种基于RSSI技术的建筑物室内定位系统，该系统可以较好地确定用户传感器节点在建筑内部的位置信息。RADAR系统的定位思想是在建筑物内部（监测区域）署数个基站，对建筑物的需监测区域进行覆盖，基站一旦部署完毕，一般情况下不再进行位置迁移，而被监测的建筑物内部区域中可以随机地部署位置可移动的传感器节点，即具有移动性的客户端，通过测量移动终端处的信号强度值，并与预先建立的信号强度区域中各参考点的分布经验数据值进行对比匹配，根据信号传播模型和信号传输损耗来确定移动终端与基站之间的距离，在此基础上应用三边测量法计算节点位置数据。

RADAR系统工作的示意图如图6-16所示，建筑物内的被监测区域部署了三台基站，对指定区域进行了覆盖。图中移动终端的位置是随机迁移的，移动终端和基站之间随时可进行通畅的无线通信。

RADAR系统的工作可以使用两种不同的计算移动终端位置的算法，一种是根据信号强度经验数据表匹配的算法，另一种是基于信号传播模型的算法。

在建筑物内的给定监测区域内，在基站部署完毕后，选取若干个信号强度经验数据测试点，如图6-17所示。

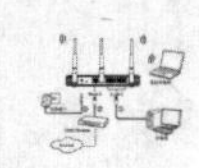

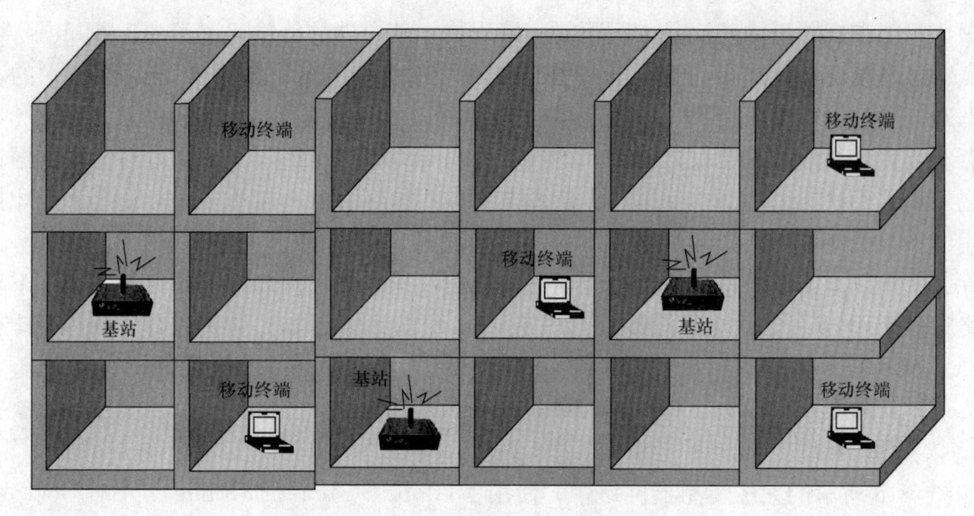

图 6-16 RADAR 系统工作的示意图

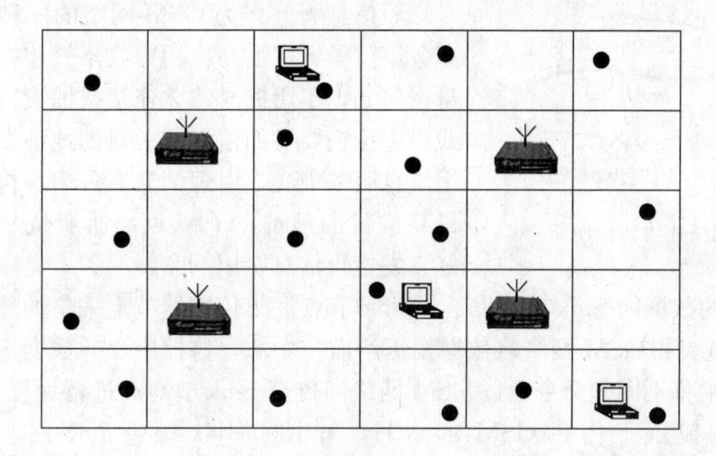

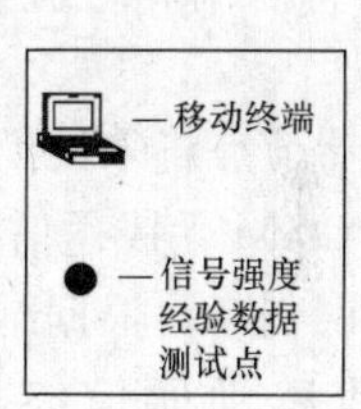

图 6-17 基站部署后，选信号强度经验数据测试点

6.6 传输网络

无线传感器网络有四个组成部分，传输网络是其中之一。Sink 节点通过传输网络将数据传送给监控中心，这个监控中心可以与采集现场数据的传感器节点相距很近，也可以彼此间有很远的距离。传输网络的组成形式是多样的，可是用点对点使用 2.4GHz 的无线信号直接传送数据，也可能是由单一的某制式网络构成，也可能是由两种网络甚至两种以上的不同制式网络互联而成。传输网络可以是有线网络，也可以是无线网络，或许是有线和无线网络互联构成的混合网络。

6.6.1 点对点直接通信方式构成的传输网络

无线传感器网络在实际应用场合中，汇聚节点距离监控中心的距离较近时，传输网络就直接采用点对点通信方式，这种情况在实际应用中用的很多。

点对点直接通信方式可以使用红外技术（IR）。这种通信的成本很低，但它的工作距离也最短，只能在视距以内，而且中间不能有障碍物，其数据的传输速率率为16Mbit/s。

点对点直接通信方式多数情况下采用ISM频段的无线技术。采用ISM无线技术的芯片价格低廉，对较简单的应用而言，这是最佳选择。

点对点直接通信方式也可以使用蓝牙技术。Bluetooth拥有QoS可作为语音与数据资料传输之用，这种快速（达3Mbit/s）低成本技术的典型使用距离在10～100m间。蓝牙技术的应用已经很成熟了，具有多种规范。

除了使用以上无线通信技术进行点对点的通信，构成传输网络以外，在许多情况下，传输网络直接使用Wi-Fi无线通信技术，其应用系统即802.11b/g应用系统，Wi-Fi具有达54Mbit/s的数据传输速率和较大的覆盖范围（100m）。

6.6.2 用GPRS、CDMA1x、GSM和3G网络作为传输网络

1. 以GSM网络作为传输网络

如图6-18所示的无线传感器网络中，使用了Globe System of Mobile（GSM）网络作为传输网络。系统实际上使用了（GSM）网络的短信息服务来实现远距离的数据传递。

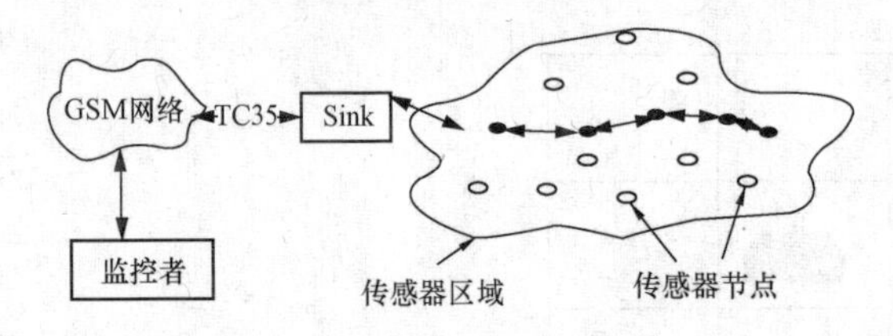

图6-18 使用GSM网络作为传输网络

短信息服务作为GSM网络的一种基本业务，已得到广泛的应用。它不管监控人员身在何处，不用拨号建立连接或铺设数据专线，直接把要发的信息加上目的地址发送到短消息服务中心，由短消息服务中心再发给最终的目的地址，GSM网络具有抗干扰性好、发送短信息费用低廉。

传感器节点将采集到的数据向Sink节点发送。Sink节点汇集传感器节点采集的环境信息，通过GSM无线通信模块和GSM网络将数据发送给监控中心，监控中心对数据进行处理、分析、判断，根据结果将不同的命令通过GSM网络回传至Sink节点，进行远程监控。GSM无线移动通信终端模块工作在GSM 900MHz和1800MHz频带范围内，提供RS232接口。

采用某种给定模式，发送短消息前首先发送短消息的接收节点，然后将数据发送出去；在接收短消息的节点，短消息到来后，微处理器可以通过串口接收到指令并读取数据。系统中收到一条短消息后，首先进行数据分析处理，然后会将此消息立刻删除，防止因SIM卡中短消息过多而不再接收短消息。对GSM无线通信模块通过串口方式发送至单片机的数据采用了中断响应的模式，当发生接收中断时，读取数据并对数据进行分析。

2. 以GPRS网络做传输网络

一个使用GPRS网络做传输网络的无线传感器网络如图6-19所示。

通过嵌入网关节点中的GPRS无线通信模块将汇聚后的数据通过GPRS网络传送到远端监控中心，如图6-20所示。

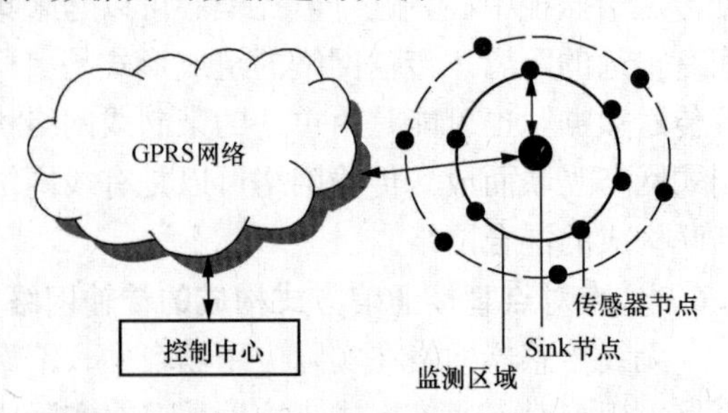

图6-19 使用GPRS网络作传输网络的无线传感器网络

GPRS无线网络技术是目前成熟的2.5G移动无线网络技术，使用安装方便、成本低、监控不受距离、地域、时间的限制。它运行可

靠，数据采集实时性强，漏码误码极少。采用GPRS网络进行数据传输的模块体积小、功耗低，适合作为无线传感器网络的传输网络。采用ZigBee作为局部的无线组网方式，而利用GPRS作为远程的无线数据传输方式。采用ZigBee无线传感器网络技术和GPRS通信相结合的方式来进行数据通信。无线传感器网络将某一区域内所有从节点的运行数据集中到一个中心节点，中心节点将数据再汇集到主节点，主节点将数据通过GPRS网络将信息通过串口通信方式传送至地面监控中心。数据的整个传输过程如图 6-21 所示。

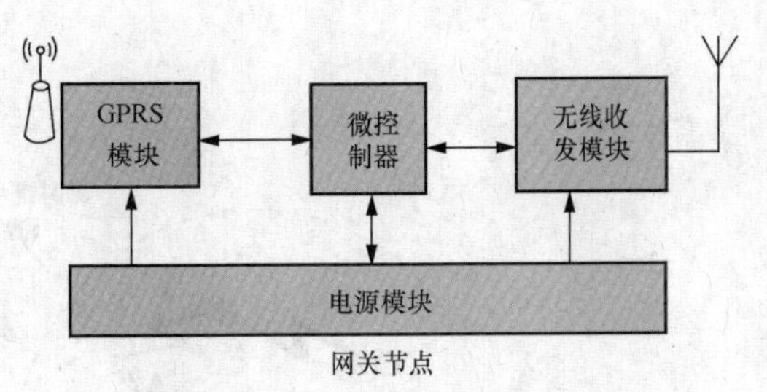

图 6-20　网关节点中 GPRS 无线通信模块将数据通过 GPRS 网络传送到监控中心

图 6-21　使用 GPRS 网络作传输网络的数据传输过程

从监控终端采集到的数据通过 ZigBee 无线传感器模块与 GPRS 数据传输终端相连接，并通过 GPRS 数据传输终端内置的嵌入式处理器进行处理以及协议的封装，然后发送到 GPRS 网络，GPRS 网络通过串行通信方式与地面监控中心进行通信，监控中心接收到数据后对数据进行分析处理，并将有效数据保存到监控中心数据库中。

GPRS 数据传输终端硬件设计主要包括微处理器模块、程序存储器模块、GPRS 模块及显示模块等。微处理器模块是传感器核心部分，和其他模块一起完成数据的采集、处理和收发。GPRS 模块主要包括模数转换、数据处理和通信模块等。

3. 以 CDMA1x 网络作传输网络

一个用于特大型城市的冬季城市热力供给监控的系统示意图如图 6-22 所示。

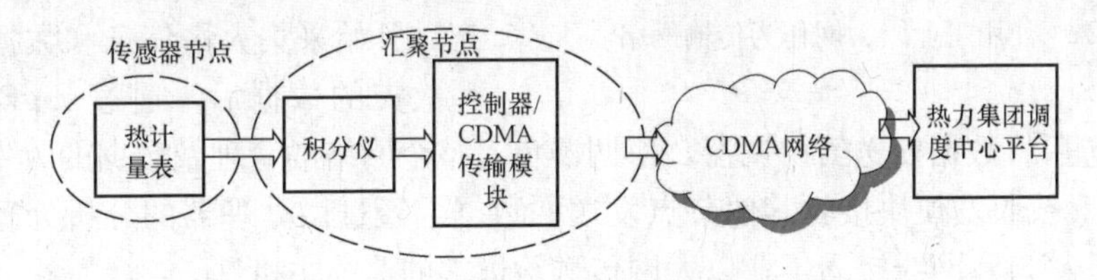

图 6-22　城市热力供给监控系统

这是一个没有形成闭环的网络化监控系统，仅对城市冬季的许多热力站的供热情况进行实时监测，传感器节点采用了热计量仪表，此处要说明的是：面对大量不同的应用情况和不同的行业和领域，在组成实际的无线传感器网络系统时，也是很灵活的。在有些情况下，传感器即可以使用无线传感器也可以使用有线的传感器，也可以混合使用，这种情况很多，如果从理论上进行分析时，完全可以将其归入具有异构传感器节点的无线传感器网络。

GPRS、CDMA1x、GSM 和 3G 网络都是无线广域网，在远距离传输的情况下，使用以上无线广域网作无线传感器网络的传输网络是很有效的。一个可使用多种网络结构作为传输网络的无线传感器网络监控系统如图 6-23 所示。

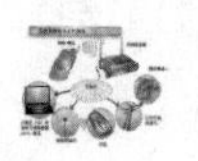

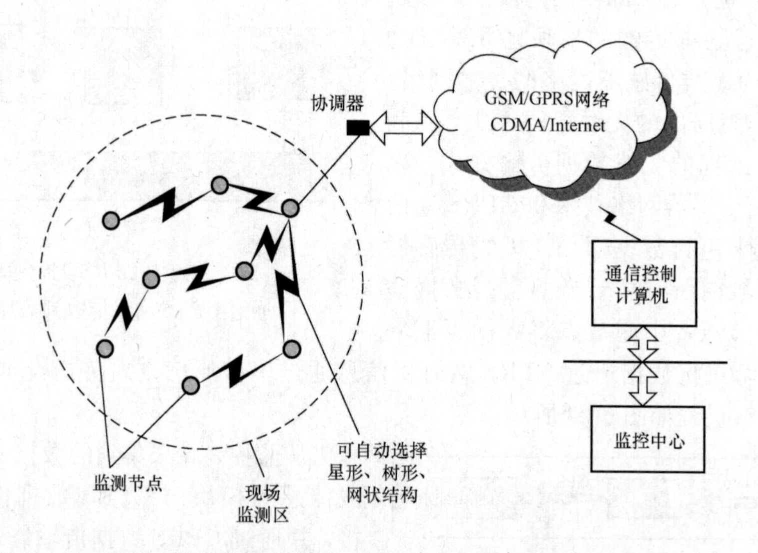

图 6-23　用多种网络作传输网络的无线传感器网络监控系统

6.6.3　用工业以太网作传输网络

一个使用工业以太网作传输网络的无线传感器网络系统如图 6-24 所示。

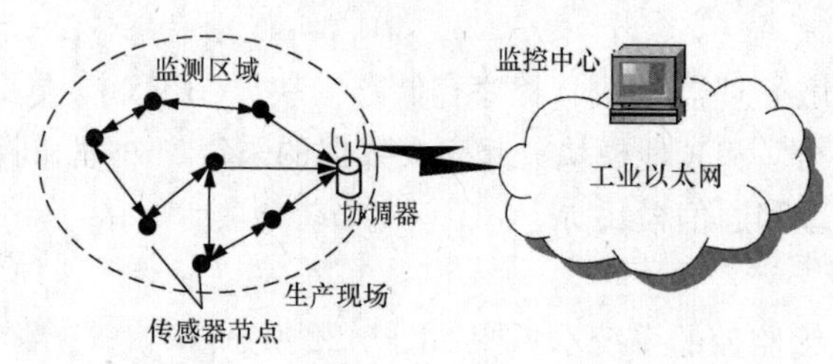

图 6-24　使用工业以太网作为传输网络

一个实现分布式智能火灾报警的无线传感器网络使用的传输网络是工业以太网。将 ZigBee 无线收发模块嵌入到感烟探测器中，作为一个无线传感器节点。当火情发生后，浓烈的烟雾触发传感器节点使其从睡眠状态中激活进入工作运行状态，开始采集火情信息和数据，采集到发生火灾的数据后，通过 ZigBee 无线收发模块，经打包后将数据发送给协调器，协调器负责整个网络的管理及数据的收发，协调器嵌入的 ZigBee 无线收发模块接收其他节点发送的数据，经过微处理器的分析处理，通过协调器上的 RJ-45 接口和网线接入工业以太网传送给远端的监控主机。

ZigBee 协调器是 ZigBee 网络与外部工业以太网络的接口，作为系统的核心负责整个网络的管理以及数据的转发，它通过收发模块接收多个节点的数据，由嵌入式控制器对接收到的数据进行必要的处理，然后将其经过工业以太网络发送到监控中心，实现工业现场远程监测。

6.6.4　以 Internet 网络作传输网络

Internet 网络是一个非常有效地传输网络，使用的成本低廉，一个用 Internet 网络作传输网络的无线传感器网络监测系统如图 6-25 所示。

当汇聚节点接收到现场传感器节点通过多跳方式传送过来的信息和数据包后，通过通信协议的翻译和转换，可以通过 ADSL、局域网宽带接入方式或 HFC 宽带接入方式，接入到 Internet，数据包以 IP 数据包的方式在 Internet 上传输直到远端监控中心。

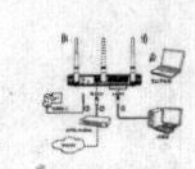

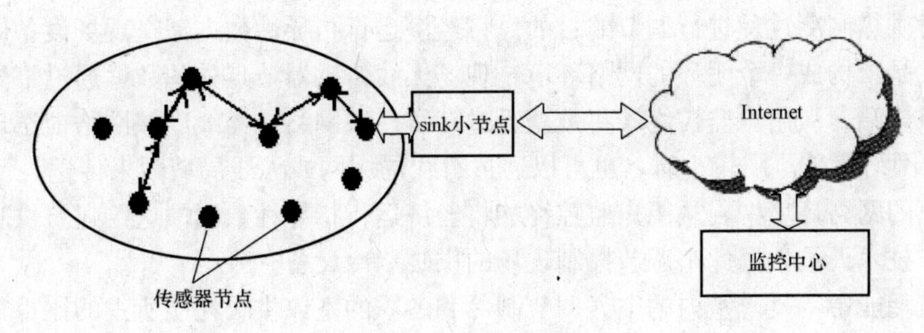

图 6-25 Internet 作传输网络

6.7 在部分行业中的应用

6.7.1 对中央空调系统的节能状况实现监控

1. 系统组成

部署在装备有中央空调系统空调机组的建筑内的无线传感器网络系统如图 6-26 所示。

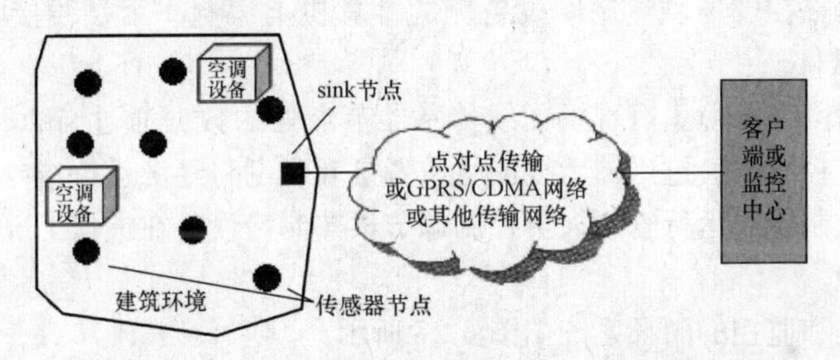

图 6-26 装备有空调机组的建筑内的无线传感器网络

网络体系由撒布在探测区域的无线传感器节点群、网关节点（sink 节点）、传输网络和远程监控中心组成。

此处的无线传感器节点群的数量视网络规模而灵活变化；网关节点作为一个采集无线传感器节点群传输的现场数据信息的平台完成对这些数据的初级计算处理，通过与传输网络连接的数据发送模块将监测数据传送给远端的监控中心。

研究无线传感器网络及应用，应认识到无线传感器网络实现形式不是简单的几种形式，如同前面的叙述，无线传感器网络可以划分为同构和异构无线传感器网络，是可以用多种不同的形式和结构来实现的。

如无线传感器节点群不一定是由清一色的结构相同的无线传感器节点组成，可以包括一些有线的传感器。传感器节点的电源形式可以是蓄电池，如果在有电网电源供给的地方则使用电网电源，也可以是太阳能光伏发电模块作为传感器驱动电源，当然还可以使用其他种类的高效能源。作为网关节点，数据发送模块可以包括 CDMA 1x 通信模块，GPRS 或 3G 通信模块、蓝牙通信模块、802.11g（b）模块等。远程传输网络可以是无线广域网，也可以是有线的广域网、局域网如互联网等。远程监控中心可以是一台具有远程接收数据并进行处理运算的客户端工作站，也可以是一个有强大运算处理能力的一个中心级工作站。

2. 构成闭环结构在监测和评价的基础上进行调节控制实现节能

在对建筑环境的供热制冷实时监测及节能评价的基础上，向控制环节发送优化控制的指令，达到对供热制冷过程进行调节的目的。将经济运行指导性数据馈送现场设备侧的网络环境实现方式是：构成一个闭环的网络环境，现场无线传感器节点处的数据通过汇聚节点传送给用户监控终端，从用户监控终端将数据通过有线广域网络或无线广域网络馈送现场设备一侧，传感器网络覆盖范围较小时，也可以通过有线局域网或无线局域网来传送。

在闭环的网络环境中，从用户监控终端将经济运行指导性数据馈送给建筑供暖制冷设备的管理操作技术人员，据此来调节控制现场的供暖制冷设备。

在建筑耗能中，夏季室内的空气调节制冷和冬季的室内供暖耗能所占的比重很高，在建筑行业使用高新技术来直接监测和评价建筑环境供热制冷的主要节能指标数据并进一步实现在闭环通信网络环境中的监控，会产生很好的节能效果。

从供暖制冷设备一侧，传感器节点通过传输网络开始将数据传给远端的监控中心，再从监控中心回到供暖制冷设备的管理操作技术人员或自动控制装置一侧，使用一个反向的传输网络构成闭环的通信网络来传递经济运行指导性数据，这个反向传输网络使用 Internet 是非常适宜的。现场供热制冷设备的技术管理操作人员可以通过在线的计算机接收用户监控终端传送的数据，实现数据的双向传输。还需要在用户监控终端一侧编制一个客户端软件专门负责发送指导性数据，在现场供热制冷设备侧的计算机上编制一个在线接收这些数据的基于 Web 方式的运行软件。

在闭环的通信网络环境里，现场无线传感器节点处的数据通过 sink 节点传送给用户监控终端，从用户监控终端通过广域无线网络或者是互联网将经济运行指导性数据送达供热制冷设备一侧，由控制操作运行管理人员控制调节供热制冷设备在最佳工况和靠近最佳工况运行，实现系统节能。

一个数据采集和监控的闭环系统如图 6-27 所示。

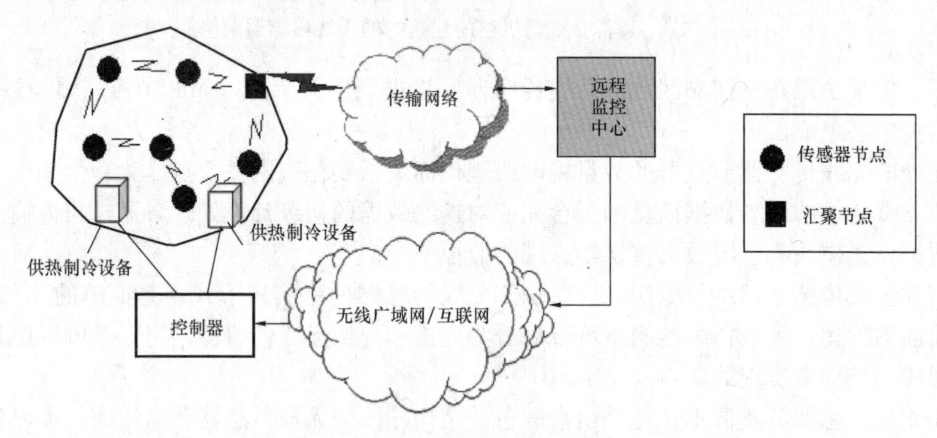

图 6-27　数据采集和监控的闭环系统

6.7.2　对城市热力站供热计量数据进行实时监测

某大型城市的热力站在冬季向大量的用户供给热能进行采暖。由于热力站通过消耗燃料油和燃气来实现向用户的供热，因此成本很高。政府监管部门通过对若干热力站的热计量数据进行实时监测，可以较大面积地确定热力站是否运行在经济状态下。如果偏离了经济运行状态，则城市热力供给管理部门则可使用控制调节的方法来纠正，达到较好的节能目的。

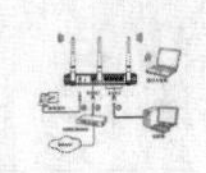

1. 两个监控平台中的一个对现场控制器实施控制

该方案下由于热力站的数据传输和馈送内容不同又分成 3 种情况。

(1) 在热力管道一次侧安装了热计量仪表并有相应调节控制系统的情况下，政府监管部门与城市热力供给管理部门共享热计量数据，城市热力供给管理部门对供热系统采取控制的情况，如图 6-28 所示。

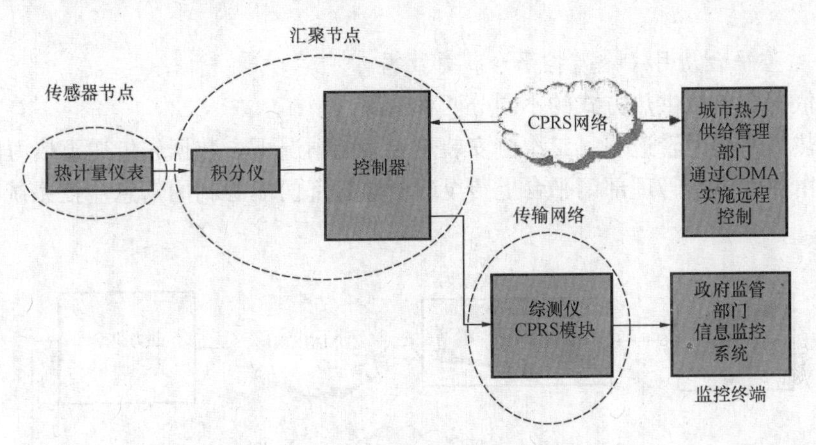

图 6-28 第一种情况下的解决方案

监测与控制的情况：数据在控制器出口分开，一部分通过无线通信 CDMA 模块发送到热力供给管理部门；另一部分传送到综测仪，由综测仪通过 GPRS 模块发送到政府监管部门的能源利用信息监控平台。也就是说，热力站采集的热计量数据分别传输至政府监管部门能源利用信息监控系统和热力供给管理部门各自平台。热力供给管理部门通过本地控制器和远程主机控制电动阀门，对热力站供热过程进行调节控制实现节能。

(2) 在热力管道二次侧安装热量表并发送热计量数据的情况下，政府监管部门与城市热力供给管理部门共享用热数据，后者并不对供热系统采取控制调节措施；情况与图 6-28 类似。

热计量数据通过控制器和综测仪分别向热力供给管理部门和政府监管部门能源利用信息监控系统传输数据。与图 6-28 所示的情况不同，这里的控制器只采集数据而不采取调节控制。

(3) 第三种情况是在使用其他供暖方式的管道上安装热量表进行热计量数据传送，由政府监管部门直接接收热计量数据，如图 6-29 所示。

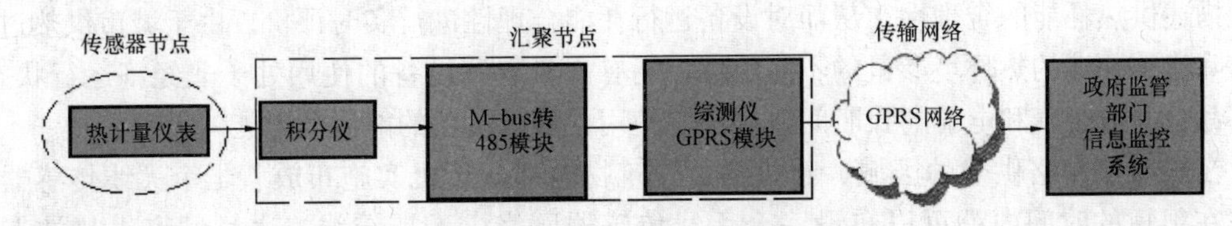

图 6-29 第三种情况下的解决方案

热计量仪表采集的热计量数据通过综测仪和 GPRS 模块直接传输至政府监管部门能源利用信息监控系统。

被检测的数据有：供水温度（℃）、回水温度（℃）、温差（℃）、瞬时流量（m^3/h）、累积流量（m^3/h）、瞬时热能量（GJ）、累积热能量（GJ）、折算用热量、功率（kW）、累计工作时间（h）。

日极值记录：峰值流量、峰值功率及其发生时间（日期及时刻）、事件信息及其发生时间、基本电源错误，即电池或动力电错误、T1 被测温度传感器的温度低于或超过测量范围、T2 被测温度传感器的温度低于或超过测量范围、T3 被测温度传感器的温度低于或超过测量范围。

2. 一个监控平台从另一个监控平台获得数据

该方案依据各单位供热方式的不同分两种情况。

（1）在热力站热力管道一、二次侧安装热量表的情况下，数据先传送至热力供给管理部门平台，再由热力供给管理部门平台上传至政府监管部门能源利用信息监控系统，如图6-30所示。

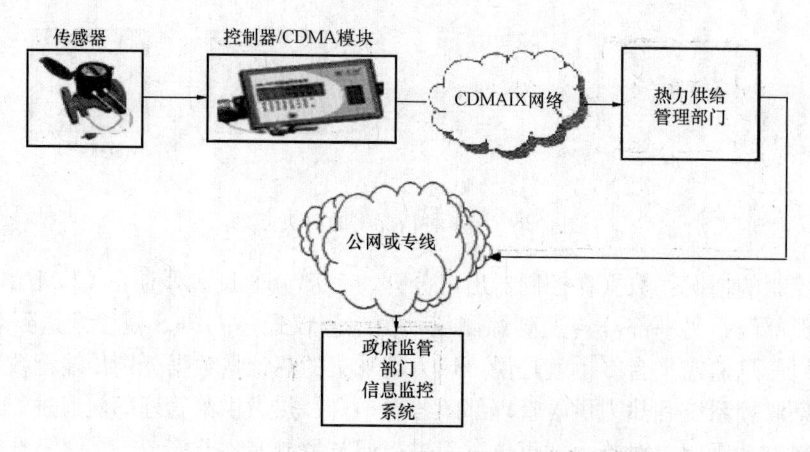

图 6-30　一个监控平台从另一个监控平台获得数据

（2）在该方案中，热力供给管理部门通过 CDMA 网络远程控制热力站点的控制器（对电动阀门的调节控制）来实现对供热过程的控制，同时政府监管部门能源利用信息监控系统通过接收从热力供给管理部门平台发出的数据，实现对各单位用热情况的监测。

热力供给管理部门负责收集各热力站的数据，它配置高级服务器系统、数据库管理系统、操作员站，对热网系统全部热力站的数据和控制策略进行调度、管理和控制，是整个系统的数据收发中心。

使用传感器对城市供热站点供热过程的热计量数据进行实时监测，这些热计量数据能准确地描述供热耗能的合理性，从而对设备运行耗能合理性进行实时评价。由于城市供热过程与实际建筑环境的热环境参量的不匹配性，还有大量空调设备的使用处于非经济运行状态，这些都会造成燃气和电能的长时间非经济性使用，形成宝贵的能源和电能的大量浪费。

在城市热网络供热的区域、建筑群及建筑物内部，随机实施布放若干个无线传感器节点，在很短的时间内就可以布设一个无线传感器网络，无需布线。通过城市供热站点内关键热计量数据、供热区域的环境温湿度数据监测以及对供热过程的经济运行的情况做出定量的评价，并给出同样工况下的经济运行数据。供热站点据此调节控制设备的运行规律，实现较好的节能效果。城市供热站点在冬季供热过程的合理性对燃气的节约使用有着重要的意义。

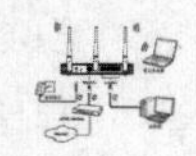

3. 两个监控平台都从 CDMA 网络中的服务器获得数据

供热热力站通过热计量数据采集仪表，将热计量数据由控制器和 CDMA 通信模块传送至 CDMA 网络上专用服务器，再由专用服务器分别向热力供给管理部门平台和政府监管部门平台传送数据，如图 6-31 所示。

该方案适用于热力站热力管道一、二次侧均安装热量表的情况。

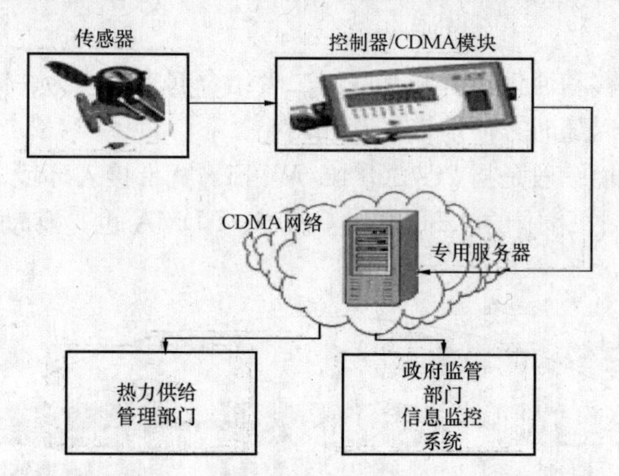

图 6-31　两个监控平台都从 CDMA 网络中的服务器获得数据的方案

第 7 章　移 动 互 联 网

移动互联网就是将移动通信技术和互联网二者结合起来，成为一体形成的网络，任何一个位置变动的用户都可以随时方便地接入互联网。

移动互联网网络环境一般是指 2G/3G/4G/Wi-Fi＋宽带接入环境，如图 7-1 所示。要补充说明的是，2G 和 3G 网络中的 2.5G，如 GPRS、CDMA 也是移动互联网网络环境中的成员。

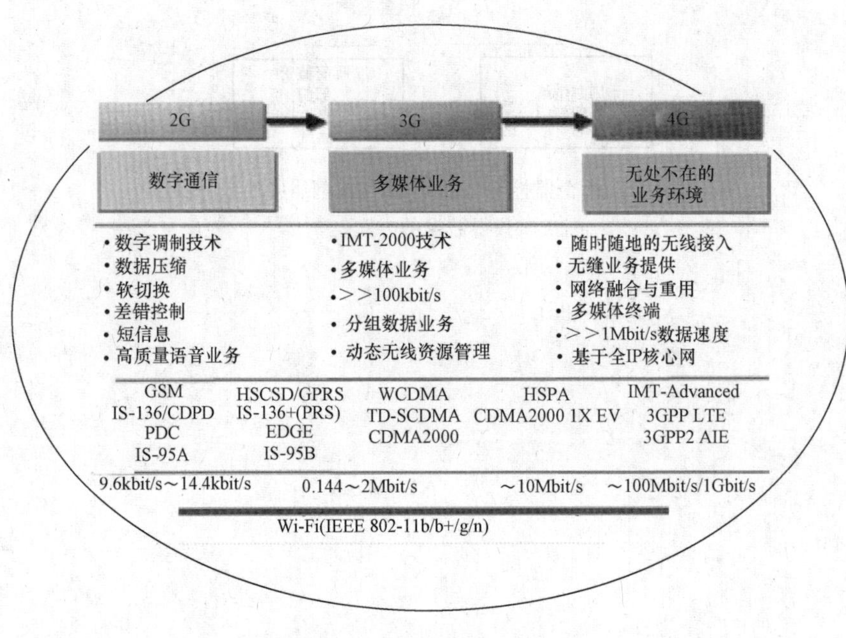

图 7-1　移动互联网网络环境

7.1　移动互联网的组成和用户终端

7.1.1　移动互联网的组成

业内将传统互联网称为桌面互联网，桌面互联网的接入可以采用固定的接入点，也可以采用无线接入点，但在实际应用环境中，会有很多桌面互联网覆盖的盲区，用户无法接入互联网。但是移动互联网可以随时随地，甚至可以在高速移动（车载）的状态中，使用移动终端接入互联网并享受互联网的服务，以及做许多在线的工作和业务。

移动互联网是通过移动无线网络或其他无线接入方式，如 Wi-Fi 实现互联网接入的，移动无线网络前面我们做过详细的讲述，从 2G、2.5G 到 3G、4G 都是移动无线网络，在移动互联网的组成中，无线局域网 WLAN 也是重要的组成部分。

移动互联网的结构组成如图 7-2 所示。

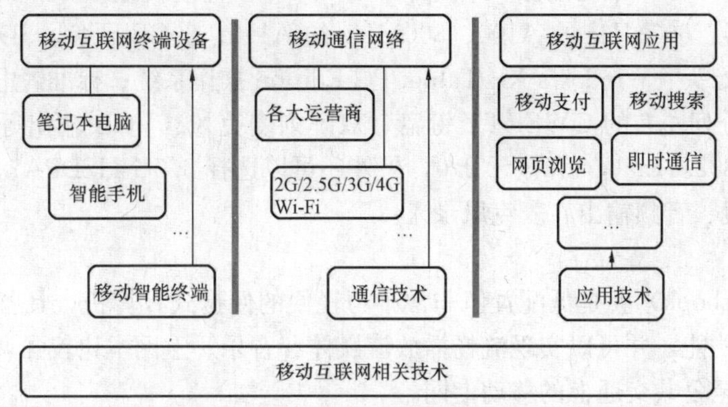

图 7-2 移动互联网的结构组成

从图 7-2 可以看出，移动互联网由移动通信网络（移动无线网络）、移动互联网终端设备、移动互联网相关技术和移动互联网应用四个部分组成。

7.1.2 移动互联网的用户终端及操作系统

移动互联网的用户终端有 PDA（个人数字助理）、掌上电脑、MID（Mobile Internet Device：移动互联网设备）、UMPC（Ultra-mobile Personal Computer：超级移动个人计算机）、上网本、平板电脑、智能手机等。

在第 5 章中对 PDA、智能手机、笔记本电脑和平板电脑都做了简要介绍，下面我们对 MID、UMPC 和上网本做简单介绍。

1. 移动互联网设备 MID

MID 是一种比智能手机大，比笔记本电脑小的互联网终端。MID 是介于智能手机和上网本之间的手持用户终端，也叫口袋计算机。MID 屏幕较智能手机的屏幕大，比上网本更易携带，主要为满足用户随时上网、同时便于携带的需要。作为便携移动 PC 产品，采用4～10in 的屏幕，操作系统可以是 Windows、Linux、Android 等。

一款爱国者 MID（P8880）外观如图 7-3 所示。

图 7-3 爱国者 MID（P8880）

爱国者 MID（P8880）采用 4.8in 触摸屏，屏幕的分辨率为 800×480。接口方面：机身顶部的接口较为丰富，包含有拍照快捷键、耳机接口、USB 接口、音量调节按键、Micro SD 读卡器、Mini USB 接口。

爱国者 MIDP8880 采用了英特尔凌动 Z500 处理器（功耗小），主频为 800MHz，搭配英特尔 Poulsbo UL11L 芯片组，512MB DDR2 400MHz 和 4GB SSD 硬盘。同时，该机预装了 Windows XP Home（SP3）操作系统。在无线接入方面，除支持目前用户看中的 Wi-Fi 与蓝牙外，还内置了无线网络模块。

2. 超级移动个人计算机 UMPC

UMPC 是一款安装了特殊版 Windows XP Tablet 操作系统的 Tablet PC，但体积要小很多。同时能够扩展功能，包括 GPS 等。现在也有 linux 系统版本的，比如华硕的易 PC。

一款三星的UMPC外观如图7-4所示。该UMPC直接使用了Intel新近发布的两款UMP平台处理器：600MHz的A100、800MHz的A110；60GB硬盘、SD/MMC插槽、指纹阅读器、双摄像头、Windows XP Tablet PC Edition操作系统；标准锂电池组最少可坚持4.5个小时，有分列左右的QWERTY键盘、双阵列麦克风、VGA输出等功能，无线网络支持包括Wi-Fi 802.11a/b/g和蓝牙2.0，另外还可以选择3.5G HSDPA、GPS导航、外置双层DVD刻录机、音频输出、麦克风录入。

3. 上网本

上网本（Netbook）就是低配置但非常小巧轻便的便携式计算机，具备上网、收发邮件以及即时信息等功能，并可以实现流畅播放流媒体和音乐。上网本比较强调便携性，多用于在出差、旅游甚至公共交通上的移动上网。

一款戴尔上网本外观如图7-5所示。

图7-4　三星的UMPC

图7-5　戴尔上网本外观

该款上网本的键盘按键大小与12in笔记本一致，符合打字输入习惯，长时间使用亦不会产生疲劳感。本机采用英特尔凌动N270处理器，主频为1.6GHz，搭配1GB DDR2内存和160GB硬盘，内置802.11 b/g无线网卡。接口配置：3个高速USB 2.0接口；内置1个VGA接口，方便与大屏幕投影机连接；3合1读卡器能够轻松搞定各种手机、数码相机、摄像机等，对于那些经常需要使用视频功能的用户，130万像素前置摄像头的设计可以较好地应对视频聊天和远程会议安排，进行顺畅沟通。

4. 智能终端操作系统

移动互联网的用户终端是移动智能终端，这里简称智能终端。移动互联网的智能终端操作系统技术是移动互联网的核心技术之一，目前用户大量使用的操作系统有多种，如安卓（Android）、苹果的iOS、Windows Phone、Firefox OS、BlackBerry OS等。

Windows Phone系统是由微软研发的一款智能手机操作系统。采用该系统的厂家主要有诺基亚、三星、HTC和华为等。Firefox OS系统是由Mozilla公司主导研发的、采用Linux核心、基于HTML5标准的移动智能终端操作系统，主要应用于智能手机和平板电脑。2013年7月，中兴和TCL在全球率先推出了两款商用的Firefox OS智能手机。BlackBerry OS系统是BlackBerry为其智能手机开发的操作系统，其最大特点是强大的电子邮件处理能力。

根据2014年的易观国际统计资料显示，截至2013年底，中国国内的智能手机使用的操作系统占比情况如图 7-6 所示。

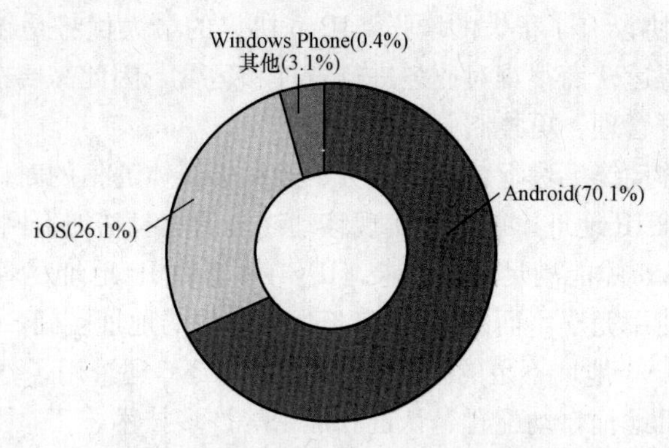

图 7-6　国内智能手机使用操作系统占比

7.2　支撑移动互联网发展的部分关键技术和协议

移动互联网技术是一个包括内容丰富的综合体系技术。从 GSM、GPRS 到 WCDMA、CDMA2000、TD-SCDMA、WiMAX，以及到 4G、智能终端技术、智能终端的操纵系统技术、移动互联网的标准和协议体系、移动互联网的云计算、与移动互联网关系密切的桌面互联网中的 Ipv6 协议体系、移动互联网的基础协议 MIpv6 和移动互联网的扩展协议 FMIpv6、移动互联网的相关技术标准、面向服务的体系架构 SOA（service-oriented architecture）、Web X. 0 技术、移动 IP 技术 MIP（Mobile IP）、信令控制协议技术 SIP（Session Initiation Protocol）等，Wi-Fi 技术都是移动互联网发展的支撑性技术。移动互联网涉及多种异构制式网络的技术，其中 4G 有望集成不同模式的无线通信——从无线局域网和蓝牙等室内网络、蜂窝信号、广播电视到卫星通信，移动用户可以自由地从一个标准漫游到另一个标准。

实际上，移动互联网不仅仅是提供了一种简单的无线接入手段，是互联网在手机等便携终端领域的延伸，也不仅仅是对桌面互联网的简单复制，业内的一些学者对移动互联网给出了新的定义：所谓移动互联网，从技术层面定义，是指以宽带 IP 为技术核心，可同时提供语音、数据、多媒体等业务服务的开放式基础电信网络。从终端层面定义，在广义上是指用户使用手机、上网本、笔记本电脑等移动终端，通过移动网络获取移动通信网络服务和互联网服务；在狭义上是指用户使用手机终端，通过移动网络浏览互联网站和手机网站，获取多媒体、定制信息等其他数据服务和信息服务。

7.2.1　移动互联网的移动 IP 技术

1. 桌面互联网的 IPv6 技术

传统的互联网使用了 IPv4 网络协议，属于 IPv4 网络，但随着互联网技术的发展，新一代互联网 NGI 走进了我们的生活。在 NGI 中，和 IPv4 协议不同，IPv6 协议集成了移动 IPv6，移动性是 IPv6 的一个重要特色。有了移动 IPv6 后，移动节点可以跨越不同的网段实现网络层面的移动，即使移动节点漫游到一个新的网段上，其他终端仍可以利用它原来的 IP 地址找到它并与之通信。移动 IPv6 在设计之中避免了移动 IPv4 中的许多问题，做了许多改进性措施，取消了移动 IPv4 中采用的外地代理，这些措施方便了移动 IPv6 的部署。

IPv6 协议的实施使得大量的、多样化的终端更容易地接入互联网，并在安全方面和终端移动性方面比 IPv4 协议有了很大的增强。IPv6 协议的最大优势是端到端的访问，而完全的端到端的连接又使得运营商很难对业务进行管理和运营，因此需要在实现媒体通信端到端的前提下实现连接的可管理、可控制。

当大量用户使用移动终端进行工作、商务、远程多媒体通信的时候，如果能够为每一个移动终端配备一个全球 IP 地址，就可以实现移动终端的随时随地上网，这在 IPv4 体制下是无法实现的，只有 IPV6 才能满足这种需求。IPv4 体制的 IP 地址尽管数量达到 40 多亿个，但这个地址资源已经使用完毕，而 IPv6 具有长达 128 位的地址空间，其 IP 地址资源总量达到 2^{128} 可以彻底解决 IPv4 地址不足的问题，除此之外 IPv6 还采用了分级地址模式、高效 IP 包头、服务质量、主机地址自动配置、认证和加密等许多技术。

2. 对移动 IP 技术的形象解释

互联网的核心是 IP 网络，大量的局域网都可以认为是 IP 子网络，IP 子网中的主机在接入互联网时只能采用两种方式：主机采用有线接入或无线接入时，主机位置固定；主机在一个 IP 子网覆盖范围内移动并保持互联网的接入。在通信期间，主机的 IP 地址和端口号保持不变。主机在 IP 网络中通信的过程中可能需要在不同子网间移动，当移动到新的子网时，如果不相应地改变其 IP 地址，就不能接入这个新的子网。但如果为了接入新的子网而改变其 IP 地址，那么与先前的 IP 子网的通信就会中断。

换句话讲，如图 7-7 中的移动节点通过路由器 1 和 Internet 上的某主机进行通信，当该移动节点移动的新的位置后，比如移动到由路由器 2 接入公网的位置时，采用传统的 IP 网络通信方法时，通信必然中断。

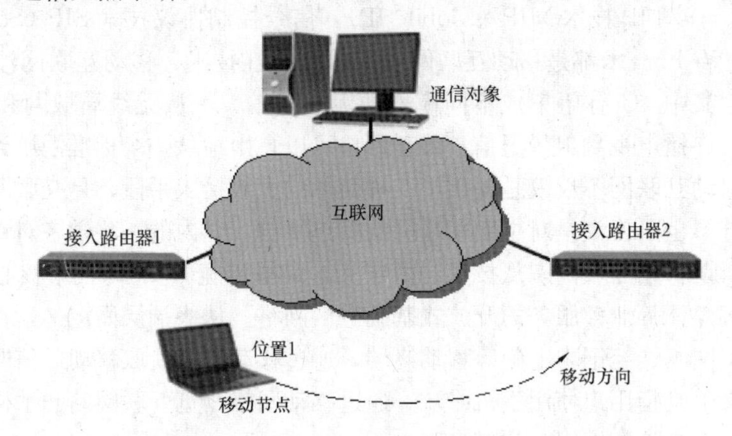

图 7-7　移动节点在新位置时通信中断

移动 IP 技术可以在 Internet 上提供移动功能的网络层方案，使在不同 IP 子网之间移动的节点用一个永久的地址与互联网中的任何主机通信，并且在切换子网时不中断正在进行的通信。移动 IP 技术实现的通信情况如图 7-8 所示。

在图中，在原有的位置上与互联网的某一用户进行通信，用户终端所在的 IP 子网叫家乡网络，用户终端是一个移动节点，该节点在家乡网络中的地址由家乡网络分配或手动设置，这个地址是家乡地址并在移动通信的过程中保持不变。当移动节点有原位置移动到新位置时，在新的外地子网接入点继续保持与通信对象的通信。

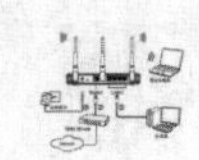

要寻找一种新的协议机制使主机能够在较大范围内自由移动，并具备条件：

（1）移动主机在改变了连接到 Internet 的链路层接入点后还能跟其他主机进行正常通信，此时其 IP 地址没有改变。

（2）与移动主机进行通信的其他主机并不需要进行协议的更改。

（3）移动主机可以使用一段无线信道直接接入 Internet，由于采用了无线信道。

这就是移动 IP 技术要解决的问题。

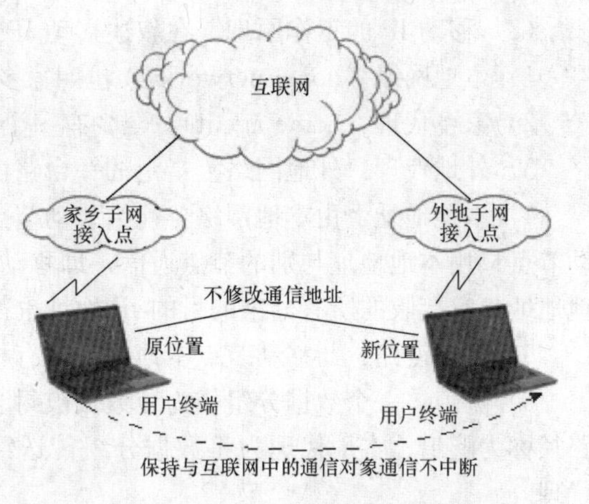

图 7-8　移动 IP 技术实现的通信

3. 移动 IP 技术与传统 IP 技术的主要区别

互联网上的主机将一个数据分组发送给网络上的另一台主机时，无需知道对话主机的具体位置，仅关心发出的数据能被送到对话主机，OSI 模型的网络层就具备这个功能。移动 IP 具有特殊的功能，它的目的是将数据分组选路到那些可能一直在快速地改变位置的移动节点上。

传统 IP 网络中的主机使用固定的 IP 地址和 TCP 端口号进行相互通信，在通信期间它们的 IP 地址和 TCP 端口号必须保持不变，否则 IP 主机之间的通信将中断。而移动 IP 技术中，节点发生移动，导致 IP 地址发生变化，使用漫游方式可以解决通信中断的问题。使用漫游、位置登记、隧道技术、鉴权等技术，从而使移动节点使用固定不变的 IP 地址，一次登录即可实现在任意位置（包括移动节点从一个 IP 子网漫游到另一个 IP 子网时）上保持与互联网上的通信对象（主机）的单一链路层连接，使通信持续进行。

4. 移动 IP 的工作原理

（1）移动 IP 技术需满足的几个要求：

1）移动节点在改变数据链路层的接入点后应仍能与互联网上的其他节点正常通信，不会因此而受影响。

2）移动节点从不同的数据链路层接入点接入互联网，仍能使用最初的 IP 地址进行通信。

3）移动节点应能与不具备移动 IP 功能的计算机（固定节点）通信。

（2）实现移动 IP 的功能实体。实现移动 IP 技术的系统必须有这样的组织结构：具备特定条件的移动节点，有本地代理和外地代理。

这个移动 IP 功能实体各个部分的配合关系如图 7-9 所示。

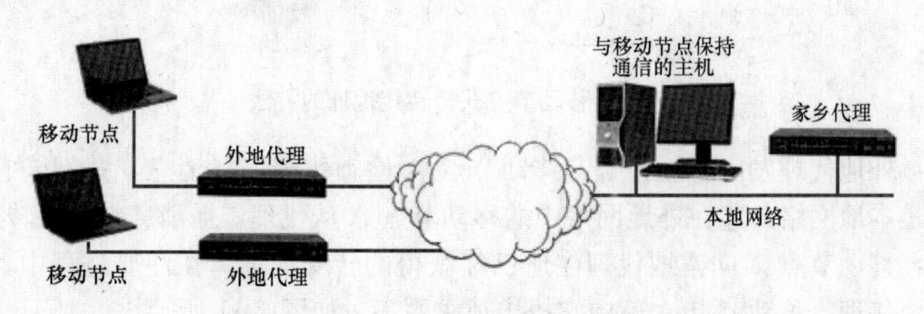

图 7-9　移动 IP 功能实体各个部分的配合关系

（3）移动 IP 的工作原理。在叙述移动 IP 的工作原理之前，有几个概念强调如下：

1）本地网络（home network）：也叫家乡网络，移动节点移动前所在位置处的网络。

2）家乡代理（home agent）：至少有一个端口与本地链路相连的路由器。

3）外地代理：外地网络上指定的一台路由器。

4）本地地址：由本地网络分配给移动节点的地址，这个地址为移动节点永久持有。移动节点只用本地地址与别的节点通信，即移动节点发出的所有分组的源 IP 地址都是它的本地地址，它接收的所有分组的目的 IP 地址也都是它的本地地址。

5）本地链路：与移动节点本地地址具有相同网络前缀的链路。

6）隧道：一个数据分组作为纯数据被封装在另一个数据分组中进行传送时，所经过的路径称为隧道。本地代理为将数据分组传送给移动节点，把数据分组通过隧道先送给外地代理。

7）转交地址：移动节点连接在外地链路上时的相关 IP 地址。每次移动节点改换外地链路时，转交地址也随着改变。转交地址是连接本地代理和移动节点的隧道的出口。转交地址分为两类：外地代理转交地址和配置转交地址。

8）外地代理转交地址：外地代理的 IP 地址，有一个端口连接移动节点所在的外地链路。外地代理转交地址信息被外地代理存储。

9）配置转交地址：暂时分配给移动节点的某个端口的 IP 地址。当外地链路上没有外地代理时，移动节点可以采用这种转交地址。一个配置转交地址同时只能被一个移动节点使用。

下面介绍一个移动节点在外地链路上发送分组的完整过程及分析。设定一个移动节点 A，从最初的位置移动到新的位置，即移动到外地网络的一条外地链路上，如图 7-10 所示。连在外地链路上的移动节点 A 需要一个转接地址。获得转接地址的方法是：

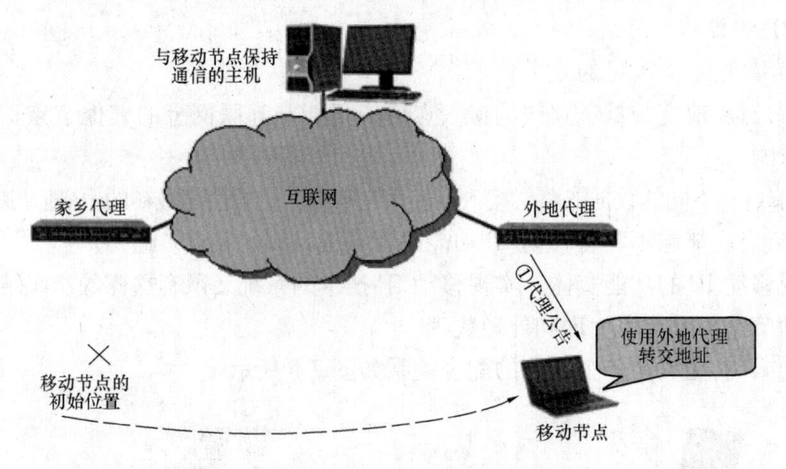

图 7-10　移动节点获得转接地址的方法

步骤一：外地代理发出代理公告，移动节点 A 检查代理广播消息，并判断它连接的是外地网络还是本地网络，连在外地网络中的移动节点 A 从代理广播消息中获得转交地址。

步骤二：移动节点 A 向本地代理注册已经获得的转交地址。在注册过程中，如果链路上有一个外地代理，移动节点 A 就向它提出请求服务，如图 7-11 所示。

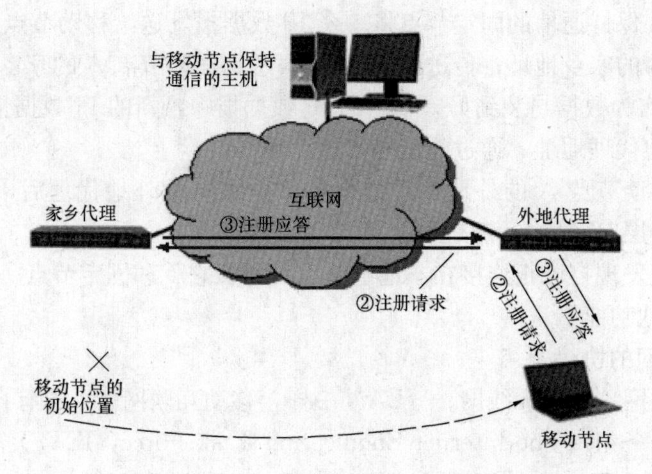

图 7-11　注册请求和注册应答

步骤三：本地代理广播移动节点 A 本地地址，吸引发往移动节点本地地址的数据分组，本地代理截取这个分组，并根据移动节点 A 在本地代理注册的转交地址，通过隧道将数据分组传送给移动节点。

本地代理根据转交地址通过隧道将数据分组发往移动节点的情况如图 7-12 所示。

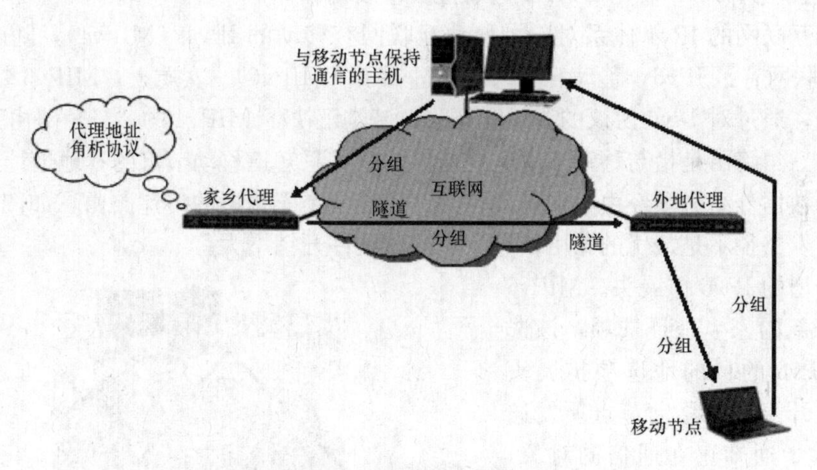

图 7-12　本地代理通过隧道将数据分组发往移动节点

步骤四：在转交地址处——可能是外地代理或移动节点的一个端口，来自和移动节点 A 通信的主机发送的数据分组被经过到达外地代理，再转发给移动节点 A。

以上分析的是移动节点 A 从初始位置处就开始和互联网上的一台主机进行通信，但移动节点 A 移动到新的位置时继续位置和通信对象的通信，接收对象发送的数据分组。

步骤五：移动节点 A 发出数据分组送往通信对象，此时数据分组直接通过外地代理送达目标节点处，无需经过隧道及上述的过程。此时，外地代理完成路由器的功能，并且是移动节点的 A 缺省路由器。

这里要说明的是移动节点 A 在移动前所在网络是家乡网络，家乡网络为其即将移动的节点 A 分配一个 IP 地址，即本地地址。移动节点 A 移动到新的位置即从一个新的接入点接入到外地网络时，移动节点 A 通过外地代理和家乡代理通信注册它的外地代理的地址。

和移动节点A保持通信的固定节点将一个IP数据报发送给移动节点A，数据报的信宿地址是移动节点A的家乡地址；传送的IP数据报送到移动节点A的家乡代理，家乡代理再将IP数据报整体作为数据封装到另一个新的IP数据报中，新的IP数据报的信宿IP地址是移动节点A的外地代理地址，通过隧道送出这个数据报。

信宿地址为移动节点A的外地代理地址的数据报送达外地代理后，取出原始数据报，再封装在一个网络层PDU中，送达移动节点A。

如果移动节点发现自己正连接在本地链路上，那么它就和固定节点一样工作，无需运用移动IP的任何其他功能了。

7.2.2 移动互联网的协议

如同桌面互联网、移动无线网、WLAN一样，移动互联网体系也有自己的标准和协议，国际互联网工程任务组（The Internet Engineering Task Force，IETF）制定了支持移动互联网的技术标准移动IPv6，即MIPv6（Mobile IPv6）和相关标准。

下面介绍移动互联网的基础协议MIPv6和用来提高移动互联网工作性能的扩展协议FMIPv6。

1. 移动互联网的基础协议（MIPv6）

LTE（Long Term Evolution，长期演进）从标准设计的初期就采用了全IP架构，作为全IP架构的核心，MIPv6在LTE中起着至关重要的作用。

与传统互联网的IPv4体系对应，移动互联网有移动的IPv4（MIPv4），随着技术的演进，传统互联网有了IPv6，移动互联网也演进到了（MIPv6）。实质上，MIPv6是IPv6的一个组成部分，通过对IPv6协议的添加和修改，基本解决了MIPv4的“三角路由”问题。

这里的三角路由是指与移动节点保持通信的主机只知道移动节点的本地地址，所有发给移动节点的数据分组必须经由本地代理路由，形成一个三角形的传递路由，如图7-13所示，三角路由转发路径不是最优的路由，导致系统软硬件开销增大。

(1) 新增的IPv6扩展头。MIPv6定义了一个新的家乡地址选项，该选项包含在IPv6的目的地选项扩展头中，用在离开家乡的移动节点所发送的数据分组中通知正在通信的对象，告知移动节点的家乡地址。

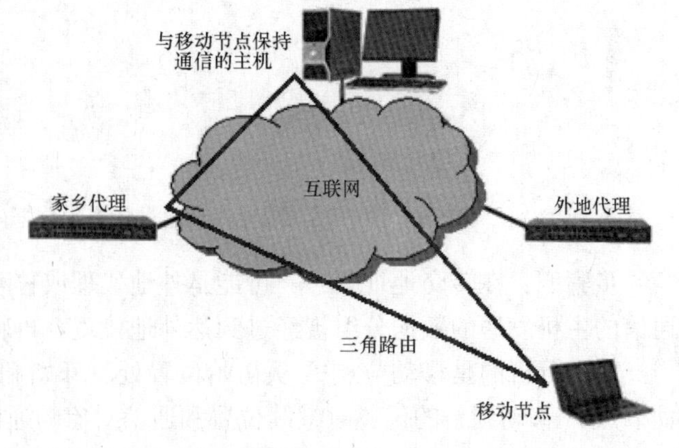

图7-13 三角路由

新定义了移动扩展头。移动节点、通信节点和家乡代理使用移动扩展头来携带那些用于注册、建立绑定的消息。

MIPv6定义的第二类路由头是一个新的路由头类型。与移动节点保持通信的节点主机使用第二类路由头直接发送分组到移动节点，把移动节点的转交地址放在IPv6报头的目的地址字段中，而把移动节点的家乡地址放在第二类路由头中。当分组到达移动节点时，移动节点从第二类路由头中提取出家乡地址，作为这个分组的最终目的地址。

(2) 新增加的ICMPv6报文。MIPv6新增加了ICMPv6报文（Internet Control Man-

agemet Protocol Version 6：互联网控制信息协议版本六）。新增加了 ICMPv6 报文包括家乡代理地址发现应答、家乡代理发现请求、移动前缀广播和移动前缀请求等。

（3）对邻居发现协议的修改。修改内容包括路由器通告消息、路由器通告消息中的前缀信息选项、新的通告间隔选项、新的家乡代理信息选项、路由器通告发送规则的修改、对路由器请求发送规则的修改和对重复地址检测的修改等。

（4）MIPv6 工作原理。MIPv6 支持移动节点和在线的节点主机进行通信的整个过程中终端无需改动地址配置，可在不同子网间进行移动切换，同时保持上层协议的通信不发生中断。

在 MIPv6 体系结构中，含有 3 种功能实体：

（1）移动节点 MN：MN 为移动终端。

（2）家乡代理 HA：家乡子网，负责记录移动节点的当前位置，并将发往移动节点的数据分组转发至移动节点的当前位置。

（3）通信节点 CN：与移动节点通信的对端节点。

应用 MIPv6 的主要目的：不管移动节点是连接在家乡链路还是移动到外地链路，总是通过家乡地址（HoA）寻址。M1Pv6 对 IP 层（网络层）以上的各层透明，移动节点在不同子网间移动时，运行在该节点上的应用程序和一些设置无需修改或重新配置。

MIPv6 工作原理：①每个移动节点都设置了一个固定的家乡地址 HoA，该地址与移动节点的移动位置无关。②当移动节点移动到外地子网时，引入一个具有外地网络前缀的转交地址（CoA），并通过 CoA 提供移动节点当前的位置信息。③移动节点每次改变位置，都要将它最新的转交地址 CoA 告诉家乡代理 HA，HA 将 HoA 和 CoA 的对应关系记录至绑定缓存。④如果一个通信节点向移动节点发送数据，目的地址为移动节点的家乡地址 HoA，故这些数据分组被路由至移动节点的家乡链路，家乡代理 HA 截获这些数据分组。查询绑定缓存后，家乡代理将这些数据用转交地址 CoA 路由至移动节点的当前位置，家乡代理通过隧道将数据发送至移动节点。如果移动节点向上述的通信节点发送数据分组，移动节点首先以家乡地址 HoA 作为源地址构造数据报，然后将这些报文通过隧道送至家乡代理，再由家乡代理转发至通信节点。

MIPv6 工作原理如图 7-14 所示。

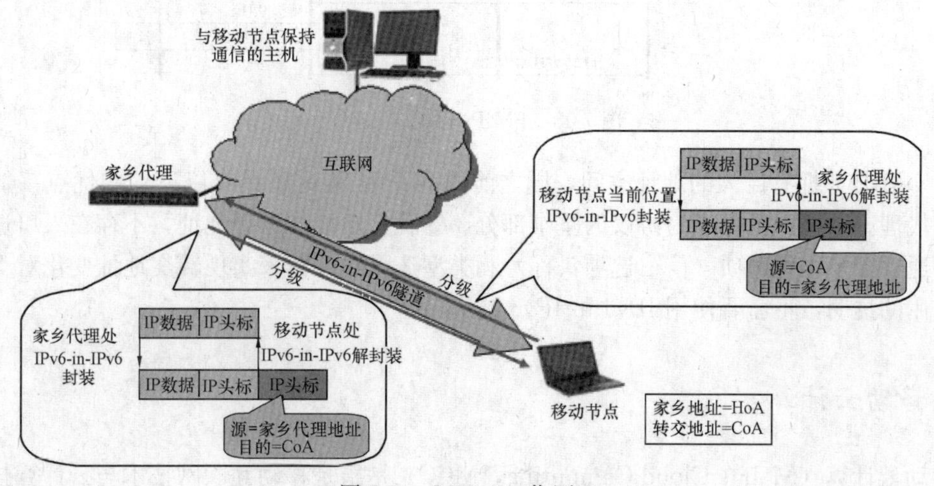

图 7-14　MIPv6 工作原理

2. 移动互联网的扩展协议（FMIPv6）

由于应用 MIPv6 的系统工作时伴随着大量的切换。而切换会造成一定的时延。MIPv6 的快速切换（FMIPv6）很好地进行了改进。

（1）FMIPv6 的快速切换。在 FMIPv6 架构中引入新接入路由器（NAR）和前接入路由器（PAR）两种功能实体，缩短移动节点在移动通信过程中的切换延时。

（2）FMIPv6 的工作流程。FMIPv6 的工作流程如图 11 所示，具体进程为：①移动节点检测到新接入路由器 NAR 信号 。②移动节点发送 RtSoPr（代理路由请求）。③移动节点接收 PrRtAdv（代理路由器公告）配置 NcoA（新转交地址）。④移动节点确定切换，发送 FBU（快速绑定更新）消息。⑤前接入路由器 PAR 发送（切换发起）HI 消息，新接入路由器 NAR 进行 DAD 操作。⑥新接入路由器 NAR 回应 Hack（切换应答）。⑦ 接入路由器 PAR 向移动节点发送 Fback（快速绑定确认），同时建立绑定和隧道，将发往 PcoA（先前的转交地址 ）的数据通过隧道送至 NcoA（新的转交地址）。⑧移动节点向新接入路由器 NAR 发送 FNA（快速邻居通告）消息。⑨新接入路由器 NAR 把移动节点作为邻居，向它发送从接入路由器 PAR 隧道过来的数据。⑩通信对端 CN 更新绑定后，删除接入路由器 PAR 上的绑定和隧道，通信对端将数据直接发往新转交地址 NCoA。

FMIPv6 的工作流程图如图 7-15 所示。

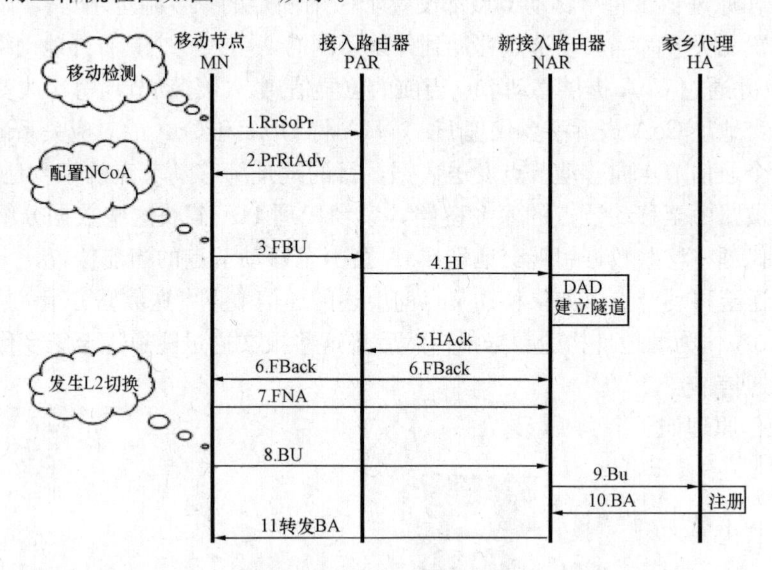

图 7-15　FMIPv6 的工作流程

（3）MIPv6 拥有巨大的地址空间，同之前的 MIPv4 相比还具有以下一些优点：①不需要外地代理。②路由优化成为协议的基本部分。③转交地址作为源地址，不存在入口过滤问题。④通过家乡地址选项（信宿选项头标）和类型 2 寻路头标来实现转交地址变化对 IP 层。以上应用的透明，不需要使用 IPv6-in-IPv6 隧道。

7.3　移动云计算

移动云计算（Mobile Cloud Computing，MCC）是指是移动互联网技术与云计算技术的结合，在移动互联网中融入云技术，通过按需、易扩展的方式从互联网虚拟资源池中获得所需的云基础设施、云平台、云计算软件的资源，大幅度增强移动互联网的功能。

7.3.1 移动云计算现状

早在2009年中国移动就开启了“大云”项目，2011年正式发布大云1.5版。此前的大云1.0版主要内容包括了大云数据挖掘系统、海量结构化存储、大云弹性计算系统、大云弹性存储和大云并行计算系统等。

“大云”支持部分关键功能，如：

(1) 分布式文件系统采用分布式冗余存储方式存储数据，以高可靠软件来弥补硬件的不可靠性。

(2) 分布式海量数据仓库功能，采用列存储的数据管理模式，保证海量数据存储和分析性能。

(3) 分布式计算框架的功能，采用并行编程模式，将一项任务自动细分为多个并行的子任务，通过多计算中心的调度与任务分配，完成特定任务。

(4) 集群管理。该功能使大量的服务器协同工作。

(5) 云存储系统功能。

(6) 弹性计算系统功能。通过对物理和虚拟的计算资源、网络资源和存储资源进行集中管理和调度，提供弹性计算服务。

(7) 支持大规模的并行数据挖掘。

7.3.2 移动云和Web技术

我们知道，互联网技术的魅力之一就是有巨大数量的在线网站，为用户提供大量的内容，极为丰富的Web文件，将文档、图片、视频、声音和多媒体文件，以及能够一边下载一边回放的流媒体文件都组织在Web文件中。因此说，互联网是Web文件的世界。Web文件是用HTML、XHTML源程序代码组织的。

如果Web文件仅仅是用户阅读网站提供的内容。这个过程是网站到用户的单向行为，就属于Web1.0的方式。随着发展，用户既是网站内容的浏览者，也是网站内容的生产者，网站与用户之间是一种平等的交互关系，网站内容基于用户提供，网站的诸多功能也由用户参与建设，网站与用户的交互体现在用户在网站系统内拥有自己的数据。这就是Web2.0方式。

移动云中使用的大量文件可以是Web文件。例如：某企业的分项计量节能中心，通过对自己企业的许多不同耗能系统，如中央空调系统中新风机组、空调机组、风机盘管、照明系统、给配水系统的电耗进行实时监测和分析，由于具体分析是对耗电回路进行的，而同一条回路接入了若干组不同的性质的设备，为实现能耗分项计量和分析，就得有自己的分析算法、仿真方法，就会有不同的分析结果。如果在云计算中心的云服务器中，存储有许多企业、研究单位的能耗分项计量和分析的数据、分析方法和算法、计算机仿真的方法和算法，不同的分析结果，而且这些内容全部是用Web文件提供的。以云服务器为中心，进行多企业、多用户的这种资源共享、能耗分项计量分析方法、算法、仿真算法、数据、分析结果的共享，就会改进和提高云计算资源参与用户能耗分项计量数据处理的水平，取得更好的节能效果。当然，云计算中心和云计算服务器和移动互联网的结合就成为移动云了。因此Web文件和云计算、移动云关系极为紧密。

7.3.3 移动互联网中的云计算

云计算能够通过网络把多个成本相对较低的计算实体整合成一个具有强大计算能力的系统，并借助云软件服务、云基础设施服务、云平台服务，借助于互联网上的巨大虚拟资源池为用户源源不断地提供所需资源。

移动云计算具有以下特点：

（1）资源的虚拟化。移动云支持用户在任意位置、使用各种终端获取服务。使用的大部分物理资源都是来自“互联网中虚拟资源池——云”的虚拟资源，用户无需了解应用中的许多细节，就可以通过云网络服务来获取各种功能强大的服务。

（2）规模巨大。有些用于搜索的云服务中心拥有在全球分布的数百万台服务器。

（3）可靠性高。

（4）按需服务。用户可以在巨大的虚拟资源池中按需取用、购买所需资源、服务、计算、使用软件等。

（5）具有跨行业、宽领域的通用性。

（6）享受服务的费用非常低廉。“云资源”的应用属性使其被使用而需付出的成本非常低廉。

用户终端连接移动云的情况如图 7-16 所示。

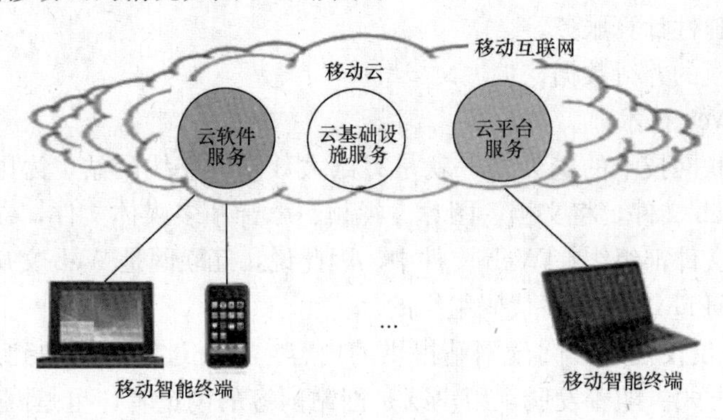

图 7-16 移动云与用户终端

7.4 移动互联网与 WAP

1. 什么是 WAP 及 WAP 的作用

WAP（Wireless Application Protocol，无线应用协议），一种实现移动电话与互联网结合的应用协议标准。2001 年 8 月 WAP2.0 正式发布。

WAP 可以将桌面互联网中超文本标识语言 HTML 描述的文件转换成用无线标识语言 WML（Wireless Markup Language）描述的文件，显示在移动电话的显示屏上。WAP 可以应用于 GSM、CDMA、3G 和 4G 网络中。

WAP 能支持 HTML 和 XML（Extensible Markup Language，扩展标准通用标识语言），但 WML 是专门为小屏幕和无键盘手持设备提供服务的语言。WAP 也支持 WMLScript 脚本语言。WMLScript 作用类同 JavaScript，但对内存和 CPU 的要求更低。

支持 WAP 技术的手机能浏览由 WML 描述的类似于 Internet 的 Web 文件。WML 支持

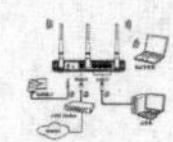

文字和图片显示。

WAP在很大程度上利用了现有的Web编程方法，开发人员可以将基于Web的编程方法拓展到移动终端浏览的大量文件中去，可以继续利用现有的工具（如Web服务器、XML工具）等。WAP编程模式Web编程模式进行了优化和扩展。

应用WAP的主流的手机都已经支持WAP2.0版本。WAP 2.0特点：

（1）采用最新的Internet标准和协议。

（2）对已有的WAP内容、应用和业务提供可管理的向后兼容性。

（3）采用XHTML MP，支持对WML 1.0的完全向后兼容。

2. WAP应用结构

WAP系统包括WAP网关、WAP内容服务器和WAP手机。其中WAP网关实现无线移动网络与Internet的互联。WAP网关与服务器之间通过HTTP超文本传输协议进行通信；WAP内容服务器存储着大量的信息，供WAP手机用户访问、查询、浏览。

WAP系统结构如图7-17所示。

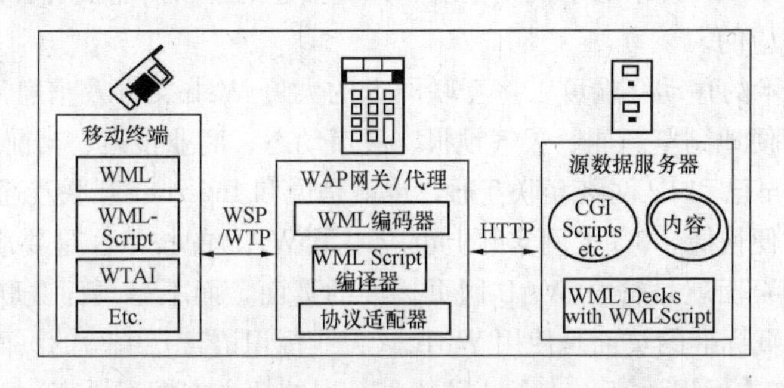

图7-17　WAP系统结构

WML—无线标示语言；WML-Script—无线标示语言的脚本；WTAI—无线电话应用接口；CGI—通用网关接口

WAP网关是WAP网络结构中的一个非常关键的部分。WAP网关连接客户端移动设备使用的移动无线网（GSM、CDMA、GPRS、3G等）。用户键入他要访问的WAP内容服务器的URL后，信号经过无线网络，以WAP协议方式发送请求至WAP网关，然后经过“翻译”，再以HTTP协议方式与WAP内容服务器交互，最后WAP网关将返回的内容送给客户WAP手机。WAP手机内含WAP微浏览器，微浏览器负责解释无线标识语言WML和WML SCRIPT脚本。

3. WAP2.0协议栈

WAP2.0协议栈结构如图7-18所示。

在传输层，WAP2.0采用具有无线特征的WP TCP/IP协议，以使得数据分组可以基于IP网络传输。WP TCP提供面向连接的服务。

在会话层，WAP2.0采用WP HTTP，WP HTTP属于无线环境下的HTTP子集，二者差距很小。WAP2.0增加了较多安全措施，包括采用TLS协议，WAP2.0

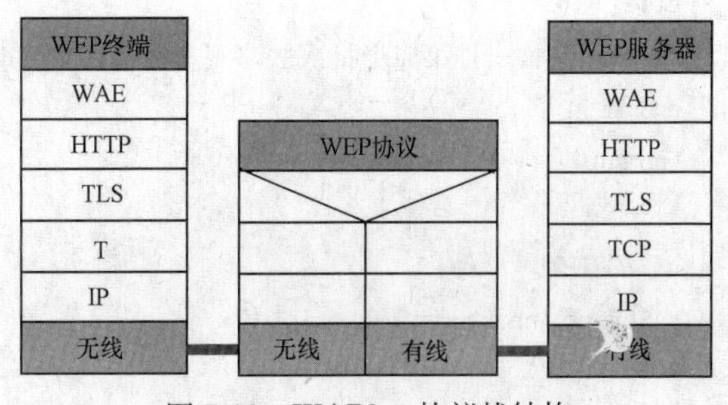

图7-18　WAP2.0协议栈结构

支持 TCP/HTTP 的情况下允许移动终端与应用服务器直接建立 TLS 安全隧道，实现端到端的加密功能。

WAP2.0 应用系统速度更快，性能提高。WAP 网关不用做 HTTP/TCP 和 WSP/WTP/WDP 的协议转换；手机侧不用做 WSP/WTP/WDP 的解析，但是网络中需要做 HTTP/TCP 的无线配置；性能提高，因不做大量的协议转换，同样的硬件设备支持更多的并发用户。

WAP2.0 提供了端到端的安全机制；应用内容更加丰富。

4. WAP 上网和 WAP 网站

（1）WAP 上网。移动上网就是利用 WAP（无线应用协议）实现的，移动上网也被称为 WAP 上网。手机上网是指利用支持网络浏览器的手机通过 WAP 协议，接入互联网，实现浏览网页文件的目的。所以常把手机上网称为 WAP 上网。

用户使用移动终端通过 WAP 可以方便地浏览互联网上的网站信息或公司网站的资料，实现无线上网。WAP 能够在 2G 的 GSM、2.5G 的 GPRS、CDMA、3G 网络上运行。WML 无线标识语言支持 WAP 技术的手机浏览由 WML 描述的手机屏幕页面，这个页面和桌面互联网上的网页是对应的。

使用 WAP 技术的移动终端可以将互联网上的大量 Web 文件及信息展现在移动终端的小屏幕上。可以方便地浏览新闻、天气预报、股市动态、商业报道、当前汇率等。

由于 3G 网络早已和 IP 网络互联互通，也就是说和 Internet 互联互通，使用 3G 网络接入 Internet 非常方便快捷，3G 上网实际上也应用了 WAP 的技术，是要应用了 WAP 技术，移动终端上浏览的页面就是符合 WAP 网页标准的页面，而不是桌面互联网通常的 Web 页面。符合 WAP 网页标准的页面是使用 WML（无线标识语言）编写的页面。而 Web 页面是使用 HTML（超文本标识语言）或 XHTML（扩展的超文本标识语言）编写。

为将这个问题搞清楚，举例如下：

一个 HTML 编写的 Web 文件的源程序代码为：

```
<HTML>
<HEAD><TITLE>参观科博会展览的安排 5.28</TITLE></HEAD>
<SCRIPT language = VBscript>
<! - -
sub check()
tempage = cint(Document.F.age.value)
if tempage<45 then
msgbox "您被安排第一个批次去参观科博会，出发时间是 8：30，乘车地点主教学楼门口。"
else
msgbox "您被安排第二个批次去参观科博会，出发时间是 8：50，乘车地点主教学楼门口。"
end if
end sub
- ->
</SCRIPT>
<Script language = " Vbscript ">
<! - -
dim s
```

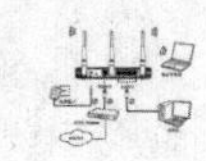

```
    function g (s)
    end function
-->
</Script>
<BODY bgcolor = lavender>
<marquee direction = right><font color = red><H2>通知 </H2>  </font></marquee>
    某系电气工程与自动化专业共3个班，分两批参加2009年的科博会……<BR>
    输入姓名<input name = " xm" onblur = " g(xm. value)" >
<center><form name = F>输入学号：<INPUT type = "TEXT" size = 8 name = age> <INPUT onclick =
check() type = button value = 批次> </FORM></center><B>
……
</BODY>
</HTML>
```

以上就是一个嵌入了 Vbscript 脚本语言程序的一个 Web 文件，在 PC 机的 IE 浏览器上打开为一个网页。

下面是一个使用 WML（无线标识语言）编写的 WAP 页面的源程序代码：

定义一个指向 hello. wml 的链接。

```
<? xml version = " 1. 0 "? >
<! DOCTYPE wml PUBLIC " - PHONE. COM//DTD WML 1. 1//EN"
    " http：//www. phone. com/dtd/wm111. dtd">
<wml>
<card>
    <p>
    Go to first deck
    <br/>
    <anchor title = " Link To First">
    <go href = " first. wml "/>First
    </anchor>
    <br/>
    </p>
</card>
</wml>
```

这里要强调的是手机上网可以采用两种接入点方式：3GNET 接入点方式和 3GWAP 接入点方式。3GWAP 接入点方式是通过 WAP 服务器接入互联网的，所以手机屏幕上看到的页面和通常有线宽带接入看到的页面不一样。如果通过 3GNET 接入点方式接入上网速度快。

（2）WAP 网站。WAP 网站是指用 WML（无线标识语言）编写的专门用于手机浏览的网站，通常以文字信息和简单的图片信息为主。

与传统互联网一样，企业要开展 WAP 网络营销，也需要建设自己的 WAP 网站。虽然在表现形式上，WAP 网站的功能要弱于传统互联网的网站，对于图片、动画、视频及多媒体等文件的支持功能弱，这是需要继续改进和发展。

第 8 章　建筑物地下空间的无线网络覆盖

8.1　无线网络的补充覆盖及常用室内分布系统的组成和特点

8.1.1　建筑物内部分区域无线网络的补充覆盖

高层及超高层现代建筑越来越多，其封闭的地下空间、钢筋混凝土结构屏蔽或减弱了无线信号；不同基站的信号经直射、反射、绕射等方式进入建筑物内，也导致无线信号的强弱不稳定及同频、邻频干扰严重。由于以上一些因素导致移动电话在未通话时重选频繁，通话过程中切换频繁、通话质量差。甚至出现话务拥堵现象。现代高层建筑的中高层由于可以同时收到多个基站的覆盖信号，切换十分频繁，也严重地影响了移动通信设备的使用效果。大型酒店、写字楼、大型商厦、大型超市、车站、机场、生活、商业小区、办公楼等现代建筑的车库和地下空间部分存在移动无线网络覆盖不到的地方。

大城市及中等城市的中心由于人口居住及办公密度大，从而具有话务量大、网络扩容速度快的特点。同时由于高层建筑的建设密度大，覆盖阴影多，无线环境复杂，使得网络规划的难度大大增加。室内办公场所、大型商场、地下商场、停车场等特殊区域大量存在，对室内覆盖、地下覆盖的需求较多。这些因素都使得大型城市中的无线覆盖方案复杂化。

特殊区域：以光纤传输弥补无线基站覆盖的不足。城市地区无线应用环境比较复杂，高层建筑、大型室内购物、办公场所以及地下商场、停车场、地铁等地下设施的网络覆盖存在许多的阴影、盲区。而要完善这些地区的覆盖，还要综合考虑到覆盖质量、建设成本、工程安装等因素。要解决上述室内信号覆盖问题，最有效的方法就是建设室内分布系统，将基站信号通过有线或无线的方式直接引入室内，再通过分布式天线系统把信号发送出去，从而消除室内覆盖盲区、抑制干扰，为室内的移动通信用户提供稳定、可靠的通信环境。

地铁站、地下停车场如图 8-1 所示。

地铁站、地下停车场的无线室内分布覆盖系统的使用保证了这些场所内用户正常的对外通信。

图 8-1　地铁站、地下停车场

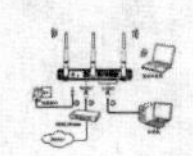

8.1.2　室内分布系统的组成及特点

由于不同运营商拥有多个制式的无线通信系统，在无线室内分布系统设计中，要注意多系统共存的要求，多系统共存的关键点是保证不同制式系统间互不干扰，并且满足各自系统的覆盖质量要求。

在无线通信系统中，室外宏站一个扇区的天线以较强的功率发射无线电波，覆盖了较大的一个区域；区域中建筑物的室内，由于楼层和多层墙壁的阻隔，室外宏站的信号不能对各个不同区域实现有效地覆盖，因此需要将分布在室内多处的“小功率天线”进行多点覆盖，确保不同区域得到无线信号的有效覆盖。

室分系统由信号源、传输器件、天线三大部分组成：信号源负责产生无线信号，传输器件负责把无线信号传送到天线，而天线则负责把无线信号发射出去。

室内信号覆盖不是一个将射频信号经过放大再转发的简单过程，而是针对不同的覆盖需要选用不同的信源，通过不同的传输方式把射频能量按不同的比例分布到各个楼层或区域，通过构成一个能够满足特定网络需要的系统来加以解决。

可以考虑的室内信号覆盖综合解决方案有：采用无线同频直放站作为信源的室内信号覆盖；采用移频直放站作为信源的解决方案；采用光纤直放站作为信源的室内信号覆盖；采用微蜂窝作信源的室内信号覆盖；采用基站作信源的室内信号覆盖。

室内分布系统主要包括信号源、合路系统、传输系统、天馈系统和附属系统等子系统。信号源的方式主要包括各种直放站（如无线直放站、光纤直放站）、大功率耦合器、微蜂窝、宏基站、射频拉远 RRU 方式等。合路系统把多台无线电发射设备在相互隔离的情况下输出的射频合并，馈入覆盖系统。室内信号传输系统把引入的信号源连接到室内输入端，通过馈线在室内传输；或根据需要分路后. 再经过馈线实现与室内天线之间的连接；或者在适当的地方对信号进行变换及放大，并通过室内天线实现射频信号的收发。常用室内天线为吸顶式全向天线及定向板式天线。吸顶式全向天线及定向板式天线外观形状如图 8-2 所示。

目前的室内分布系统从信号传输形式上分为射频室内分布系统、中频室内分布系统两种模式。

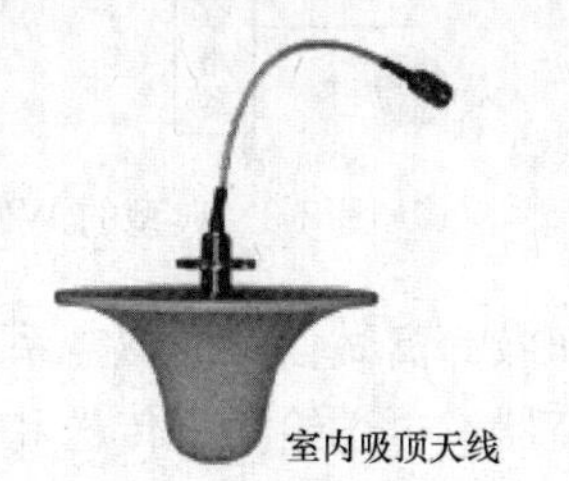

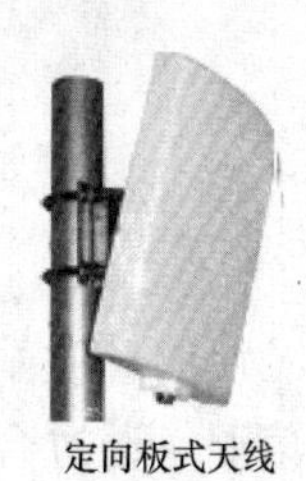

图 8-2　吸顶式全向天线及定向板式天线外观

射频室内分布系统主要由信号源、功分器、定向耦合器、同轴传输电缆，干线放大器、室内天线等组成。系统将移动通信网络的源信号直接进行射频传输，采用同轴电缆为主要传输介质，通过功分器、耦合器等器件对信号进行分路、合路，利用分布式天线或泄漏电缆进行信号的辐射。由于采用同轴电缆为主要传输介质，其优点是技术措施简单、性能稳定、造价较低；缺点是同轴电缆的射频信号损耗大、基站不能远距离放置。在建筑物或大型场馆内采用此系统时，一般采用大功率的基站作为信号源，同时使用干线放大器补偿线路的射频信号损耗，干线放大器的使用使上行信号噪声引入比较严重，这将直接影响基站的接收灵敏度和覆盖范围，甚至会降低系统的用户容量。

中频室内分布系统主要由信号源、主信号变换处理单元、扩展信号变换单元、远端信号变换单元、六类传输电缆（或光纤）、室内天线等组成。系统将移动通信网络的源信号转换为中频信号后进行传输，采用光纤、六类（或五类）数据线等作为主要传输介质，通过近端信号处理变换单元和远端信号处理变换单元实现二次变频，利用分布式天线进行信号的辐射。系统覆盖范围更易扩展、布线更加灵活；上行信号在远端信号处理变换单元进行低噪声放大，使引入的上行噪声较小；系统整体耗电较小，远端信号处理变换单元可通过数据线直接供电；具有完善的系统监控功能；可利用建筑物的综合布线系统。其缺点是系统初次投资成本较大。

无线室内分布系统的组成组件较多，但总体上分为三大部分：信源、传输器件、天线，具体在组织结构的实现形式上根据应用环境、采用的信源路数及合路的内容、针对具体的场景选择多种不同的信源、传输器件和天线而变化。

室分系统的信源主要包括宏基站、微基站、射频拉远单元（RRU）和直放站和无线局域网的无线接入点 AP；室分系统的信号传送器件主要包括功率放大器、干放、功率分配器件、功率传送器件，具体地有功分器、耦合器、电桥、合路器、衰减器、馈线、转接头、负载等；信号发射器件主要指全向天线和定向天线。

室分器件又分为有源器件和无源器件。如宏基站、微基站、射频拉远单元 RRU、直放站、AP、干放都是有源器件；功分器、耦合器、电桥、合路器、衰减器、馈线、转接头、负载及天线都是无源器件。

一个 WLAN 结合 3G 的室分系统覆盖如图 8-3 所示。

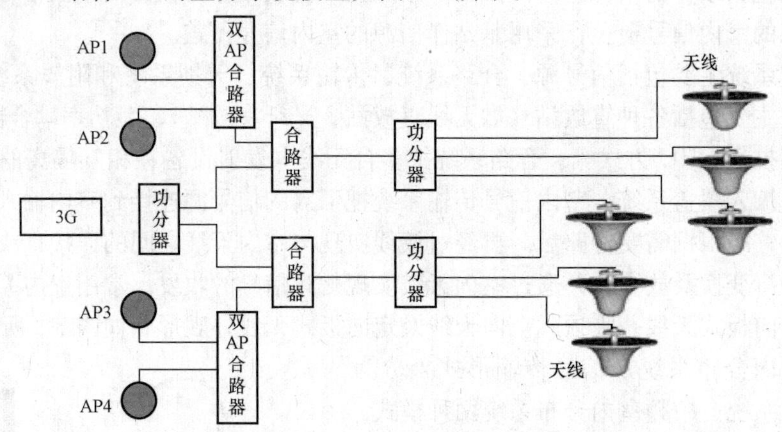

图 8-3　典型的 WLAN 结合 3G 的室分系统覆盖

使用直放站和微蜂窝做信源的覆盖系统如图 8-4 所示。在该系统中使用了两种制式不同的信源，通过合路器，再送给功率传送和分配器件，耦合器和功分器将信号传送给了要覆盖区域的天线。

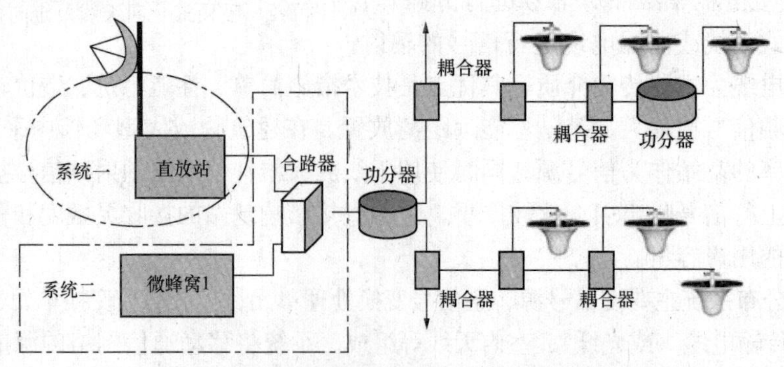

图 8-4　使用直放站和微蜂窝做信源的覆盖系统

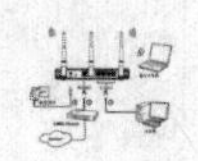

8.2 建筑物在什么情况下要使用室内分布系统

一个建筑内部是直接使用室外宏站覆盖，还是专门建设无线室内分布覆盖系统？无线室分系统的主要作用是对建筑物室内进行“补盲补热”的覆盖。

“盲点”是指通过室外宏站难以有效完成良好、全面、深度覆盖的建筑内部的某些区域。一些结构复杂、穿透损耗较大的楼宇，如大型办公楼、高级酒店、综合商场等高层建筑的地下停车场、地下商场、地下游乐场所、高层建筑的电梯内部等区域。“热点”是指无线用户密度很大，话务通信质量要求相当高的室内区域。

一幢建筑物若存在区域面积较大的无线通信盲点和热点，严重影响到建筑内部用户的正常无线通信了，就应该设置无线室内分布系统。如果一幢建筑物内部区域基本上没有或出现“覆盖盲区和覆盖热点”的情况下，就不需要进行无线室分系统的建设了。

一个无线室内分布系统如图 8-5 所示。

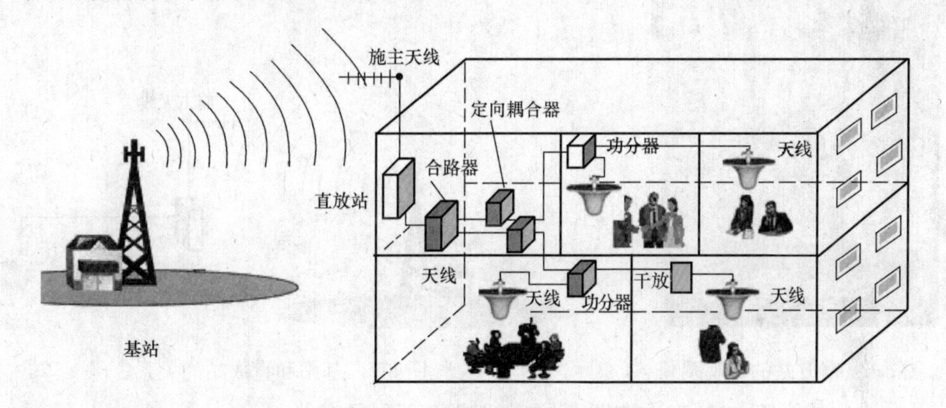

图 8-5 一个无线室内分布系统

8.3 基站信源和直放站

8.3.1 基站信源

宏蜂窝、微蜂窝都是具备基站完整功能的信源，包括射频处理子系统和基带处理子系统两部分。射频处理子系统负责把数据信息调制成无线信号发射出去，同时负责把接收下来的经过滤波的无线信号解调成数据信息传给基带处理单元。基带子系统负责信道编解码、交织、扩频、加扰等处理过程。

一般来说，宏蜂窝基站支持的输出功率大，覆盖范围广，可支持的载波数、小区数较多，支持的话务量大，但对机房条件要求严格，安装困难；而微蜂窝基站和 RRU 体积较小，安装灵活，但支持的覆盖范围一般，载波数和小区数都较少。

由于微蜂窝基站和射频拉远单元 RRU 体积和重量较小，一般可以挂墙安装。

8.3.2 直放站

(1) 直放站的主要功能。直放站是直接放大信号的站点，主要功能是延伸覆盖，非常适合于盲区覆盖。而宏蜂窝是解决室外广域覆盖的。

微蜂窝比宏蜂窝的发射功率小，覆盖半径一般在 100m 左右，作为无线覆盖的补充，微蜂窝一般用于宏蜂窝覆盖不到、但又有较大话务量的室内空间。

直放站不需要额外的基站设备和传输线路，安装简便灵活，成本较低。微蜂窝覆盖范围小、发射功率低，组网成本较高。

一个直放站的外观图如图 8-6 所示，直放站是无线信号放大设备，也是一种信号中继器。直放站的基本功能为信号放大和信号中转。

直放站从基站的覆盖区域中接收信号，将经过带通滤波后的信号放大，传给要进行盲区覆盖区域的天线。反之，直放站接收其目标覆盖区域内的手机信号，经过滤波放大，手机用户的信息传送到基站，再由基站将信号传送给通信对象。

在基站覆盖区内的直放站通过施主天线完成信号的接收和发射，这个功能由直放站的施主天线完成。在直放站的覆盖区内，既要接收手机的信号，又要给手机发射信号，这些功能是由直放站的业务天线来完成的。基站和直放站的关系如图 8-7 所示。

图 8-6　直放站的外观图

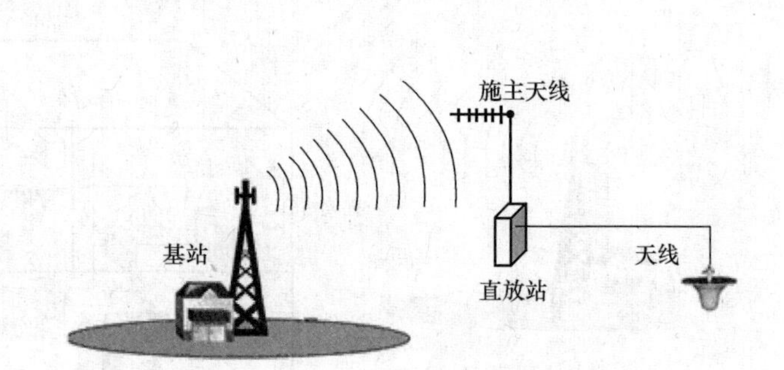

图 8-7　基站和直放站的关系

（2）直放站的类型。直放站按照不同方式进行不同的分类。

1）直放站有光纤直放站和射频直放站两种。

2）从带宽范围来分，直放站有宽带直放站和窄带（选频）直放站。前者对整个频段内的信号都进行放大，很容易对覆盖区的其他用户造成干扰。窄带直放站产生的干扰比宽带直放站少得多，但窄带直放站同时支持的频点有限，频点选用上受到较大的限制。

3）从不同的制式角度来分，直放站可以分为 GSM 直放站、CDMA 直放站、WCDMA 直放站和 TD SCDMA 直放站等。

4）直放站还可以分有室外型直放站和室内型直放站。

（3）光纤直放站。基站和直放站通过光纤来传送信号，这就是光纤直放站，如图 8-8 所示。

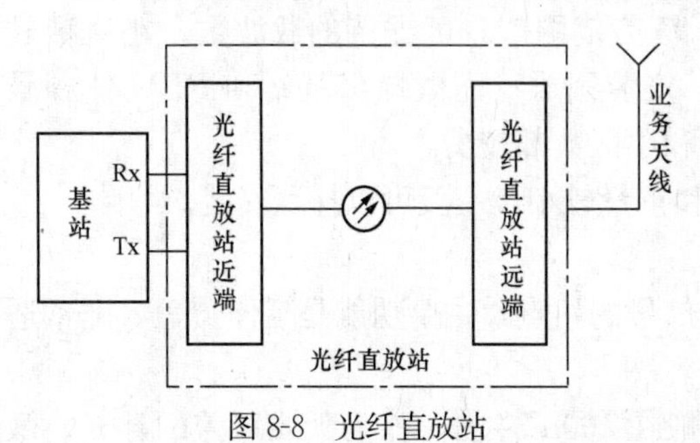

图 8-8　光纤直放站

光纤直放站由两部分组成，和基站相连的是光纤直放站的近端，下行方向完成从射频电信号到射频光信号的转换，上行方向完成射频光信号到射频电信号的转换；光纤直放站的远端通过光纤和近端相连，下行方向完成射频光信号到射频电信号的转换，上行方向完成从射频电信号到射频光信号的转换；业务天线完成手机无线信号的接收和基站传来的无线信号的发射。

光纤直放站采用光纤作为传输介质，传输损耗小，传送距离远，但成本较高，施工较为复杂，工期略长。

(4) 射频直放站。射频直放站采用无线方式传输，施工快捷方便，工程成本造价低，但传送距离有限。射频直放站主要应用于建筑物内宏基站覆盖不到或覆盖效果不好的区域、地下空间等较为封闭的区域、地铁或道路狭长地带的无线覆盖。

(5) 光纤直放站和射频直放站的部分重要物理参数对比情况见表 8-1。

表 8-1　光纤直放站和射频直放站部分重要物理参数对比

名　称	射频直放站	光纤直放站
传输方式	无线	光纤
隔离度要求	有	无
天线要求	定向	定向、全向
施工	方便	略复杂
成本	较低	略高
应用环境	建筑物内宏基站覆盖不到或覆盖效果不好的区域、地下空间等较为封闭的区域、地铁或道路狭长地带	光纤资源充足，布线方便的室内空间、交通欠发达的地区

(6) 直放站的使用要点。直放站的主要作用是对宏基站覆盖不到或覆盖不好的区域延伸覆盖，但并不增加容量。在容量受限的应用环境中要慎用直放站。

使用直放站，信号中噪声增大，干扰增强。射频直放站易产生自激现象，导致网络性能下降。

连续狭长型区域使用直放站进行补充覆盖，常用到直放站的级联。直放站的级联级数不宜超过 3 级，否则会导致信号时延增大，系统噪声增大，系统整体性能下降。

8.4　基带处理单元 BBU 和射频拉远单元 RRU

无线基站由射频部分和基带部分组成，现在将射频部分和基带部分分别放置在两个物理实体中，即基带处理单元（Base Band Unit，BBU）和射频拉远单元（Radio Remote Unit，RRU）。整个室分系统实现基带资源池共享，射频拉远单元（RRU）通过光纤拉远；一个 BBU 可以通过光纤连接多个 RRU，如图 8-9 所示。

射频拉远单元（RRU）可以设计得非常小，便于灵活安装；使用光纤，传输损耗非常小，几乎可以忽略，而且布线方便，成本较低。一个射频拉远单元（RRU）的外观如图 8-10 所示。

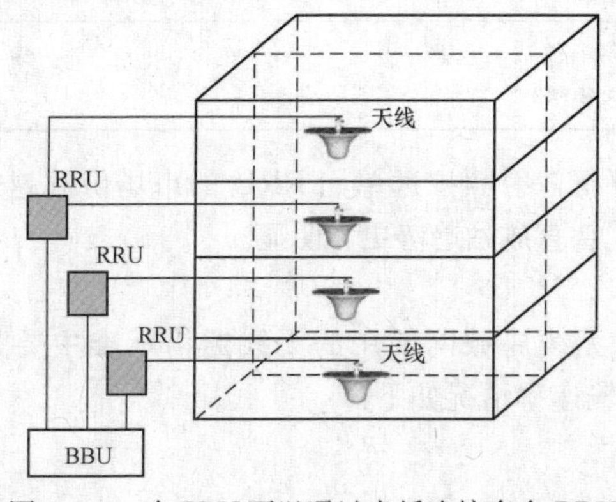

图 8-9　一个 BBU 可以通过光纤连接多个 RRU

图 8-10　一个 RRU 的外观

8.5 直放站和射频拉远单元（RRU）及无线接入点（AP）

8.5.1 直放站和射频拉远单元（RRU）

直放站和RRU尽管都是室分系统的信源，但二者的功能有着明显的不同。直放站不属于基站的一个组成部分，它只是代行了基站对那些基站覆盖不到或覆盖不好的区域进行覆盖，直放站完成的是“信号放大”和“信号中继”的任务，延伸了基站的覆盖范围，但同时也引入了系统外噪声，在这种覆盖中还不能因此而提升施主基站的容量。

射频拉远单元RRU将大容量宏蜂窝基站集中在机房内，基带部分集中处理，采用光纤将基站中的射频模块拉到远端射频单元，从而节省了常规解决方案所需要的大量机房；同时通过采用大容量宏基站支持大量的光纤拉远，可实现容量与覆盖之间的转化。

RRU的工作原理是：基带信号下行经变频、滤波，经过射频滤波、经线性功率放大器后通过发送滤波传至天馈。上行将收到的移动终端上行信号进滤波、低噪声放大、进一步的射频小信号放大滤波和下变频，然后完成模数转换和数字中频处理。

射频拉远单元RRU是基站的一部分，和基带处理单元BBU一起完成基站的全部功能。直放站和RRU在覆盖特性上相似，但直放站不能对整个覆盖系统进行容量扩充，而RRU是基站的有机组成部分，能够为覆盖系统提供容量。

RRU是基站的一部分，可以和基站一起维护保养；而直放站是一个独立的设备单元。RRU和直放站的主要性能区别见表8-2。

表8-2　RRU和直放站的主要性能区别

直放站、RRU主要性能区别	直放站	射频拉远单元RRU
和基站的关系	不属于基站	是基站的射频部分（另一部分是基带部分）
覆盖特性	延伸覆盖	延伸覆盖
容量特性	不增加系统容量	增加系统容量
光纤内的信号	射频信号	数字中频信号
噪声引入	引入系统外噪声	不引入噪声
可维护性和可监控性	可监控、维护性较差	作为基站的组成部分进行监控、维护
对网络性能影响	有一定的影响	没有影响
安装及施工成本	较低（尤其是射频直放站，成本比RRU少很多）	较高

近年来，直放站市场市场占有率逐年下行，射频拉远单元RRU的市场份额越来越大，尤其是在3G覆盖系统建设过程中，RRU代替直放站趋势更为明显。

8.5.2 无线接入点（AP）

（1）IEEE 802. 11协议系列。目前，无线局域网使用的无线通信标准主要是IEEE 802. 11系列协议。该系列的不同标准的传输速率情况如下：

IEEE802. 11a的传输速率：54Mbit/s；

IEEE802. 11b的传输速率：11Mbit/s；

802. 11b＋的传输速率：22Mbit/s。

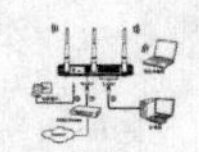

802.11g 同时兼容 802.11a 与 802.11b 标准，在 2.4GHz 频段提供 11Mbit/s 的最高传输速率，在 5GHz 频段提供 54Mbit/s 的最高传输速率。

802.11g 工作于 2.4GHz，支持最高 54Mbit/s 的传输速率，借助于先进的调制解调技术，带宽可达 108Mbit/s。802.11g 标准成为目前大部分 WLAN 的设备的标准。

(2) AP 的用途及种类。无线接入点 AP (Aceess Point) 相当于一个有线网和无线网的连接桥梁，其主要功能为接入、中继和桥接。所以 AP 在组网中可以承担接入点（在无线室内分布系统中，AP 就是 WLAN 网络的信源)、中继器和桥接器的角色。

AP 作为无线接入点，其作用就像有线网络的 Hub 或交换机一样，可以看成是一个无线交换机。

在室分系统中 AP 的使用和在无线局域网的使用中是不同的，在无线局域网中，AP 主要用来组网，在室分系统中，AP 将无线网络的信号耦入合路器，再通过功分器将信号耦合全向天线或定向天线。室分系统中 AP 的一个使用方案如图 4-10 所示。

在图 8-11 中，来自耦合器的 3G 网络信号和无线接入点 AP 的信号共同送入合路器，再通过功分器馈入天线。

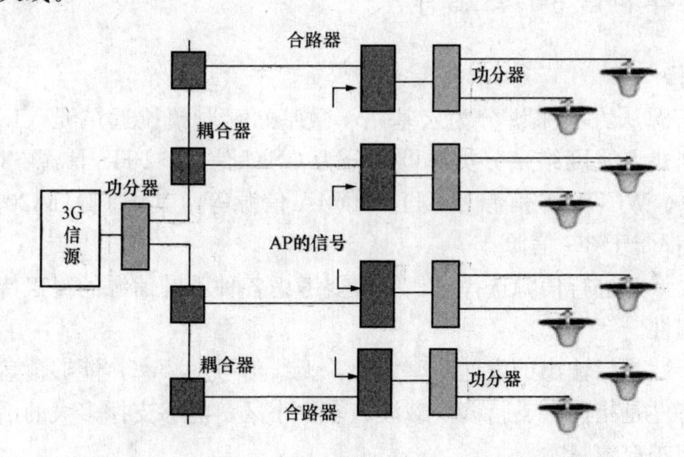

图 8-11　室分系统中 AP 的一个使用方案

根据 AP 的输出功率不同，一个 AP 能够带动的室内天线数目载荷也不同。上述的方案用到了 AP 的接入功能，AP 的中继功能则指通过 AP 的中继作用拓展 AP 的信号传输距离或者说拓展网络的覆盖范围。“桥接”就是将两个不同的网络通过桥接网桥实现连接，AP 能够实现这种桥接功能。

(3) 使用 AP 作为室分系统的信源。室分系统中使用的 AP 有室分型 AP 和室内放装型 AP，并且都是电信级的设备。使用在 AP 作为室分系统的信源主要要考虑三方面的问题：AP 的覆盖特性、容量特性和配套特性。

1) AP 的覆盖特性。室分型无线接入点 AP 的覆盖特性主要是指发射功率大小。不同的发射功率决定了所支持的分布系统的天线数目。室内放装型 AP，最大输出功率为 100mW (20 dBm)。AP 在室内的覆盖半径一般在 30～100m 之间。支持中继功能的 AP，有较大的覆盖范围。

在施工中，在一般的开放办公环境及较小的覆盖区域，一层楼布放几个 AP 就可以了；

对于内有钢筋结构的混凝土墙壁，由于无线电波的穿透损耗较大，一个AP只能覆盖几个相邻的房间。

室外型AP多应用于校园、步行街、广场等空旷区域。室外型AP最大输出功率为500mW（10lg500=26.989dBm约27dBm），在使用较高增益的定向型天线，一个AP的覆盖半径可达200～400m。

2）AP的容量特性。AP的容量特性主要是指一个AP支持的用户数量。理论上一个AP可以支持64个用户，但实际工程应用环境中，考虑干扰及用户的数据业务速率，按照一个AP支持20个用户数来配置。

3）AP的配套特性。AP的配套特性多指AP的供电方式。AP支持的常见供电方式有DC 5V/12V/48V等，部分AP还支持市电供电。现今工程中大多数室内放置型AP支持五类网线供电，即网线供电体制（Power Over Ethernet，POE），这是方便和高效率的供电方式。

8.6 信源的选择和信号传送器件

8.6.1 信源的选择

室分系统的信源从大类来讲分为宏基站、微基站、射频拉远单元（RRU）和直放站。以信源属于不同制式无线网络来分类，可以分为GSM信源、PHS信源、CDMA信源、无线局域网AP信源、WCDMA信源和TD SCDMA信源等，其中CDMA2000、WCDMA和TD SCDMA信源都属于3G信源。

在室分系统设计并进行信源选择时，主要要考虑各种不同信源的覆盖特性、容量特性及配套特性等特征属性。

信源的覆盖特性是指输出的发射功率大小，无线信号的频率，能够覆盖的范围。

信源的容量特性是指能够支持多少载波、多少小区，能够支撑多大的话务量，同时能接人多少用户，如何扩充容量。

在室外基站的通信容量能够满足室内覆盖要求的情况下，可采用各种不同的直放站作为信号源。直放站（中继器）属于同频放大设备，在无线通信传输过程中起到信号增强的一种无线中转设备，直放站就是一个射频信号功率增强器。在室外基站通信容量不能够满足室内覆盖要求的情况下，可采用基站（微蜂窝或宏基站）作为信号源。微蜂窝型基站是利用微蜂窝技术实现微蜂窝小区覆盖的移动通信系统，它可以达到小范围即微蜂窝小区内提供高密度话务量的目的；而宏基站则是覆盖范围较大的蜂窝基站。不同环境应采用不同的信号源。如在信号杂乱且不稳定的、开放型的高层建筑中，话务需求量大的商场、机场、码头、火车站、汽车站、展览中心、会议中心等大型场所，通信质量要求很高的高档酒店、写字楼、政府机构等场所，宜采用基站作为信号源；在话务需求量不大、面积较小的场所，隧道、地铁车站、地下商场等室内信号较弱或为覆盖盲区的环境中，宜采用直放站作为信号源。

对于信号源的选取，一方面要考虑所引接的基站能否提供目标覆盖区域的容量需求；另一方面也要考虑安装环境、功率需求及传输条件的影响。在能满足条件的基础上，应选用成本低、安装简单、引接方便的信号源，从而降低系统的整体成本。

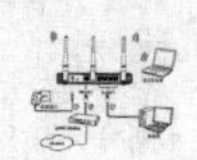

一幢建筑内部的综合覆盖系统原理如图 8-12 所示。

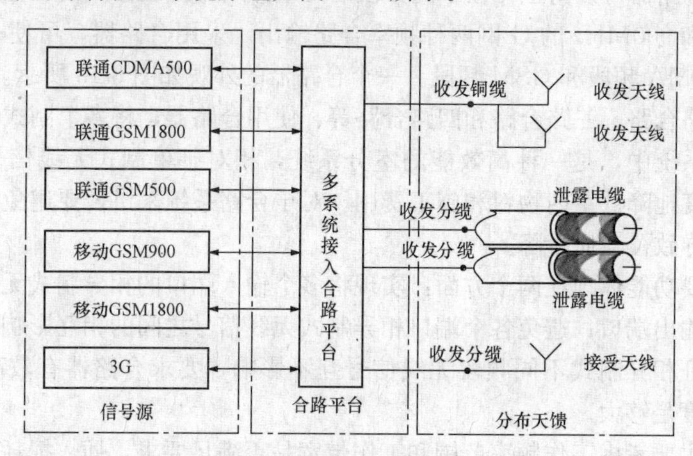

图 8-12　室内综合覆盖系统原理图

信源的配套特性是指供电要求、传输要求（传输带宽需求）、安装条件等。

选择信源主要考虑的因素见表 8-3。

表 8-3　信源选择方法

信源选择	覆盖面积	容量需求	安装条件	引用环境
宏蜂窝	覆盖区域大	话务量高	具备机房条件	高档写字楼、大型商场、星级酒店、大型体育场馆等重要建筑物
微蜂窝	覆盖面积适中	中等话务量	有一定的安装空间，机房条件较差	中高层写字楼、酒店等中型建筑物
射频拉远单元（RRU）	覆盖面积适中	话务量中等或较高	安装灵活，无机房条件	写字楼、商场、酒店等重要建筑物或建筑群
AP	覆盖面积适中	高速数据业务应用环境	安装较为灵活，无机房条件	学校、大型场馆、星级酒店等重要应用环境
直放站	覆盖区域分散、空间封闭或空旷	话务量较小	安装较为灵活、无机房条件	电梯、地下室、公路、农村

8.6.2　什么是信号传送器件

室分系统中，信源送出的无线信号，要均匀输送到覆盖区域内装置的各个天线口。这种输送过程完整地讲是一个信号合路、传送、放大和功率分配的过程。室分系统中的各种信号传送器件主要有合路器、功分器、耦合器、电桥、馈线、转接头、干放和衰减器等。

8.7　合路器和电桥

8.7.1　合路器

在通信系统中，合路器主要用作将多系统信号合路到一套室内分布系统，也就是说，一个室分系统通过合路器可以为工作在不同频段的几个无线制式服务。在工程应用中，需要将800MHz的C网和900MHz的G网两种频率合路输出。采用合路器，可使一套室内分布系统同时工作于CDMA频段和GSM频段。一个合路器的外观如图8-13所示。

合路器有双路合路、三路合路和四路合路等，使用合路器，将多个制式的无线网络信号合路在同一室分系统中，是一种高效能的室分系统，相对于单制式无线信号的覆盖系统来讲，可以较大幅度地降低室内物料和施工费用。对于合路系统来讲，要避免多个相异制式系统的互相影响，导致覆盖质量降。

合路器的主要功能体现在两个方面：实现将多个输入端口的相异制式无线信号通过合路处理后送到同一输出端口；避免各个端口相异制式无线信号之间的相互影响。

合路器要保证相异制式不同频段无线信号互不影响，要求合路器有较高的干扰抑制程度，端口的隔离度足够大。

选择合路器主要考虑工作频率范围和工作带宽是否满足要求，插入损耗是否足够小，是否有较大的端口隔离度。

一个将3G信号、无线局域网信号和有线电视信号三路相异制式合路的室分系统如图8-14所示。

图8-13　合路器的外观

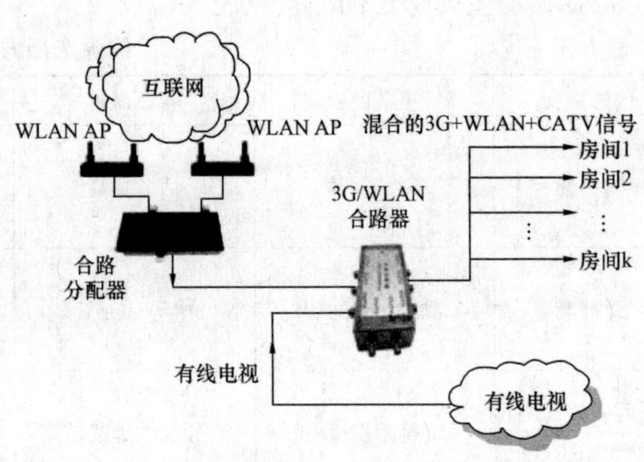

图8-14　一个将三路相异制式信号合路的室分系统

8.7.2　电桥

电桥也叫同频合路器，主要用于同频段的信号进行合路，与上面讲的合路器不一样，通常的合路器是对多个异频段的信号进行合路，如GSM900和TD-SCDMA两个不同频段信号的合路。当无线系统容量不够时，可以考虑使用电桥增加载波来扩容，用电桥进行信号合路。

8.8　功分器和耦合器

8.8.1　功分器

功分器也叫功率分配器，是一种将一路输入信号能量分成两路或多路输出的射频器件。一个功分器的输出端口之间应保证一定的隔离度。功分器的主要技术参数有功率损耗（包括插入损耗、分配损耗和反射损耗）、各端口的电压驻波比、功率分配端口间的隔离度、幅度平衡度、相位平衡度、功率容量和频带宽度等。

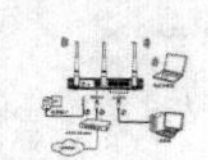

在功分器系列中，有二功分器、三功分器等。一个六功分器的外观如图 8-15 示。

二功分器的分配损耗为 10lg2＝3dB

三功分器的分配损耗为 10lg3＝4.8dB

四功分器的分配损耗为 10lg4＝6dB。

功分器还有介质损耗，二者合起来称为插入损耗。介质损耗的大小和器件的工艺水平、设计水平有很大关系，一般考虑近似等于 0.5dB。功分器还有插入损耗。

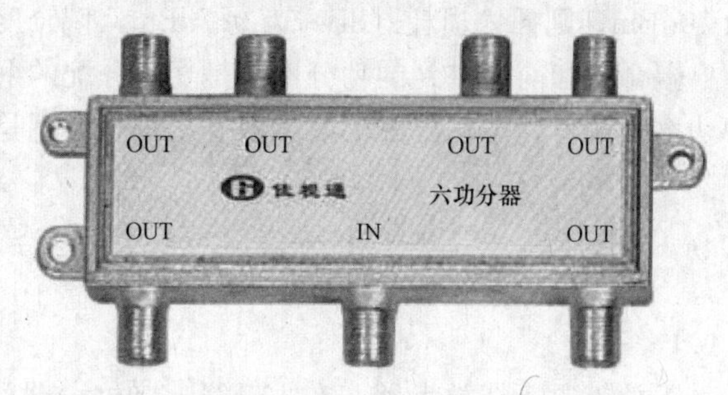

图 8-15　一个六功分器的外观

在实际工程中，功分器的某一输出端口不和室分系统连接时，不能空载，要安装匹配负载。

功分器用于室分系统的一个方案如图 8-16 所示。在图示的系统中，施主天线对准需要延伸覆盖的施主基站，信号放大器主机的“BTS Port”口与施主天线相连，“User’s Port”口与室内覆盖系统相连。信号放大器引入的室内信号用功分器分为两路，然后，每一路信号经耦合器分配到两个天线上。

8.8.2　耦合器

耦合器是室分系统中的一个常用的功率分配射频器件，一个耦合器的外观如图 8-17 所示。

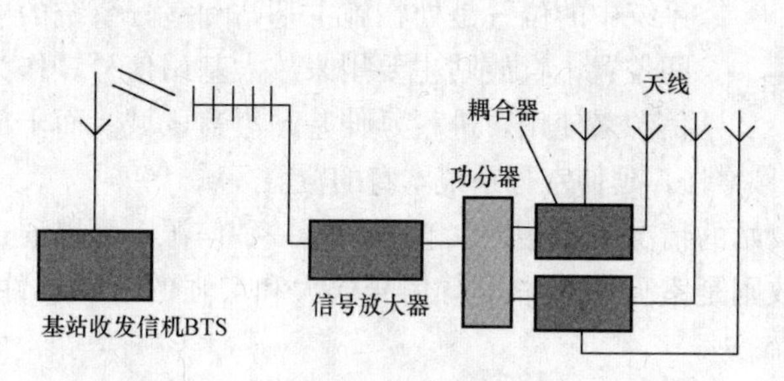

图 8-16　功分器用于室分系统的一个方案

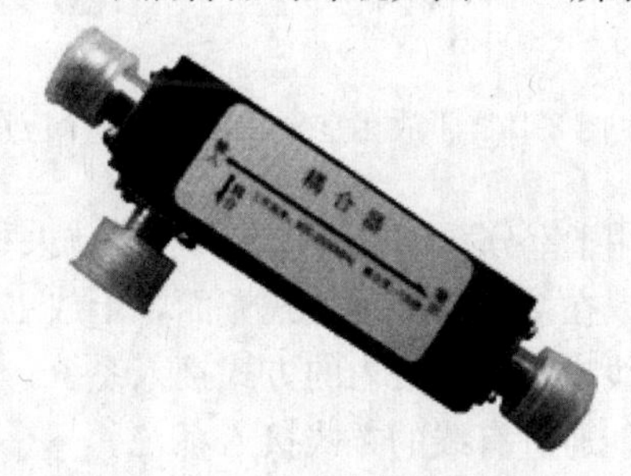

图 8-17　一个耦合器的外观

耦合器从接收到的总功率中取出一部分功率馈送到某一条通路或直接馈送给天线。耦合器包括主干通道的输入端口、主干通道的输出端口和提取部分功率的耦合端口，耦合器的功率分配关系如图 8-18 所示。

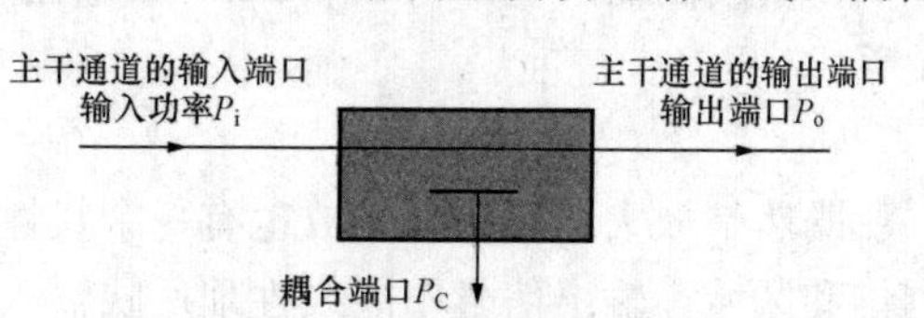

图 8-18　耦合器的功率分配关系

耦合器的两个重要技术参数：插入损耗(dB) 和耦合度（绝对值）。

$$\text{插入损耗(dB)} = 10\lg(P_i/P_o)$$
$$= 10\lg(P_i/1\text{mW}) - 10\lg(P_o/1\text{mW})$$
$$= \text{输入端口功率(dBm)} - \text{输出端口功率(dBm)}$$

式中的输入端口功率 P_i、输出端口功率 P_o 的单位为 mW。

$$\text{耦合度 } 10\lg(P_i/P_c) = 10\lg(P_i/1\text{mW}) - 10\lg(P_c/1\text{mW})$$
$$= \text{输入端口功率(dBm)} - \text{耦合端口功率(dBm)}$$

式中的输入功率 P_i、耦合端口功率 P_c 的单位为 mW。

如果一个耦合器的输入功率 P_i 为 20dBm，输出功率 P_o 为 19.3dBm；耦合端口功率 P_c 为 10dBm，则插入损耗（dB）为 0.7dBm，耦合度为 10dB。

耦合器和前面讲到的功分器都是功率分配的射频器件。二者的主要区别是：功分器是一种功率在端口处平均分配的射频器件，耦合器则是一种功率不等值分配的射频器件。

8.9 干放、衰减器和馈线

8.9.1 干放

干放就是干线放大器，在主干线上接放大器，把信号放大，达到手机接收信号的标准；它的作用就是在覆盖区域内，信号达不到标准，增加一个干放来加强信号，针对不同的覆盖范围，来选择不同的干放及功率。干放在室分系统中的应用方案如图 8-19 所示。

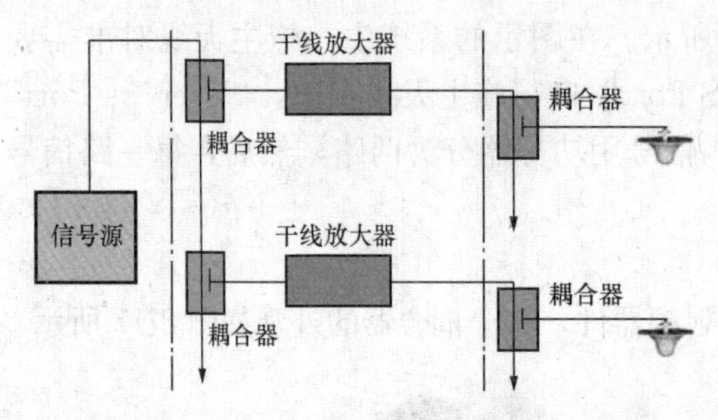

图 8-19　干放在室分系统中的一个应用方案

当信号源的输出功率无法满足建筑内部分区域的覆盖要求时，就要使用干放对信号功率进行放大，进行使用户满意的覆盖。干放是有源射频器件。

干放和前面所讲的直放站的主要区别在于二者在室分系统中的位置不同。直放站在室分系统中的位置是处在施主基站和室分系统的中间位置，直放站主要用来放大基站信号，作为信源来使用，进行延伸基站覆盖区域。而干放则用于室分系统主干线上的功率放大和信号增强，延伸室分系统本身的覆盖区域。

在接入系统的方式方面，干放也直放站的情况也不相同。直放站是一种信源，可以通过无线或者光纤接入的方式接入系统；干放则是室分系统中进行信号放大和增强的射频器件，只能通过有线的方式接入系统。

干放能够增强信号，弥补馈线损耗，延伸覆盖，能够对上下行信号进行双向放大，输出端功率相对输入端功率来说就有增益。输出功率和输入功率的比值就是放大器的增益。

设干放的输入功率为 P_{in}(dBm)，输出功率为 P_{out}(dBm)，则其额定增益为 G(dB)，有关系式

$$G=P_{out}-P_{in}$$

既然是放大器，那么干放也有一个线性范围。输入信号不能过大，否则干放工作在放大器饱和区域，输出信号不能线性地反映输入信号的变化，进而引起信号失真。所以干放一般都有一个可以保证其正常工作的、允许输入信号大小的范围。

什么情况下使用干放？在室分系统干线上的信号强度不够，具体地讲信号功率小于 0dBm 以下时，考虑使用干放。室分系统中使用耦合度较高的耦合器（高于 30dB、35dB 耦合度的耦合器）在主干上耦合出一个弱信号，作为干放的输入，有干放进行功率放大，使用干放的情况如图 8-20 所示。

在室分系统中使用干放来加强覆盖，但也能将干扰噪声引入系统，因此使用干放有一些注意事项：

(1) 尽可能多地使用 RRU 进行覆盖，尽量少使用干放，通常 1 个射频拉远单元 RRU

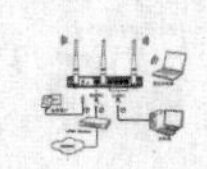

或直放站带的干放不超过 4 个。

（2）避免将干放串联使用。

（3）避免在主干路使用干放，干放主要应用于支路。

（4）使用干放要保证上下行链路平衡。

（5）干放不要和直放站级联使用。

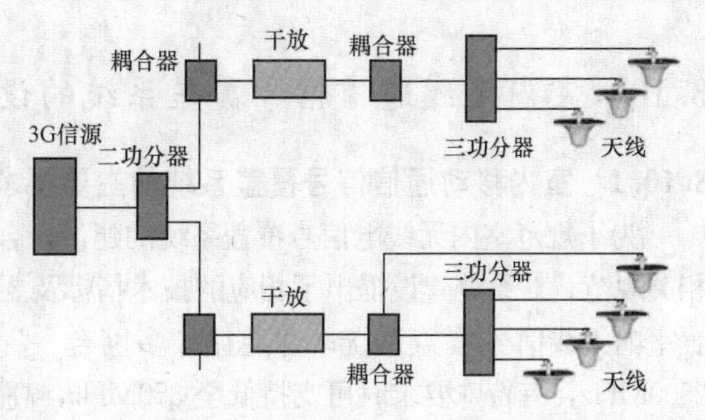

图 8-20 室分系统中干放的使用

8.9.2 衰减器

室分系统的覆盖中，有些区域需要进行强化信号功率进行覆盖，但也有些区域的信号功率过强，此时应该抑制过强的覆盖信号，这就需要用到衰减器。衰减器也是一个射频器件。

衰减器在一定的工作频段范围内可以减少输入信号的功率值、改善系统阻抗匹配状况。衰减器的主要功能是调整输出端口信号功率的大小，即调节天线口功率大小。在室分系统中，如果某个区域的天线口功率过大，信号覆盖会达到室外，导致室外无线环境覆盖质量变坏，使整个无线网络的性能降低，因此在无线信号馈入天线之前，安装一个衰减器，将天线辐射的功率降低，使天线覆盖区域与目标区域较好的吻合。

使用衰减器依据的主要技术指标是衰减度。衰减度（A）的定义关系为

$$A = P_{in} - P_{out}$$

是指衰减器输出端口信号功率与输入端口信号功率衰减的程度，衰减器输入端口的信号功率为 P_{in}(dBm)，输出端口的信号功率为 P_{out}(dBm)，则衰减器的功率衰减度为 A(dB)，那么衰减器的衰减度计算公式如下

$$A = P_{in} - P_{out}$$

工程中使用的衰减器有固定式和可变式两种，常见的衰减度大小有 5dB、10dB、15dB、20dB、30dB、40dB 等。一个实际的衰减器外观图如图 8-21 所示。

8.9.3 馈线

在室分系统中，传输射频信号的电缆叫馈线，馈线是连接射频器件，馈送无线信号的传输线。馈线主要由同轴电缆组成，同轴电缆的结构如图 8-22 所示。

图 8-21 一个实际的衰减器外观图

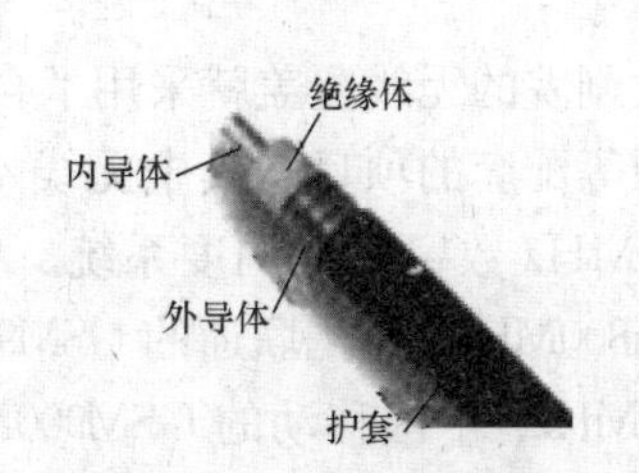

图 8-22 轴电缆的结构

馈线的主要工作频率范围在 100～3000MHz 之间，波长在 0.1～3m 之间，是射频波段的分米波段和超短波段（分米波段波长为 0.1～1 米；超短波段为 1～10m）。无线电波在较长馈线中传播时，入射波和反射波会进行叠加。一般工程中，推荐的馈线最长也就是 85～95m。如果馈线过长，导致信号衰减损耗较大。

8.10 室内无线通信信号覆盖系统的设计

8.10.1 室内移动通信信号覆盖系统的主要要求及技术指标

为了规范室内无线电信号覆盖系统的建设，合理设置室内无线电辐射源，很多省市都颁布了相关规范，对系统建设提出了相应的技术指标及要求，如：建筑面积超过 3000m² 的公共建筑宜设置室内无线信号覆盖系统；并遵循“多网合一”原则进行建设；系统频率覆盖范围为 800～2500MHz，有特殊要求时可支持低至 350MHz，高至 5800MHz，以支持新的无线通信系统。

在全部公共通道、重要位置及不少于 95％的覆盖区区域，不少于 99％的时间移动台可接入网络；上行的干扰电平不应使基站系统的接收灵敏度下降超过允许值：室内天线口的最大发射功率应小于 15dBm/载频；专用机房至天线的最远距离不宜超过 200m。若超过 200m 需增设专用机房。900MHz 系统移动台输入端射频信号的最低容限值在高层建筑物室内为－70dBm，在市区一般建筑物室内为－80dBm；1800MHz 系统移动台输入端射频信号的最低容限值在高层建筑物室内为 68dBm。在市区一般建筑物室内为－78dBm。

8.10.2 室内移动通信信号覆盖系统的设计

在新建及改造建筑物内的无线覆盖应采用综合覆盖系统，即多网合一的系统方式。较好地解决多个运营商室内信号覆盖融合的问题。室内移动通信信号覆盖系统的设计包括信号源的选取、系统设计等内容。

多系统兼容覆盖及采用合路系统方案设计时，要充分考虑不同系统的频率差异，保证较好的覆盖效果。合路系统中包括的子系统如果工作频率较为接近应采取避免频段交错的现象。

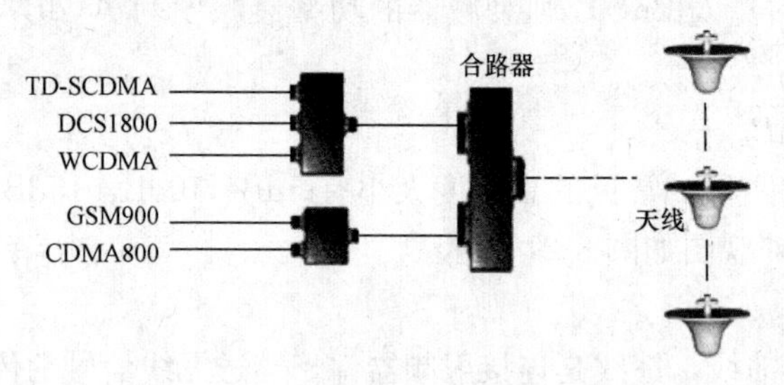

图 8-23 多网融合的合路系统实现方式

一个将国产 TD-SCDMA 网络、欧洲的 WCDMA、GSM900、CDMA800 和 DCS1800 数字蜂窝系统进行多网融合的合路系统实现方案如图 8-23 所示。

充分利用 3G、GSM、CDMA 等移动通信网络与无线局域网 WLAN 工作于完全不同频段的特点使用专门设计的合路器，将移动通信网络与 WLAN 网络融合至一个天馈系统当中，如图 8-24 所示。

国家大剧院的无线覆盖就采用了合路覆盖系统。国家大剧院通信系统包括固网、宽带，无线、电源等配套的项目。其中无线室内覆盖系统包括了八大无线技术体系和 11 个系统，主要有 800MHz 数字集群调度系统、中国联通的 CDMA800MHz、中国联通的 GSM900MHz 到 DCS1800MHz、中国移动的 GSM900MHz 到 DCS1800MHz、北京网通的 PHS1.9GHz、所有 3G 通信系统，还有 2.4GHz 的无线局域网系统。国家大剧院的室内无线分布系统采用了多网合路方式，在使用中获得了较大的成功。

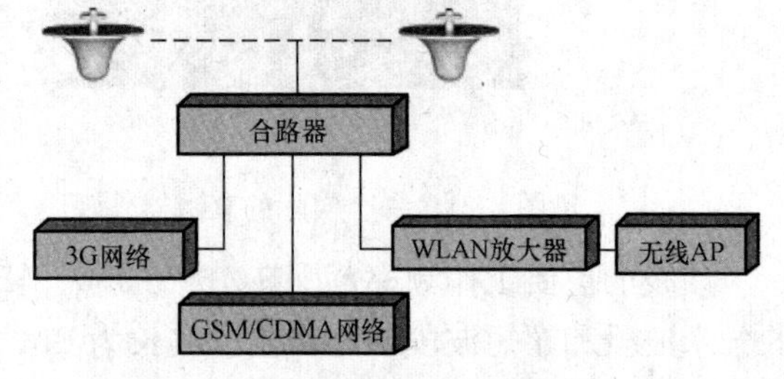

图 8-24 将移动通信网络与 WLAN 网络融合至一个天馈系统中

第9章　物　联　网

9.1　物联网简介

物联网是新一代信息技术的重要组成部分，其英文名称是“The Internet of things”，即“物物相连的互联网”。物联网应用在建筑内，是一种功能强大，且对建筑进行全覆盖实现多种监控目标的新型数据网络。物联网可以将任何物品与互联网相连接，进行信息交换和通信，以实现对物品的智能化识别、定位、跟踪、监控和管理。

互联网是人与人互联、机器与机器互联，物联网是物与物、人与机器互联，机器与人互联，二者的区别如图 9-1 所示。

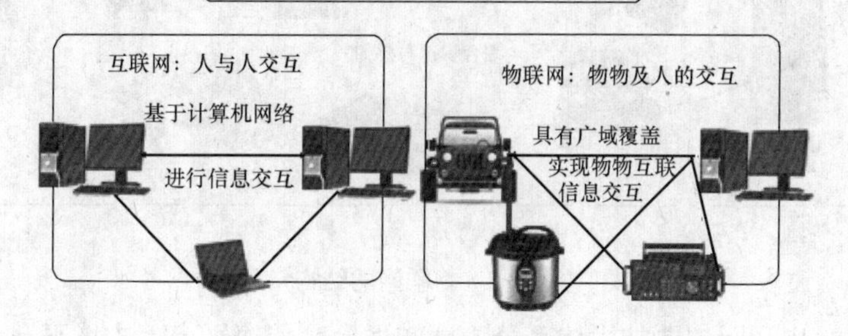

图 9-1　互联网和物联网的不同

9.1.1　物联网的组成和特点

1. 物联网的组成和结构

物联网的实质是通过多种同构网络和异构网络，将一个区域内的智能传感器和智能执行器互联起来，形成一个覆盖该区域的两个层级结构的网络系统，第一层级的网络是信息域网络，第二层级的网络是测控网络，这样一个网络可以对覆盖区域或是测控区域及通信区域中的任何一点的重要物理量进行测定，通过放置在特定位置的执行器对特定物理量进行控制，除了完成测控任务以外，对实时性和可靠性不高的信息域网络中的数据通信能够不受任何顺畅地进行。

物联网由多种同构网络和异构网络组成，物联网中可以包括信息网络和各种各样的测控网络，信息网络可以是以太网，测控网络可以是传统的测控总线，如 RS-232、RS-485，也可以是多种多样的现场总线测控网络，还可以是工业以太网和实时以太网，还有许多新出现的新型测控网络，如在智能照明控制中应用较多的 EIB 测控总线等。

从另一个角度讲，物联网由应用层、网络层和感知层组成，物联网的结构如图 9-2 所示。在最低层—感知层，通过测控网络将大量分布在不同区域和位置的传感器、执行器连接在一起，实现底层的物物相连，网络层的互联网、有线网络和无线网络和顶层的 IP 网络连接起来，形成一个覆盖面积巨大的联通区域，实现了该区域内的物物相连。

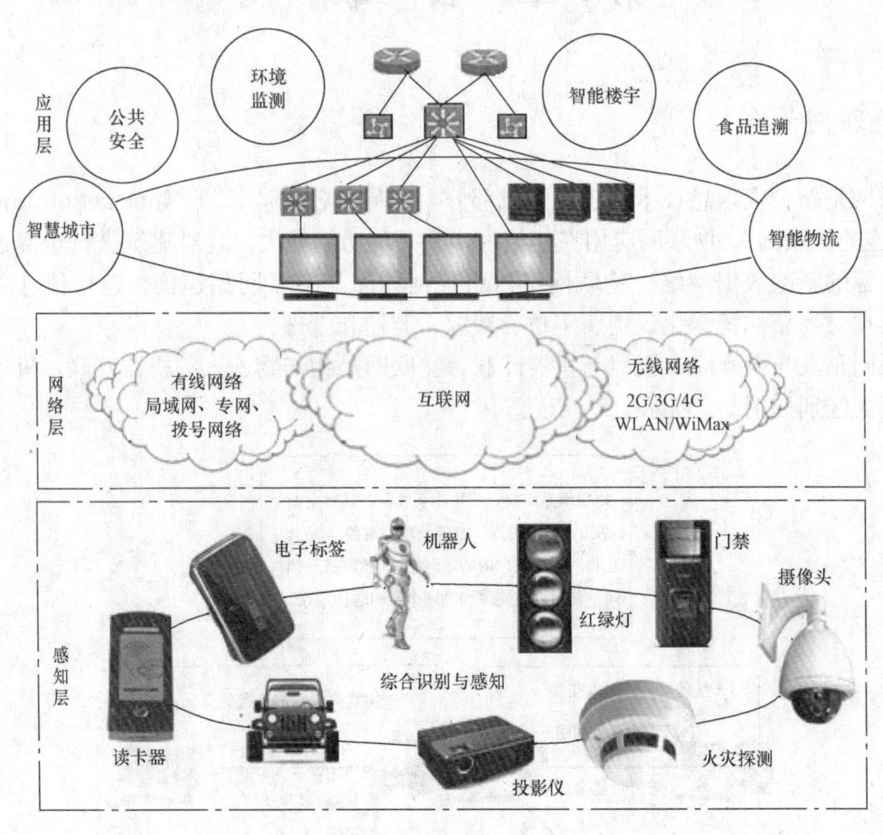

图 9-2　物联网的结构

国际上公认的物联网主要技术体系分为感知平台、传输平台、支撑平台和应用平台 4 个层面，其体系结构如图 9-3 所示。

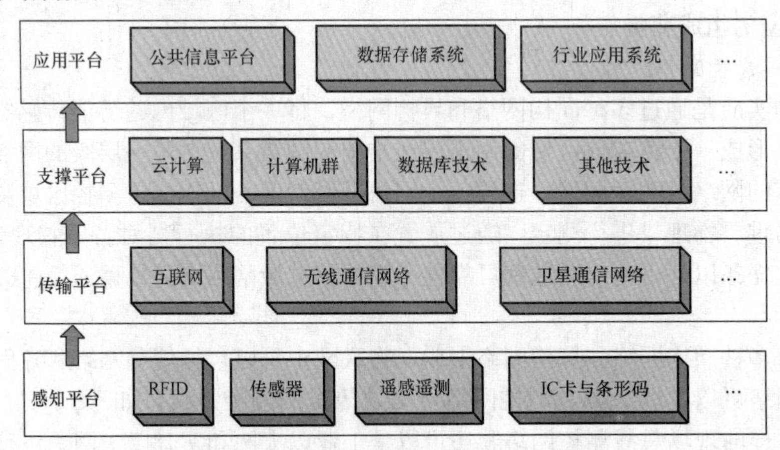

图 9-3　物联网技术体系结构

在物联网技术体系结构中，传输平台可以包括互联网、移动无线网络、无线局域网、卫星无线通信网络、短距低功耗的无线网络，如蓝牙、无线传感网、UWB超宽带网络、NFC近场网络，除此而外，许多用于工业监测、控制中的测控网络、控制网络，包括工业以太网、实时以太网等都可以作为物联网的传输网络。

2. 物联网的特点

(1) 由多种同构网和异构网组成，异构网的互联互通是实现高性能物联网的关键，因此规模较大的物联网中有大量的网关存在。

(2) 物联网的数据处理具有大结构关联协同处理的特点，即在较大范围内协同处理数据和计算，如使用云计算、网格化处理等。网络节点具有冗余数据处理的能力。

(3) 物联网的监测与智能控制可以延伸到被监控区域中的任何一个节点，小到一个传感器和一个执行器，大到一个区域。

(4) 物联网是基于互联网和传感器网络的泛在网络。物联网通过各种有线和无线网络与互联网融合，网络节点物体的信息实时准确地传递出去。

(5) 物联网关联着一个庞大的产业链。发展物联网将加快信息材料、器件、软件等的创新速度，使信息产业迎来新一轮的发展高潮，大大拓展信息产业发展空间。发展物联网将带动传感器、芯片、设备制造、软件、系统集成、网络运营以及内容提供和服务等诸多产业的发展。

(6) 物联网的发展意义深远。物联网将大大加快信息化进程，拓展信息化领域，其各种应用将快速渗透到经济、社会、安全等各个方面，并极大地提高社会生产效率。

9.1.2 物联网在建筑设备控制中的应用

中央空调系统及冷热源、独立空调系统、给排水系统、安防系统、火灾报警联动控制系统、有线电视系统、CATV与卫星电视接收系统、电话通信系统、公共广播系统、综合布线系统在物联网环境中，控制更为便捷，有更好的运行效能。

建筑弱电系统和物联网的关系如图9-4所示。

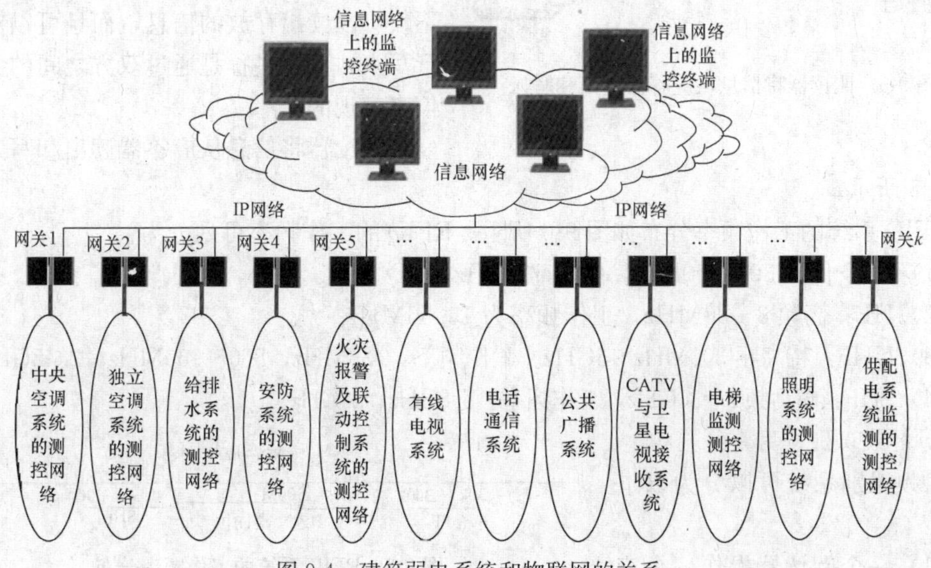

图9-4 建筑弱电系统和物联网的关系

物联网在组成上也是采用信息网络（管理网络）与测控网络两个层级的结构，连接传感器和执行器的测控网络可以是多种多样的控制域网络，可以是传统的测控总线，也可以是现场总线测控网络，也可以是新出现的一些性能优异的测控总线，工业以太网和实时以太网都可以作为测控网络。测控网络和信息网络（管理网络）的功能不同，测控网络必须具有可靠性高和实时性好的特点，因此在物联网中连接传感器和执行器的网络必须是测控网络，而测控网络可以采用很多种不同的异构网络，物联网中的各网关模块可以是有线连接的，也可以是无线发送和接收模块，传感器可以是有线的，也可以是无线的。在有条件敷设物理线缆的情况下，使用物理连接的有线传感器和执行器，在不便于布线的区域，使用无线传感器和执行器。

9.2 物联网中的射频识别技术和云计算

物联网是互联网的延伸，是物的互联网，物联网发展中，有一些标志性的技术起着支撑性的作用，如无线传感器网络技术、射频识别 RFID 技术、云计算技术、嵌入式技术、异构网络的互联互通技术（包含网关与中间件技术）等。

无线传感器网络技术前面已经述及，这里不再赘述，仅对射频识别 RFID 技术、云计算技术、嵌入式技术、异构网络的互联互通技术（包含网关与中间件技术）做概要性介绍。

9.2.1 射频识别 RFID 技术

1. 什么是射频识别 RFID 技术

射频识别 RFID（Radio Frequency IDentification）技术，也叫电子标签、无线射频识别，技术，通过无线方式识别特定目标并读写相关数据，常用的有低频（125～134.2kHz)、高频(13.56MHz)、超高频、无源等技术。RFID 技术在各个不同的领域和行业有着广泛的应用。

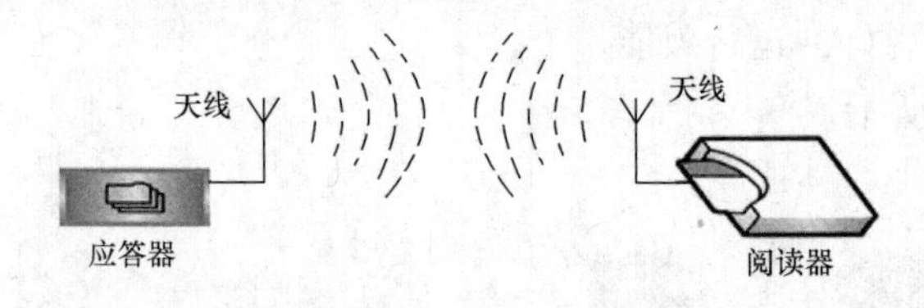

图 9-5 阅读器将信息从应答器读出和写入

RFID 系统中，识别信息存放在电子数据载体中，电子数据载体称为应答器，应答器中存放的识别信息由阅读器读出。阅读器不仅可以读出存放的信息，而且可以对其进行写入，读写过程是通过双方之间的无线通信来实现的。

阅读器将信息从应答器读出和写入过程如图 9-5 所示。

RFID 系统的工作频率分布如图 9-6 所示。RFID 的工作频率可划分为：

（1）LF：低频 30～300kHz，常用 125kHz。

（2）HF：高频 3～30MHz，工作频率为 13.56MHz。

（3）UHF：特高频 300MHz～3GHz。工作频率：433MHz，866～960MHz，2.45GHz。

（4）SHF：超高频 3～30GHz，工作频率：5.8GHz、24GHz。

2. 射频识别应用系统架构

125k 13.56M 866~960M 5.8G
0 30k 300k 3M 300M 3G 30G f/Hz
LF HF UHF SHF

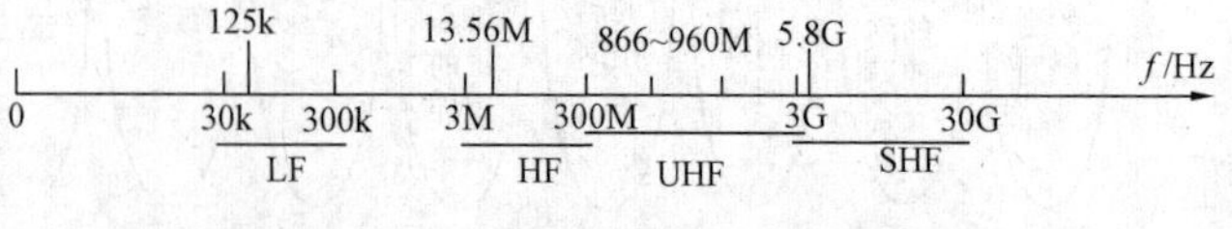

图 9-6 RFID 系统的工作频率分布

射频识别系统可以分为以下几类：

（1）一个阅读器操作一个应

答器的较简单系统（如公交汽车上的票务操作：一卡通应答器、车载阅读器，读一次卡即操作一次）。

（2）较复杂的系统：一个阅读器可同时对多个应答器进行操作，操作具有防碰撞（亦称防冲突）的能力。

（3）复杂系统的结构比前面两种情况更复杂。

3. 按照应答器是否携带电源进行分类

（1）无源应答器。从阅读器发出射频能量，应答器通过电感耦合方式，耦入能量进行工作。

（2）半无源应答器。指应答器携带有电池，但电池的作用是辅助供电：维持数据、对芯片工作提供能源。读写数据及通信的射频能量取自于阅读器。

（3）有源应答器。这类应答器电能来自自身携带的电源。

一个用电感耦合方式工作的射频识别应用系统的工作原理如图 9-7 所示。图中的应答器通过电感线圈从阅读器耦入电磁能量，为应答器的工作提供电源，整个系统通过电感耦合读写信息和数据。

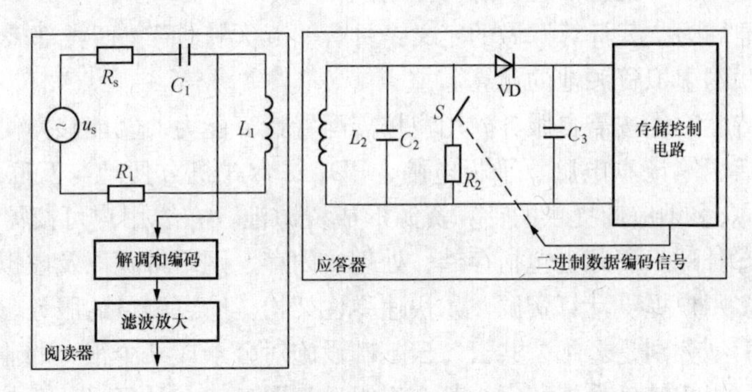

图 9-7 一个用电感耦合方式工作的射频识别应用系统

4. 应答器性能参数和阅读器的主要功能

应答器的主要性能参数有：①工作频率；②读/写能力；③编码调制方式；④数据传输速率；⑤信息数据存储容量；⑥工作距离；⑦多应答器识读能力（亦称防碰撞或防冲突能力）；⑧安全性能（密钥、认证）等。

阅读器的功能：①以射频方式向应答器传输能量；②从应答器中读出数据或向应答器写入数据；③完成对读取数据的信息处理并实现应用操作；④若有需要，应能和高层处理交互信息。

5. RFID 的应用

RFID 应用领域广泛，且每种应用的实现，都会形成一个可观的市场。目前，RFID 在票务系统（城市公交车、高速公路收费、门票等）、收费卡、城市交通管理、安检门禁、物流、家政、食品安全追溯、药品、矿井生产安全、防盗、防伪、证件、集装箱识别、动物追踪、运动计时、生产自动化、商业供应链等众多领域获得广泛重视和应用。

国内被广泛使用的第二代身份证也是射频识别的应用例。使用非接触式 IC 卡芯片作为“机读”存储器。芯片存储容量大，写入的信息可划分安全等级，分区存储，按照管理需要授权读写，也可以将变动信息（如住址变动）追加写入；芯片使用特定的逻辑加密算法，有利于证件制发、使用中的安全管理，增强防伪功能；芯片和电路线圈在证卡内封装，能够保证证件在各种环境下正常使用，寿命在十年以上；并且具有读写速度快，使用方便，易于保管，以及便于各用证部门使用计算机网络核查等优点。

部分 RFID 技术的应用例如图 9-8 所示。

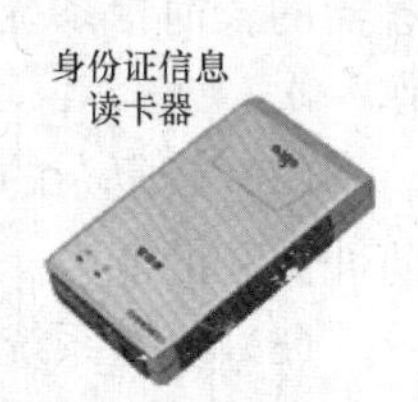

图 9-8　部分 RFID 技术的应用例

9.2.2　云计算

1. 云计算的概念

维基百科是这样定义“云计算”的：云计算是一种计算方式，计算资源是动态易扩展而且虚拟化的，往往通过互联网提供。用户不需要了解“云”中基础设施的细节，不必具有相应的专业知识，也无需直接进行控制。

美国国家标准局为“云计算”做的定义：具有“五大特性”“四类部署模型”和“三种服务”的基于互联网虚拟资源池的计算。

云计算五大特性：①按需自服务，用户按需配置计算能力。②能够方便地使用多种终端设备，如移动电话、笔记本电脑、平板电脑、PDA、台式机方便地与互联网连接。③虚拟化的资源“池”，众多供应商提供的计算资源形成资源池，在线用户可按需所取，将不同物理和虚拟资源动态分配。资源也包括存储、处理、内存、网络带宽以及虚拟机等。在线的资源池向在线的众多用户提供计算资源。④快速弹性架构。⑤可测量的服务。

四种云部署模型分别是：①公共云。云基础设施对公众或某个很大的业界群组提供云服务。②私有云。是指云基础设施特定为某个组织运行服务。③社区云。云基础设施由若干个组织分享，以支持某个特定的社区。④混合云。云基础设施由两个或多个云（私有的、社区的或公共的）组成，独立存在，但是通过标准的或私有的技术绑定在一起。

三种云服务模型：①SaaS 云软件服务（SaaS：Software-as-a-service）。用户使用各种终端来访问应用在线的应用软件资源池。用户无需管理或控制底层的云基础设施，例如网络、服务器、操作系统、存储等。②PaaS 云平台服务（PaaS：Platform-as-a-Service）。使用服务供应商提供的编程语言、各种应用平台并在云基础设施之上部署创建或采购适合用户自己的应用，这些应用使用服务供应商支持的编程语言或工具开发，用户并不管理或控制底层的云基础设施，包括网络、服务器、操作系统或存储等，但是可以控制部署的应用，以及应用主机的某个环境配置。③IaaS 云基础设施服务（IaaS；InfrastructureasaService）。服务供应商提供服务器、存储、网络，以及其他基础性的计算资源，以供用户部署或运行自己任意的软件，包括操作系统或应用。用户并不管理或控制底层的云基础设施，但是拥有对操作系统、存储和部署的应用的控制。

2. 部分云计算资源产品

亚马逊云计算产品是 AWS IaaS 云基础设施服务。AWS IaaS 云基础设施服务提供了包括存储（S3）、计算能力（EC2）、消息传递（SQS）、数据集（SDB）等服务。企业用户使用 AWS，可以在很短的时间内获得一个虚拟基础设施，并且是弹性的，可以根据需求扩展和收缩。很多公司都在使用AWS。

Google也提供SaaS云软件服务和PaaS云平台服务。IBM云计算产品是蓝云PaaS云平台服务。华为公司推出的一种云存储方案如图9-9所示。

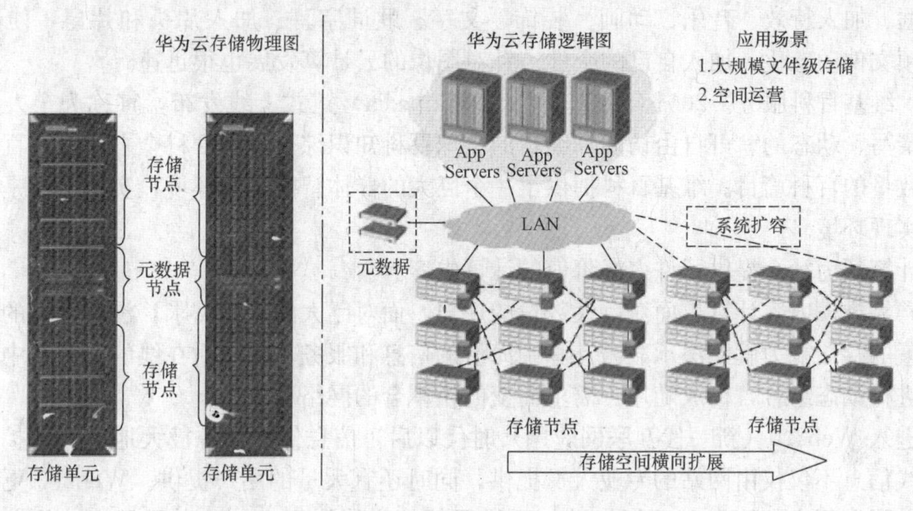

图9-9 存储虚拟化—StaaS/DaaS云存储方案

3. 用户使用云计算及云计算资源池资源的优势

（1）经济。资源种类内容非常丰富，租用方式，投入低廉。

（2）使用快捷。快速部署、运行维护简单。

（3）资源池调用资源呈弹性状态。各个部门无需分别建设各自的小规模计算中心和数据中心，而是享用集中部署和维护大量设备的大型数据中心，获取规模效益。

（4）方便。可以在Anyone、Anywhere、Anytime访问和调用。

云计算技术在我国也在迅速地发展中，如苏州在2014年就建成了一个“苏州市云计算服务中心”，该中心的总体架构如图9-10所示。

该云计算服务中心是互联网上巨大云资源池的一部分，能够为客户提供高等级数据中心IDC（互联网内容提供商）基础服务及云计算服务。IDC能够为用户提供大规模、高质量、安全可靠的专业化服务器托管、空间租用、网络批发带宽以及ASP、EC等业务。

4. 企业用户和个人用户身边可以享受到的云计算部分内容

（1）基于万维网的电子邮件服务。实际上也是云计算服务的一种。互联网上有大量的邮件服务器在线为众多的企业用户和个人用户提供电子邮件服务，分布在万维网上大量邮件服务器就是在线资源池中基础设施。

（2）搜索引擎服务。Google利用了上百万的廉价服务器组建了云网络并提供及相应的搜索引擎云计算服务。

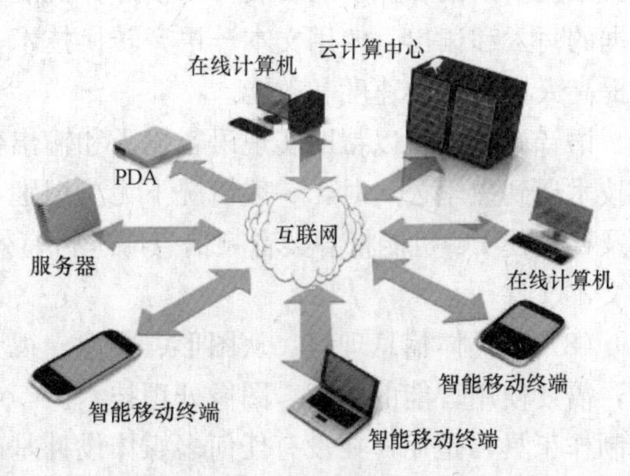

图9-10 一个云计算服务中心

（3）电子商务服务。基于 Internet 电子商务已经被大量的个人用户所接受，电子商务也越来越多地运用了云计算服务。

（4）电子相册服务。用户对图片、照片以及静态视频文件无需使用专业软件就能进行：添加边框、加入特效、音乐、动画、装饰、文字、歌词字幕、加入片头和片尾，使静态图片、视频文件动态化，加入自己的个性。针对图像的云计算发展也很迅速。

（5）维基百科服务。2001 年维基百科（Wikipedia）正式上线发布，宣称为全人类提供由大众撰写、动态的、可自由访问和编辑的全球百科知识综合体即百科全书。维基百科提供了巨大数量的百科篇目。维基百科提供了一个巨大的群体智能实现环境，实质上也是一个云计算的实现环境。

云计算还为社会提供了许多高价值的计算内容。

（6）大规模内容计算。面对巨大数量的用户，面对巨大的运算需求，没有强大的计算能力和海量的存储能力就无法承载云计算中海量的信息和服务。用户对在线的资源池中的服务及应用进行动态组合，构成随用户需求而变的松耦合的网络应用。

在进入 Web2.0（新一代互联网应用）时代以后，信息供给来源极大地进行了扩充，大量的在线信息不仅仅由网站的专业人员提供，同时还有大量的用户提供。Web2.0 更注重用户与服务器、用户与用户以及任何进行网络通信的实体间交互，用户既是网站信息的浏览者，同时也是网站信息的提供者。物联网时代，信息还可以由物件产生和供给。

信息获取分为主动获取和被动获取，获取信息的过程中要进行要素提取，内容分析是云技术中的关键技术之一，如电子邮件中的垃圾邮件的特征分析识别和筛选并被处理，文本的自动摘要、重要事件的发现与跟踪等。

（7）语音计算。云计算中，语音计算也具有重要意义，并极具商业价值。著名的思科公司旗下有一个 WebEx 公司，专门地从事在线会议应用程序和软件提供服务，帮助用户实现全球化的营销、远程会议、培训等，尤其是在线会议应用程序服务，在网络视频会议服务方面取得了巨大的成功，WebEx 公司通过分布在全球的 9 个网络营运中心每天运营 20 多万场网络会议，使大量的用户足不出户就进行了低成本的跨大地域地进行技术交流、商业会谈和远程培训等重要事务。这种提供在线会议应用程序和软件服务就是 SAAS 云软件服务，由于涉及大量的语音交流，就要使用语音计算。

常见的语音计算技术主要有语音识别与合成技术，人机语音交互技术、人一人之间的语音交互技术。语音识别的发展可以使计算机能够听懂人类的语言，将语言的输入输出转化为数据的写入和读出。使用文本一语音转换技术，使 PC 机能说和能听人类语言，可以大幅度地提高人机交互的速度和效能。

语音计算还可以帮助实现语音输入和输出数学公式及字符的手写识别，现在的 OCR 识别技术遇到数学公式时，一般情况下无法识别，或识别后产生的误码率非常高。音频信息管理及检索使 PC 机能将各类音频信息库进行有效的管理，实现快速检索，如将语音邮件转换为文本文件等。

（8）多媒体信息理解。从图形、图像、视频、音频、视音频等多媒体文件中自动提取信息，需要使用智能的图形、图像处理技术。Google 公司推出的 AdBuider 免费多媒体广告设计制作工具，是用户在没有任何多媒体设计基础的情况下，只需简单操作就可以制作出精美的 Flash 广告。此前的多媒体 Flash 广告制作需要由具备专业设计能力的制作团队来进行这样的工作，成本较高。

网络流媒体文件使用非常广泛了，它是一种在线的使用流式传输技术的连续时基媒体，流媒体文件可以包括音频文件、视频文件或其他形式的多媒体文件，流媒体文件播放时无需下载整个文件，可以一边下载一边回放，将文件的开始部分加入内存，然后就可以正常播放了。流媒体文件能够在变化的带宽环境中使用户在线浏览欣赏高品质的视音频节目。

流媒体文件理解的难点在于：处理分析对象数据量大，自动提取流媒体文件的特征并生成语义信息难度大，云计算开始介入到流媒体文件理解和多媒体文件理解技术中来。

（9）人群计算。维基百科是一种由大量网络客户协同创作的一个巨大超文本系统，他允许大量用户创建一个包含巨量信息的社会计算系统。维基百科是人群计算的一种典型方式，支持面向社群的开放协作方式创作，智力成果为全体成员所有。

（10）网格计算。网格计算是一种分布计算模式，将分散在各个不同地域的空闲服务器、存储系统和网络连接在一起，形成一个综合系统，为用户提供功能强大的计算及存储能力来处理特定的大计算量任务。对用户来讲，网格就是一个拥有超强能力的虚拟计算机。

网格计算是云计算中的一种计算模式。云计算是一种集群计算，一个复杂的科学计算任务或问题被分解成许多较小的计算单元，然后再在大量的计算机上计算机上进行并行运算，用并行处理方式达到快速解决复杂运算及任务的目的。

网络计算式多台计算机为一项科学计算任务服务，是一种多为一模式；而云计算则是一种一为多的服务模式，一个云计算中心为大量的互联网用户提供服务。大量的云计算中心、大量的服务器及网络用户提供的资源汇集成了具有海量信息量的资源池，云计算提供面向用户的按需服务，服务之间可以进行任意的柔性组合。

云计算以集群计算为主并面向多样化的大众服务需求，网格计算是面向较为单一的计算任务。

5. 云计算中信息资源和需求的多粒度性

云计算服务中存在信息资源和需求的多粒度性问题。大规模的搜索引擎服务，要告诉浏览互联网上数量极为巨大的网页，网页有目录型的主页，有次页，还有多层级链接的网页，直至微博、论坛、跟帖和一个具体和专门性的问题问答等。要为这些结构层次不同的信息编制索引，需要多粒度计算，才能为用户提供较为满意和理想的服务。

互联网上的信息、文件本身就是一种多粒度的架构，云计算就是要满足这种架构，能够进行各种粒度的计算，包括粗粒度和细粒度的计算。

9.3 智慧城市与物联网

9.3.1 智慧城市的支撑性技术

智慧城市融合了互联网、物联网、有线传感测控网络、移动互联网、无线传感网络、对实时性和可靠性要求不是很高的信息域网络，对可靠性和实时性要求较高的测控网络、云计算、系统集成、大数据技术和智能管理、智能控制技术。

智慧城市的内涵非常丰富，除了上述一些支撑性技术外，社会发展规划协调的软科学也融入其中。

用通俗的话来讲，在高度智能化的城市中工作和生活的人员享受着舒适且可高效工作的环境，在提供这种工作生活环境的同时消耗了最少的能源和实现了最小的碳排放。智慧城市在较大的地域内实现了 4 个 A：在任何时候、任何地点和任何人都可以实现语音和视频的通信；能够在任何时间对任何地点的环境参数和需要知晓的物理量进行实时监测和控制，通过传感器采集信息实现监测，通过执行器对环境参数和特定的物理量实施有效控制。智慧城市中的上述通信和测控不是简单一对一的模式，而是在智慧城市地域中实施多用户同时在线大范围协调进行的，需要大数据技术进行支持。

9.3.2 智慧城市与云计算

物联网是智慧城市的核心技术之一，云计算又是物联网中的核心技术之一。云计算同网格计算不同，云计算是分布式、并行、效用计算、网络存储、虚拟化、负载均衡等传统计算机技术和网络技术发展融合的产物。

目前的云计算现状如同 1993 年互联网技术发展所处的状态，云计算的发展有巨大的潜力，但还有一部分组成技术发展得并不成熟，还有待进一步发展才能来支撑智慧城市体系。

9.3.3 智慧城市中异构通信网络的互联互通技术

异构网络互联互通技术的发展是智慧城市体系发展的支撑性技术，这是智慧城市中有待发展提高的一个短板。

在智慧城市体系中，有大量的异构通信网络，如有线的局域网、各类宽带接入网、互联网、无线宽带接入网、移动广域互联网（由 2.5G、3G 和 4G 移动通信网络组成）、短距低功耗的无线网络（蓝牙、无线局域网、UWB 超宽频无线网、无线传感网和 NFC 近场网），卫星无线网络等。以上各种异构的通信网络覆盖了智慧城市所在的地域。智慧城市区域内的通信用户使用的终端很多情况下是处于不同的异构网络中，因此要实现无缝通信前提条件就是实现不同异构网络的无缝连接，用户通信的信道上常常由多个异构网络分段接力完成通信的过程，这都要求不同异构网络之间能够无缝互联，这是实现智慧城市中用户 4A 通信的基础条件，只要有通信用户不能顺畅地无缝通信，就会形成信息孤岛，智慧城市中不应该有信息孤岛，因此在智慧城市体系中异构通信网络的互联互通技术也是一项支撑性技术，但目前阶段这方面的技术发展还是短板。

智慧城市中实现 4A 通信的通信网络要消除信息孤岛，一个连接许多执行器的区域则是一个控制域，智慧城市中的许多控制域如果处于离散的不连通状态也会形成测控网络的孤岛，因此也要解决离散测控网络的互联互通问题。

控制域孤岛的情况如图 9-11 所示。

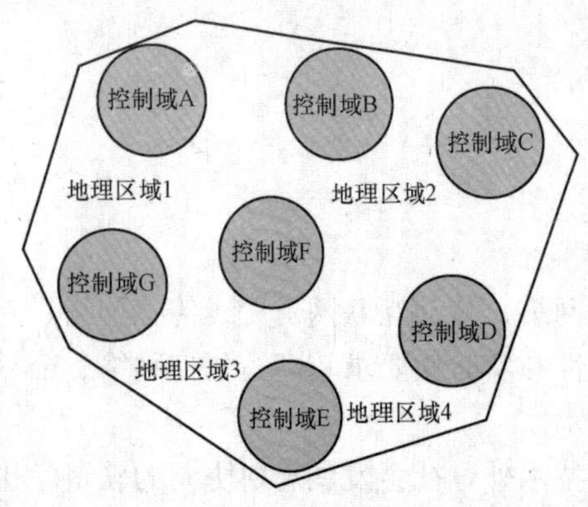

图 9-11　控制域孤岛图示

在较大的地理范围内，分布着若干个异构的控制域，每个控制域都通过分布式的传感器和执行器实现对该区域的特定物理量监测和控制，但这些异构的控制域彼此分离，处于离散状态，不能实现彼此间的互通信及互操作，形成一个一个的控制域孤岛，每一个控制域孤岛同时也是一个信息域孤岛。

使用网关将离散的异构控制域互联起来，形成联通的控制域，在控制工程上，这样做的意义是将若干个异构的控制系统联通成一个较大的控制系统，大系统内各个子系统之间能够顺畅地甚至是无缝地进行互通信和互操作，这样一来若干个离散的控制系统成为了一个联通的较大控制系统。实际工程对这方面的需求是非常巨大的，一个厂家生产的控制系统，需要和以前的系统兼容，还要同其他厂家生产的同类或非同类系统兼容。通过网关将不同的控制域联通起来的情况如图 9-12 所示。

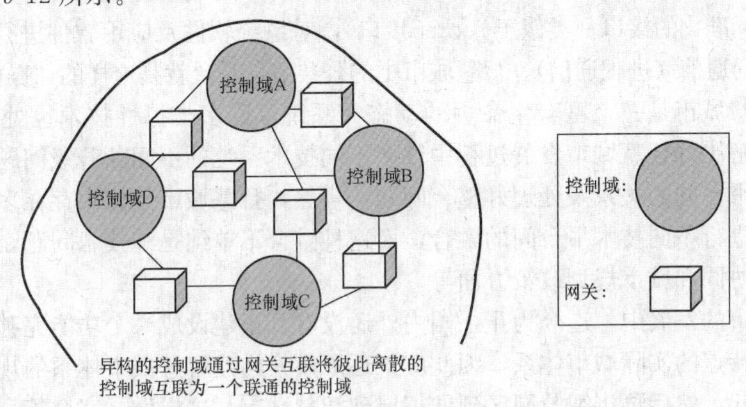

图 9-12 网关将异构的控制域联通

实际上要真正地将若干个异构控制域互联为一个较大覆盖区域的联通域，网关的连接设置应该使联通的网络是网状网才行，这样才能够架构无缝的通信网络。

物联网在异构网络的互联互通中，IP 网络发挥着重要的作用，不同的异构网络和系统通过与 IP 网络互联的制式网关实现彼此的互联如图 9-13 所示。

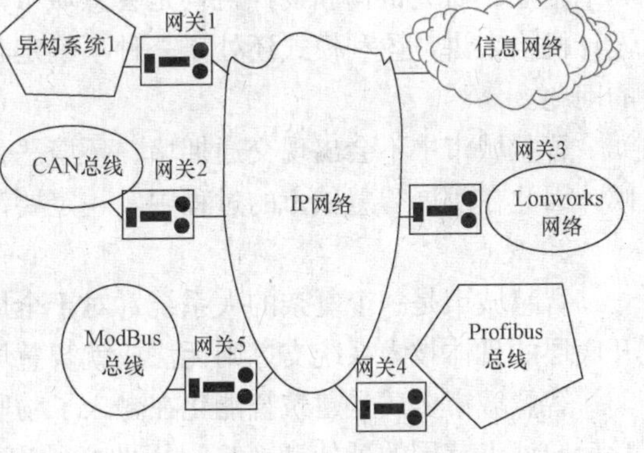

图 9-13 各异构网络通过 IP 网络平台实现互联互通

假设一个 CAN 系统和一个 Modbus 系统使用网关直接互联，而不是采用 IP 网络作为一个平台实现互联，这样的异构系统在数量增大时。系统升级、维护中会出现许多不容易解决的技术瓶颈。

9.3.4 有线与无线网络配合的物联网无盲区覆盖

智慧城市中物联网的基本功能之一就是实现对城市大地域的无盲区监控，换言之，就是通过有线网络和无线网络来实现对城市大地域的无盲区覆盖。在大量的应用环境中，有线制式的传感器都能方便地进行布设，但也有一部分区域不能方便地实现有线制式传感器的布设，形成监测和控制的盲区，形成物联网监控区域的盲区。有线制式的传感器布设不进去地方，可以使用无线传感器的布设，实现了无盲区的监测，就可以较容易地实现无盲区的监控，尤其是城市中大量的现代建筑中的许多区域需要这种无线方式的补充覆盖，如大量的地下空间，需要将 WiFi 网络、移动无线网络通过室内分布系统（如微蜂窝、直放站、功分器、耦合器、天馈和合路器等）进行补充覆盖，首先实现了数据通信的补充覆盖，进而实现无线传感网络的补充覆盖，最终实现了无监控盲区的覆盖。如上所述，只有通过有线与无线网络配合的数据通信的覆盖才能实现物联网的无盲区覆盖。

9.3.5 存在的问题

1. 需要通过技术发展来解决的问题

智慧城市体系中，还有一部分需要完善的支撑性技术。如非常有必要为智慧城市体系构建一个公共信息平台，如果将智慧城市比作一台具有强大数据计算及处理能力的计算机，或者比作一个实现资源共享和便捷通信的网络系统，那么必须有一个操作系统对计算机系统或计算机网络系统通过标准化的接口（类似于 socket 接口），对系统软件及应用软件进行操作，实现不同应用程序间的通信（进程通信）。智慧城市中的公共信息平台就是这样的“操作系统”。

还有，智慧城市是一个富有生命力的动态大系统，许多支撑性技术也处在不断地发展中，因此还要解决好智慧城市发展过程中许多不同技术系统的不间断升级问题，解决好云计算中心与现有平台间的关系及处理好整合问题。当然，智慧城市架构中存在多种不同的技术平台，还需要进行不同技术平台间的融合，而这种融合不单纯是纯技术问题，它涉及政府层面、不同行业协同和城市规划政策方面等。

在智慧城市的发展中，迄今为止，国内外还没有真正建设成一个功能完善、具备智慧城市所有标志性特点的实际城市体系，因此应该逐渐摸索构建智慧城市体系的规律，也可以先从智慧园区做起，然后再将智慧园区延伸拓展到智慧城市。这样做，完全符合智慧城市还是一种发展中技术体系的特点。

在发展智慧城市体系的过程中，必须进行多边参与政府、企业、研究机构和设计机构，其中企业、研究机构和设计机构是智慧城市建设的市场主体，但目前对于企业、研究机构及设计机构来讲，盈利模式还处于一种不确定状态，这也是发展智慧城市体系的一个需要解决的问题。

智慧城市中不会出现交通拥堵、环境恶化、资源枯竭及大时间跨度和延续的恶劣雾霾气候，因此在发展智慧城市的过程中，一定要注重解决以上诸多问题。

2. 观点

智慧城市是一个复杂的大系统，对于全局性的大系统没有顶层设计是不可思议的，但离开底层的具体技术系统支撑则无法成就智慧城市。

智慧城市实质是建筑智能化在融入了物联网技术、大数据技术和社会发展协调规划软科学后向城市范围的延伸和拓广。因此必须有顶层设计和底层具体技术系统的支撑。也就是说：智慧城市的顶层设计只有实实在在和底层具体技术系统相结合，才有生命力。

智慧城市有着非常光明的前景，在智慧城市的支撑技术体系中，一部分技术是成熟的，一部分技术还在迅速发展，但还没有达到在智慧城市中成熟应用的程度，还有待于发展成熟；智慧城市的顶层设计也还处于摸索当中。因此现在就建造一个较为完善的智慧城市及模板或在工程上完整并且较为完善地实现智慧城市还为时尚早，但完全可以建造一个具备智慧城市主要特征及功能的初级版智慧城市系统及模板。

综上所述，对于智慧城市，还应该在顶层设计和底层支撑性技术方面齐头并进。

9.4 物联网技术中的网络融合

9.4.1 物联网中的智能物件

1. 通信与测控系统中的互联互通

互联互通是指来自不同供应商的设备和系统协同运转的能力。物联网中的物件主要是各类传感器和执行器及大大小小的设备，每一个设备都是一个完整的系统，仅仅是有些系统很复杂，有些系统较为简单，这些物件一旦被嵌入了微处理器或智能芯片后就成为智能传感器或智能执行器。

要实现智能物件的互联和互通信，还涉及标准化问题。从物理层直到应用层或集成层，智能物件都需要实现互通信。物理层的互通信首先要实现物理连接：因此须满足通信使用的物理频率、物理信号承载的调制方式以及信息的传输速率协调相同。接入物联网的智能节点必须就通过物理信道发送和接收的信息格式和节点编址方式以及消息通过智能物件网络传输的方式取得统一的规范方式。在应用层或集成层，智能物件必须在智能物件网络中数据的输入、读取、处理方式等方面具有共同遵守的规范或协议。

实现智能物件网络架构要高效并易于互联互通。如果网络架构不适合或不太适合物件节点间的互联互通，无缝的通信或畅通的通信就无法实现，因此架构物件节点的底层网络是非常重要的。

2. 智能物件的通信网络架构

物联网中的任意两个节点通信，可以是两个固定设备间、两个控制系统之间、两个移动终端之间、两个智能传感器之间、传感器与一个执行器之间的通信，这些节点或智能物件首先要接入一个底层的测控网络，两个不同位置的节点可能处于同构的底层测控网络，也可能处于异构的测控网络之中，但多数情况下，物联网中的不同节点分别处在异构网络中，如果是异构网络，在两个节点的测控网络上层还需架构第二层网络，通过网关或使用隧道方式对底层的异构测控网络实现互联，第二层网络可以是 IP 网络、移动无线网络或其他网络，因此架构物联网的通信网络实际上是一个很大的工程。架构物联网中的部分智能物件节点的测控网络及上一层网络的方式，如图 9-14 所示。

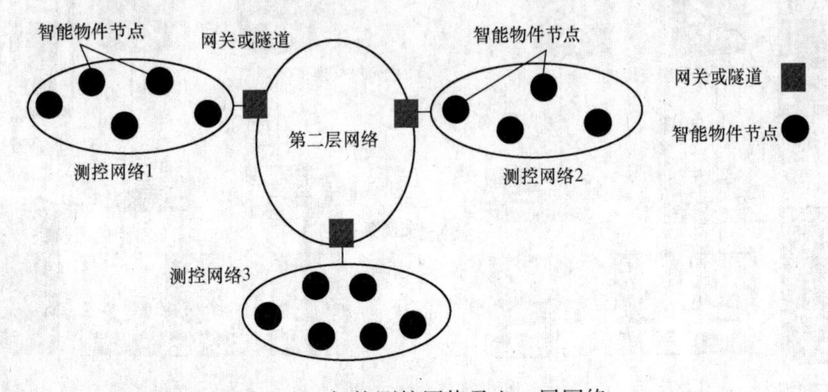

图 9-14 架构测控网络及上一层网络

这里讲到的测控网络，必须具备的条件是：通信的实时性和可靠性很高，如不过满足这些条件，物联网底层的物物相连，底层的特定监控逻辑就无法实现。

物联网中的智能物件一般包括一个微处理器、一套通信装置、一个传感器或执行器和提供能量的电源。微处理器使智能物件具有数据计算和处理能力是器件具有智能性。通信装置实现和其他智能器件节点之间的通信。传感器或执行器是实现底层节点的监测及控制的基本组件。

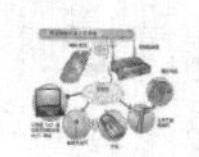

9.4.2 IP网络与物联网

1. 以太网技术

物联网的覆盖范围比互联网更大，物联网中的节点如果都在IP网络中，则通信过程变的简捷得多，此时节点间的通信过程就是在互联网内的通信，采用报文分组交换的方式进行。因此架构覆盖范围不是很大的工程物联网时，基于IP网络架构通信网络是一个很好的方法。

从广义的角度或跨大地域的角度考虑，物联网中的大量节点所处的底层测控网络或其他信息域网络林林总总，彼此异构的情况较为普遍，因此需要上有上一层网络通过网关或"隧道"来实现多种异构网络的互联。上一层网络采用IP网络是最适宜的网络。

IP网络中的百兆以太网、千兆以太网已经成为IP网络的主流应用网络，万兆以太网技术都也已成熟地走入应用。

一个应用非常普遍的千兆1000Base-T网络如图9-15所示。网络中将100MB带宽及10MB带宽作为桌面环境的应用。

其中，接入层级由10Mbit/s以太网交换机加上100Mbit/s上行链路组成；汇聚层由100Mbit/s以太网交换机加1000Mbit/s上行链路组成；主干网络层级由千兆位以太网交换机组成。

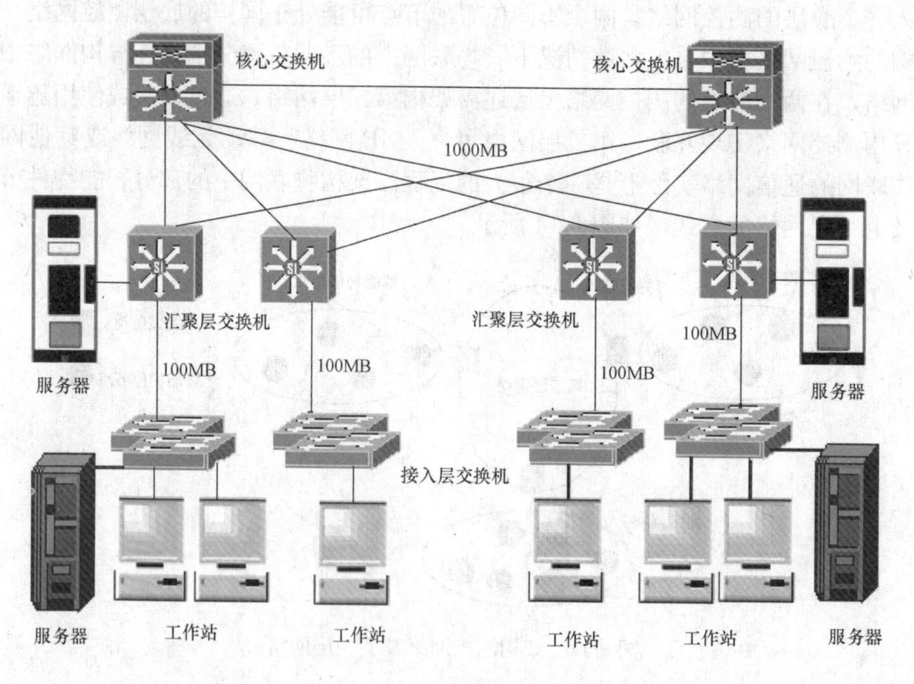

图9-15　千兆位以太网组网应用举例

千兆以太网保持了经典以太网的技术原理，安装实施和管理维护的简易性是千兆以太网成功的基础之一。千兆以太网保持了经典以太网的主要技术特征，采用相同的帧格式及帧的大小，支持全双工、半双工工作方式，可以确保和百兆以太网的平滑过渡。

千兆以太网保持经典以太网的安装、维护方法，采用中央集线器和交换机的星形结构和结构化布线方法，可以确保千兆以太网的可靠性和稳定性。

千兆以太网采用简易网络管理协议（SNMP），即经典以太网的故障查找和排除工具，可以确保千兆以太网在可管理性和可维护性上简便可行。

千兆以太网的网络成本包括设备成本、通信成本、管理成本、维护成本及故障排除成本，由于继承了经典以太网的技术，使千兆以太网的整体成本相对下降。

2. 应用IP网络架构物联网的顶层网络

光纤接入技术使大带宽的互联网接入和视频服务得以实现。TCP/IP技术是现在唯一被广泛认可的技术，能够承载语音、数据、视频等多种业务，为跨平台服务和产品融合提供了技术保障。

近年来EPON（以太网无源光网络）、GPON（千兆比无源光网络）、GEPON（千兆以太网无源光网络）、APON（ATM无源光网络）/BPON（宽带无源光网络）等网络的应用越来越广泛和深入，IP网络始终处于主流应用中。

EPON/GPON主要由OLT（光线路终端）局端设备、ODN（光分配网络）交接设备和ONU（光网络单元）用户端设备等组成。EPON/GPON组网方式示意图如图9-16所示。

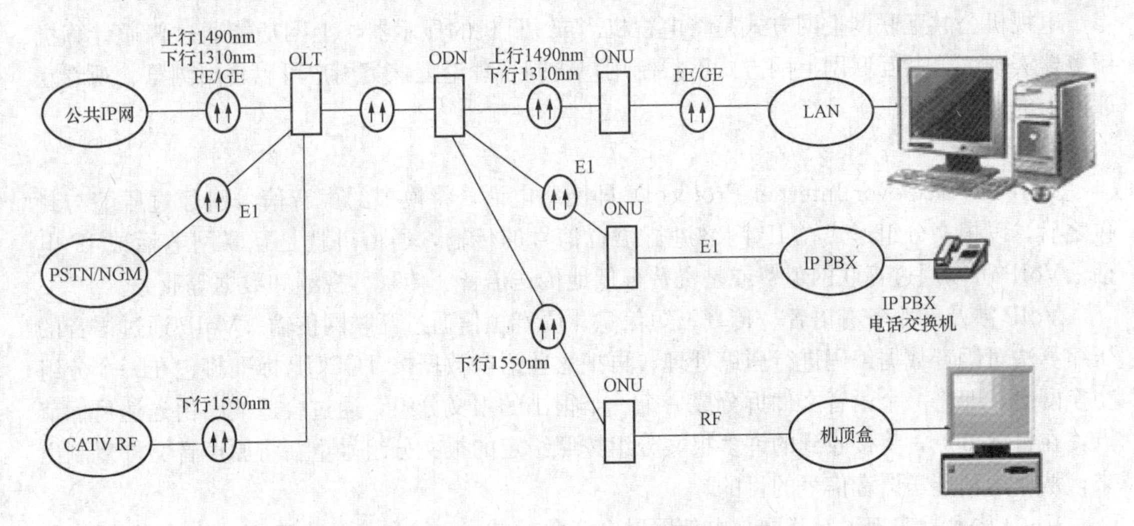

图9-16 EPON/GPON组网方式

ONU-光网络单元，装ONU的机房，一般叫接入网机房；OLT-optical line terminal（光缆终端设备），用于连接光纤干线的终端设备（OLT功能：①向ONU以广播方式发送以太网数据；②发起并控制测距过程，并记录测距信息；③为ONU分配带宽；即控制ONU发关数据的起始时间和发送窗口大小）。

IP网络，具有以下一些特点：具有P协议的变长分组信息承载方式；使用IP地址；采用TCP协议的端到端拥塞控制方式；采用IP网络的分组转发方式和缓存管理模式；具有IP网络的路由机制；IP网络的用户接入方式；IP网络的网络管理和运营模式。

不管是铜缆的IP网络，还是光缆的IP网络，或是混合型的IP网络都适合组建大规模的网络。因此使用IP网络架构物联网的上一层网络具有一较大的优势。

9.4.3 IPTV和VoIP

物联网中，不仅仅是任何两个网络节点间能够物物相连，实现通信，物联网的功能也是非常强大的，能够为用户提供许多丰富多彩的服务，这里仅介绍交互式网络电视IPTV

和 VoIP。

1. IPTV

IPTV（Internet Protocol Television）即交互式网络电视，是一种利用宽带网，集互联网、多媒体、通信等技术于一体，向家庭用户提供包括数字电视在内的多种交互式服务的崭新技术。

IPTV 能够提供流媒体播放服务、能够进行节目采编、存储，还有认证计费的功能，主要存储及传送的文件是以 MPEG-4 为编码核心的流媒体文件，基于 IP 网络传输。用户终端可以是 IP 机顶盒＋电视机，也可以是 PC 机。

IPTV 可采用虚拟专网或公共互联网两类方式工作。电视机虚拟专网上网方式是指将一种专门针对互联网媒体应用设计的运算芯片内置于电视机，或者安装在与电视连接的上网机顶盒中，只需插上网线，电视机便可直接上网或者通过机顶盒上网下载、在线播放内容。这种电视机上网服务方式并不能直接浏览互联网，只能登录电视机企业预订的平台，间接、有限度地访问互联网站提供的部分内容。

电视机公共互联网上网方式是将电视机当成 PC 机的显示器，上网功能通过普通计算机服务器实现。公共互联网上网方式不限制用户访问，理论上该类用户可以自由浏览、观看互联网上的所有内容。

2. VoIP

VoIP（Voice over Internet Protocol）即网络电话，将模拟的声音信号引经过压缩与封包之后，以报文分组形式在 IP 网络进行语音信号的传输，通俗讲就是互联网电话或 IP 电话。VoIP 可以通过互联网免费或是资费很低地传送语音、传真、视频和数据等业务。

VoIP 涉及的服务有语音、传真、短信息、语音短信通过互联网传输。VoIP 通过语音的压缩算法对语音数据编码进行压缩处理，再把这些语音数据按 TCP/IP 标准打包在一个分组交换网络，即将一个语音文件拆分成一个一个很小的报文分组，通过合适的路由送达目标节点，在目标节点，将接收到的许多报文分组按照给定的报文分组号重新将原声音文件复制出来，从而达到传送语音信号的目的。

VoIP 技术是实现了互联网与电信网融合竞争的技术，这种竞争更确切地说是 IP 网络与公共交换式电话网 PSTN 网络之间的竞争。IP 电话能提供免费或比传统电话费用低廉的价格，但是在互联网发展程度不同的地区，所能提供的 IP 电话的质量不一，而传统电话则能提供稳定清晰的通信服务。

9.4.4 网络电视和三屏融合技术

1. 网络电视

互联网音视频传播技术在融合网络环境下应用更加广泛。与传统视频相比，网络电视台对网络视频的传播质量、用户的互动体验、个性化服务以及内容管理更为规范，对技术支持也提出了更高要求。网络电视台的技术架构既包括视频生产和媒质管理这些电视台应用，又包括发布管理及分发管理，同时具备全流程管理系统，实现信息共享、协调与监控。

2. 三屏融合技术

三屏融合技术是指内容在电视、PC 机、手机（现在主要是智能手机）三个显示屏之间联动的技术。利用互联网、IP 电视专网、3G 网络、下一代广播电视网（NGB）等多种 IP

网络作为传输通道，可向电视机、PC机、手机终端提供实时的内容服务。电脑、手机和电视的三屏融合如图9-17所示。

9.4.5 三网融合

1. 为什么要进行三网融合

随着技术的进步，不同运营商通过不同的渠道为用户提供的服务，出现了任何一个运营商使用任何物理网络都能提供的局面，出现了原来属于不同产业的产品及服务的融合，即产生了产业壁垒的消融，以前处于不同产业的企业成为直接竞争者，从而产生了产业渗透、交叉和融合。如果三网融合，就会最大限度地避免产业融合带来的弊端，就会很好地整合优化相关产业链的资源配置，为用户和运营商带来显著的经济效益，还能产生很好的社会效益。这就是三网融合的驱动因素。

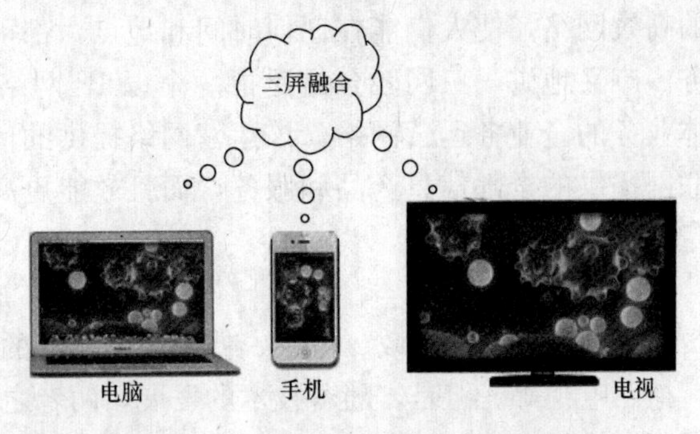

图9-17 电脑、手机和电视的三屏融合

较早期的三网融合实质是电信网、广电网和计算机网的融合，后来三网融合技术随着演进，其内容发生了变化，演进的路线如图9-18所示。

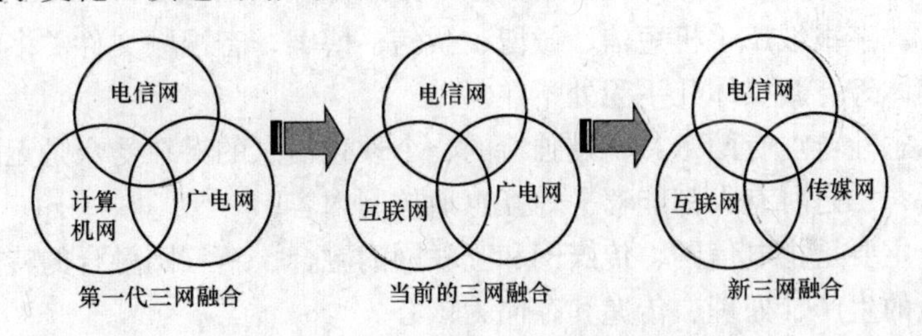

图9-18 三网融合含义的演进

再往后的三网融合是指电信网、广电网和互联网的融合，也是当前所讲的三网融合，美国、欧洲实际上已经完成了这一个阶段的三网融合，新的三网融合是指电信网、传媒网和互联网的融合，三网融合还使各种用户终端的功能多样化和多媒体化。三网融合包括技术融合、市场融合、业务融合、产业政策融合和监管融合等。

2. 三网融合导致不同业态边界的消失及服务的融合

以电信业与传媒业两个业态为例进行分析。之前的两个业态提供的产品都是信息产品或服务。电信服务提供的信息产品或服务是点对点的数据信息，如语音通话、图像和图形数据等。网络媒体提供的信息产品或服务是单向语音传输和处理、视频、画面等信息，如书籍、报刊、影像等。电信业和传媒业有各自的网络平台和客户终端，不能跨网传送两个业界的信息产品和服务。两个业态的交集和非交集部分清晰地形成产业边界。

自从电信重组以后，作为中国三大电信运营商的中国电信、中国联通、中国移动均从事互联网、3G、固话、移动IP、彩频、话音、短信、移动互联网、数据、2.5G的CDMA及2G的GSM移动语音通信业务。

电信业与传媒业信息产品及服务之间的非交集部分随着与互联网的融合变得越来越小，这也说明了，三网融合是一种技术和产业发展的必然趋势。

将电信网、广电网和互联网融合建设为统一的全球信息基础设施，通过互联、互操作的电信网、有线电视网和计算机网等网络资源的无缝融合，构成具有统一接人和应用界面的高效网络，使人们能在任何时间和地点，都可以使用低廉的价格或者质量令人满意的服务。广义地讲，三网融合是泛指一个以 IP 网络为中心，可以同时支持语音、数据和多媒体业务的全业务运营网络，该运营网络提供的信息产品和服务包括了电信网、广电网和互联网提供的全部信息产品和服务，而且效能更高、资源配置更合理、费用更低廉和服务质量更好。

3. 新三网融合

通常通信是指邮政、电话、使用移动终端的语音通话和传真等，而传媒通常是指报纸、广播、电视等。但是，随着技术的发展，两者之间的界限开始模糊花了，现代通信技术成为了新媒体的应用基础，通信和传媒的融合越来越明显。

通信强调点到点无损的、实时的、保密的数据信息传输，而传媒则强调将数据信息发布给更多的受众。

随着现代通信技术、互联网技术及信息领域的各种新技术的涌现，传统的媒体早已被新媒体（包括自媒体）替代。

新媒体的形态是丰富多彩的，互联网上的各种传媒，如 QQ、MSN、Skype，电子邮件、数字杂志、数字报纸、手机短信、微博、微信、博客、音视频文件、多媒体文件、流媒体文件、触摸媒体等。新媒体几乎无处不在。

新媒体的标志性特点有两个：一是独特的、个性化信息的潜在受众是无限的，并且能够实时地进行传播；二是所有人都能够平等互惠地控制内容。

新三网融合主要是指电信网、传媒网和互联网的融合。新三网融合的特点是：

（1）以信息的生产、处理、传递和存储为核心。

（2）包括数据、影音、消息等各种信息都可以通过任何一种物理网络传递给任一用户，任何合法信息都能够通过网络轻松获取。

（3）数据能够在网络上进行传输、存储和处理，网络智能化和工具化程度越来越高。

（4）通信网络的传媒属性和传媒的通信属性均能够得到充分体现。

4. 三网融合与信息安全

三网融合增强了网络的开放性、大幅度提高了网络效能，但同时也加大了复杂性。在网络安全方面，三网融合之后，原先仅仅在互联网上肆虐的病毒、使用木马的恶意入侵、大量的恶意软件、间谍软件部分将会通过网络融合走进电信网、广电网，产生巨大的危害。因此三网融合还需要在新的情况下，发展和应用各种保证数据信息安全的技术。

9.5 物联网与中间件技术

9.5.1 物联网与中间件概述

1. 物联网为什么要使用中间件

物联网是一个比互联网覆盖区域更大、连接网络节点数量更多的广域网，在这个巨大的网络中，分布着海量的网络节点，这些节点可以是传感器、执行器、嵌入了微处理器的智能器件、固定的 PC、移动的智能终端，也可以是更高层的服务器、路由器、网关等。大量节点可以分布式地接入各种各样的异构网络之中，许多装有操作系统的节点还可能使用各种不同的操作系统，在各个节点上的应用程序具有强烈的个性化色彩。使用不同应用软件的异构系统无法在两个不同软件体系平台上进行通信和进行数据读写，如果使用一个平台，既能够读写其中的一个异构系统的数据，同时也能够读写另外一个异构系统的数据，那么这个平台的作用是实现了两个异构系统的通信和数据交换，这样一个平台就是中间件。

物联网中，存在着大量的平台互异的应用程序，就是说存在着大量的异构系统，不借助于中间件，无法完成大量异构系统彼此间的通信域数据交换和信息读写。

2. 中间件

中间件是一种独立的系统软件或服务程序，并应用于客户机、服务器的操作系统之上，主要用于管理计算机资源和网络通信。中间件是连接两个独立应用程序或独立系统的软件，主要功能是使得相连接的系统即使具有不同的接口，利用中间件仍然能相互交换信息。通过中间件，应用程序可以工作于多平台或多操作系统 OS 的环境中。图 9-19 所示为中间件示意图。

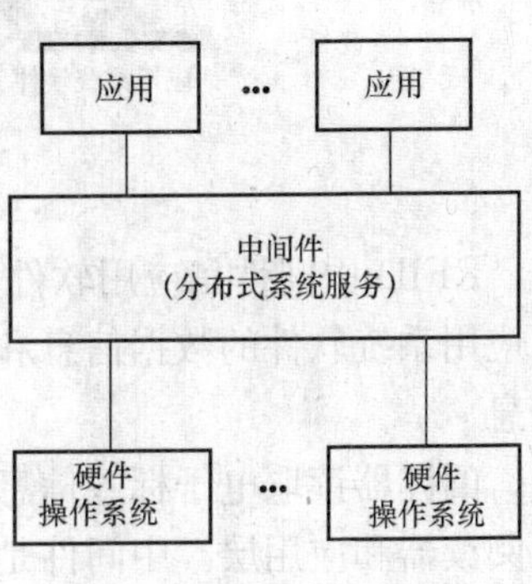

图 9-19 中间件示意图

物联网中间件就是在物联网中采用的中间件技术，以实现多个系统和多种软件平台之间的顺畅数据交互，架构一个功能更强的服务系统。

9.5.2 中间件的分类和中间件技术发展的三个阶段

1. 中间件的分类

基于目的和实现机制的不同，中间件分为以下三类：远程过程调用中间件、面向消息的中间件和对象请求代理中间件。

远程过程调用中间件是一种广泛使用的分布式应用程序处理方法的中间件。一个应用程序使用 RPC（Remote Procedure Call Protocol：远程过程调用协议）来“远程”执行一个位于不同地址空间内的过程，从效果上看和执行本地调用相同。

面向消息中间件利用高效可靠的消息传递机制进行平台无关的数据交流，并可基于数据通信进行分布系统的集成。通过提供消息传递和消息排队模型，可在分布环境下扩展进程间的通信，并支持多种通信协议、语言、应用程序、硬件和软件平台。

对象请求代理中间件是对象之间建立客户端/服务端关系的中间件。使用该中间件，客户可以透明地调用一个服务对象上的方法，这个服务对象可以在本地，也可以在通过网络连接的其他机器上。

2. 物联网中间件的发展阶段

物联网中间件使大量分布式系统的应用软件及实体实现了流畅的数据读取，中间件平台为上层应用屏蔽了异构平台的差异，而其上的框架又定义了相应领域内的应用的系统结构、标准的服务组件等。

物联网中间件技术的发展分为三个阶段：应用程序中间件阶段、架构中间件阶段和解决方案中间件阶段。

9.5.3 RFID 中间件与物联网中间件

1. RFID 中间件

RFID技术可以快速、实时、准确采集与处理现场数据信息，是物联网的支撑性技术之一。由于具有高速移动物体识别、多目标识别和非接触识别等特点，RFID技术在物流、交通、电信、农牧、民航、票据、防伪、安全和医疗等领域的重大工程中应用越来越广泛。一个包含RFID中间件的典型的RFID系统如图9-20所示。

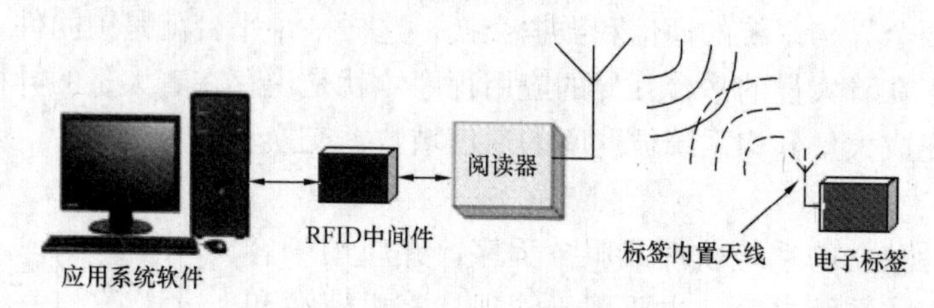

图9-20 RFID系统组成框图

RFID中间件是应用软件系统和阅读器中间的一个平台，有了这个平台，阅读器可以读取应用系统软件的数据信息和指令信息。同时，阅读器还能向应用系统软件写入数据和交互信息。

阅读器读取电子标签信息后将这些信息送往中间件平台，该平台运行的软件程序，连接了阅读器和应用层。中间件是连接RFID设备和企业应用程序的中间平台，也是RFID系统的核心组件，中间件将基于不同平台、不同需求的应用环境与RFID物理设备连接起来，并提供合适的接口使之能够进行数据交换。

从应用程序端使用中间件所提供一组通用的应用程序接口（API），即能连到RFID读写器，读取RFID标签数据。应用系统软件和物联网设备之间，设置的通用平台和接口，就是中间件。图9-21描述了RFID系统中间件的位置和作用。

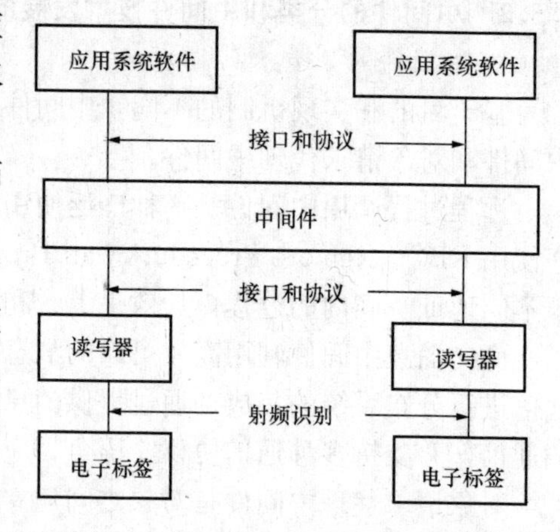

图9-21 RFID系统中间件的位置和作用

2. 物联网中间件

物联网中应用到的中间件种类很多，现阶段应用较多的中间件有RFID中间件、嵌入式中间件、数字电视中间件、通用中间件、M2M物联网中间件等。RFID中间件应用较为普遍。

物联网中间件一般具有独立于架构的特点。中间件独立并介于物联网设备与后端应用程序之间，并且能够与多个后端应用程序连接，以减轻架构与维护的复杂性。

物联网中间件的功能是为不同的上层应用和下层设备提供标准的接口和通信协议，因此标准化的工作很重要。

嵌入式中间件是在嵌入式应用程序和操作系统、硬件平台之间的一个中间平台，主要为嵌入式应用软件的开发提供跨操作系统和跨硬件平台、层次化、模块化和可扩展的接口，同时，根据嵌入式应用的编程特点提供必要的编程工具。

3. 基于Web架构的物联网中间件

由于物联网和互联网深度关联，互联网中组织文档、图片、视频、语音和多媒体资源的的Web文件一样渗透进物联网中来。Web文件分为静态和动态两种类型，静态Web文件不能实现通信双方的交互，动态Web能够实现通信双方的交互，如实现客户机和服务器之间的交互，具体采用在HTML源程序代码中嵌入诸如Vbscript、Javascript及其他一些脚本语言或编程语言编写的程序，完成各种较复杂的功能，实现交互。

通过在HTML、XHTML和XML源程序代码中嵌入控制和实现通信的程序，Web文件能够具有很强的功能，能够实现各种特定的目的，对于中间件也是这样，即中间件程序可以嵌入到HTML、XHTML源程序代码中，这种情况还可以自然地延伸到无线互联网中，如使用WML源程序代码及相应的脚本语言在WML文件中嵌入中间件程序。

参考文献

[1] 孙玲延. 玩转我的 iPhone 4S [M]. 北京：机械工业出版社，2012.
[2] 肖秋水. 微信控 控微信 [M]. 北京：人民邮电出版社，2013.
[3] 黎连业，王安，等. 无线网络与应用技术 [M]. 北京：清华大学出版社，2013.
[4] 危光辉，等. 移动互联网概论 [M]. 北京：机械工业出版社，2014.
[5] 中国移动互联网发展报告（2012 年）. 北京：社会科学文献出版社，2012.
[6] 张少军. 无线传感器网络技术及应用 [M]. 北京：中国电力出版社，2009.
[7] 朱敬之. 智慧的云计算 [M]. 北京：电子工业出版社.
[8] 张少军，夏东培. 建筑弱电系统与工程实践 [M]. 北京：中国电力出版社，2014.
[9] 张春红，等. 物联网技术与应用 [M]. 北京：人民邮电出版社，2011.
[10] Rachel Hinman，著. 移动互联：用户体验设计指南 [M]. 熊子川，等，译. 北京：清华大学出版社，2013.
[11] 李军. 异构无线网络融合理论及技术实现 [M]. 北京：电子工业出版社，2009.
[12] 郑风，杨旭，胡一闻，等. 移动互联网技术架构及其发展 [M]. 北京：人民邮电出版社，2013.
[13] 郑凤，杨旭，等. 移动互联网技术架构及其发展 [M]. 北京：人民邮电出版社，2013.
[14] 王相林. IPv6 技术—新一代网络技术 [M]. 北京：机械工业出版社，2008.
[15] [日] 三宅信一郎，周文豪. RFID 物联网世界最新应用 [M]. 北京：北京理工大学出版社，2012.